你问我答学工控

学会西门子
S7-200 PLC 应用

主 编 曹振宇

参 编 王颖辉 蒋亚梅 宁文鹏 仇 靖 徐卜峰 刘盛荣
李洪恩 张

U0310084

中国电力出版社
CHINA ELECTRIC POWER PRESS

内 容 提 要

本书从实际应用和教学需要出发，采用问答形式，以西门子 S7-200 PLC 为例，全面介绍了 PLC 基础知识、西门子 S7-200 系列 PLC 硬件技术、可编程逻辑器件 PLC 编程软件的应用、可编程逻辑器件 PLC 的常用指令、S7-200 系列 PLC 顺序控制指令与应用实例、S7-200 系列 PLC 功能指令及应用、PLC 应用实例、PLC 在实际应用中常见问题等内容。本书实例涵盖了常用逻辑指令和功能指令的使用方法和技巧，并给出了实例程序。

本书在编写过程中最大限度的降低学习难度，以提高读者的学习兴趣。全书层次分明，系统性强，注重理论联系实践，可作为电气自动化及相关专业技术人员和 PLC 初学者的入门读物及自学教材，也可作为电气类相关院校和培训学校师生的参考学习资料。

图书在版编目(CIP)数据

学会西门子 S7-200 PLC 应用/曹振宇主编. —北京：中国电力出版社，2015.3 (2019.1 重印)

(你问我答学工控)

ISBN 978-7-5123-6515-5 / 01

I.①学… Ⅱ.①曹… Ⅲ.①plc 技术-问题解答 Ⅳ.①TM571.6-44

中国版本图书馆 CIP 数据核字(2014)第 226587 号

中国电力出版社出版、发行

(北京市东城区北京站西街 19 号　100005　http://www.cepp.sgcc.com.cn)

北京建宏印刷有限公司印刷

各地新华书店经售

*

2015 年 3 月第一版　2019 年 1 月北京第二次印刷

710 毫米×980 毫米　16 开本　19.5 印张　334 千字

印数 3001—3500 册　定价 69.00 元

前　言

PLC 控制技术以其卓越的性能在各个领域得到广泛应用，这使得各行业都急需 PLC 人才，但是想要熟练地应用 PLC 并不容易，很多初学者对其都望而却步。为了帮助初学者快速、熟练地掌握西门子 S7-200 系列 PLC 的应用技巧，特编写此书。

西门子 S7-200 为小型整体 PLC，其结构紧凑，具有极高的可靠性、丰富的指令集和内置的集成功能、强大的通信能力和品种丰富的扩展功能，既可以单机运行，又可用于复杂的自动化系统控制。为此全书在编写中采用问答形式，全面介绍了 PLC 基础知识、西门子 S7-200 系列 PLC 硬件技术、可编程逻辑器件 PLC 编程软件的应用、可编程逻辑器件 PLC 的常用指令、S7-200 系列 PLC 顺序控制指令与应用实例、S7-200 系列 PLC 功能指令及应用、PLC 应用实例、PLC 在实际应用中常见问题等内容。本书实例涵盖了常用逻辑指令和功能指令的使用方法和技巧，并给出了实例程序。

本书注重实际，强调应用，可供可作为电气自动化及相关专业技术人员和 PLC 初学者的入门读物及自学教材，也可作为电气类相关院校和培训学校师生的参考学习资料。

本书由曹振宇任主编，王颖辉、蒋亚峰、宋文鹏、仇靖、徐小峰、刘盛荣、李洪恩、张寿庭、刘云兵、谢小刚、张伯虎参与了本书的编写工作。

由于作者水平和时间有限，书中还有很多不足之处，敬请广大读者谅解。

编　者

目　　录

11

PLC 基础知识

问1 全集成自动化的概念是什么？怎样简单理解 PLC？

答： 工业现代化的进程对生产过程的自动控制和信息通信提出了更高的要求。工业自动化系统已经从单机的 PLC 控制发展到多 PLC 及人机界面（Human Machine Interface，HMI）的网络控制。目前，PLC 技术、网络通信技术和 HMI 上位监控技术已经广泛应用于制造自动化和过程自动化两大领域，包括钢铁、机械、冶金、石化、玻璃、水泥、水处理、垃圾处理、食品和饮料业、包装、港口、纺织、石油和天然气、电力、汽车等。

作为全球自动化领域技术、标准及市场的领导者，西门子公司一直致力于自动化和驱动产品及系统的不断创新。1996 年，西门子公司自动化与驱动集团提出了全集成自动化（Totally Integrated Automation，TIA）的概念，即用一种系统或者一个自动化平台完成原来由多种系统搭配起来才能完成的功能。SIMATIC 提供了一个可以包含当今自动化解决方案中全部所需组件的模块化系统，其系列产品具有高度一致的数据管理、统一的编程和组态环境以及标准化的网络通信体系、结构，为从现场级到控制级的生产及过程控制提供了统一的全集成系统平台。

所有 SIMATIC 工具软件都从一个全局共享的、统一的数据库中获取数据，因此具有统一的符号表和统一的变量名。例如，SIMATIC HMI 工具可以自动地识别和使用 STEP7 中定义的变量，并可以与 STEP7 的变量同步变化。这种统一的数据管理机制不仅可以减少输入阶段的费用，还可以降低出错率，提高系统诊断的效率。

统一的编程和组态环境使得用户可以在 SIMATIC 管理器的统一界面下工作，在 STEP7 中直接调用其他软件，对自动化系统中所有部件进行编程和组态。工程技术人员可以在一个平台下完成对 PLC 编程、对 HMI 进行组态及定义通信连接等操作，这样使整个系统的组态变得更为简单，同时变得相当快捷，从而更多地降低了成本。

标准化的网络通信实现了从控制级到现场级协调一致的通信，AS-Interface 总线、PROFIBUS 总线及工业以太网等不同功能的网络涵盖了自动化系统几乎所有的应用。对于不同厂商的部件，只要使用相同的标准（PROFIBUS、OPC或微软标准），就可以确保它们相互兼容、无差错的实现信息的传输，可以大大地简化系统的结构，减少大量接口部件，消除 PLC 与上位机之间、连续控制与逻辑控制之间、集中与分散之间的界限。

PLC 为 Programmable Logical Controller（可编程序控制器）的缩写，是将计算机技术、自动化技术和通信技术融为一体，专为工业环境下应用而设计的控制设备。利用 PLC 即可实现全集成自动化。

问2　SIMATIC 自动化技术涵盖了哪些内容？

答： 西门子公司的自动化（SIMATIC，SIEMENS Automatization）技术涵盖了从传感器传动设备、可编程序控制器到网络、HMI、制造执行系统等自动控制系统的各个层面。

问3　集成、高效的工程组态工具的功能是什么？

答： SIMATIC 软件是通用的组态和编程环境，面向所有 SIMATIC 控制器、人机界面系统及过程控制系统。不管一个解决方案中有多少个控制器、驱动装置和 HMI 设备，SIMATIC 管理器都可以查看整个系统。SIMATIC 软件附带的大量工程组态工具，可为整个生产周期（包括系统组态、编程调试、现场测试和设备维护）提供支持。

问4　功能齐全的智能诊断工具的功能是什么？

答： 功能齐全的智能诊断工具可以快速、准确地获取故障诊断信息，能够以最低的人力成本快速地排除故障，从而避免代价高昂的停机时间。智能诊断工具还可以在故障修复后提供提示信息。

问5　统一的通信协议的概念是什么？

答： SIMATIC 控制器采用了业界应用最为广泛的标准：工业以太网通信标准 PROFINET、PROFIBUS、AS-i 接口和互联网技术。所有 SIMATIC 组件都使用统一的通信协议。因此，整个网络内的信息流不受限制，即使跨越了不同网络边界的连接也可以非常容易地进行组态。任何连接到网络的编程设备和控制面板都可以访问 SIMATIC 控制器，实现从上层管理级到现场级之间的信息流透明化。

问 6　**基于自动化系统的故障安全功能包括哪些方面？**

答：SIMATIC 安全工程的组成包括故障安全 SIMATIC 控制器以及安全集成产品范围内的 I/O 和工程模块。一旦发生故障，应用系统即可迅速地转入安全状态并维持此状态，从而尽可能地避免一切因机器或设备故障所引起的事故和损失，保护人员、机器和环境的安全。

问 7　**实现无停工运行的冗余结构体现在哪些方面？**

答：随着工厂自动化程度越来越高，所使用系统的可用性日趋重要。自动化系统故障或扰动一方面会导致生产停止，因此导致巨大的停机损失；另一方面要付出高昂的重新启动成本。然而，高可用性自动化系统的冗余结构可以保证即使发生故障，生产过程也能继续进行。此外，这类系统可以在管理人员或维护人员不在场的情况下保证设备的运转。

虽然容错系统的价格较高，但是相比于故障情况下可能节省的费用，完全可以忽略不计。

问 8　**SIMATIC 智能技术和运动控制功能的用途有哪些方面？**

答：利用 SIMATIC 智能技术和运动控制功能可以解决多种任务，具体如下。

（1）计数/测量。

1）计数脉冲高达 50kHz。

2）测量路径长度、转速、频率及周期。

3）定量给料。

（2）闭环控制。

1）温度控制、压力控制、流量控制。

2）步进控制器、脉冲控制器和连续控制器。

3）设定值控制、跟踪控制、级联控制、比例控制和混合控制。

4）可预组态或可灵活编程的控制结构。

5）控制器优化。

（3）凸轮控制。

1）由路径决定的切换。

2）由时间决定的切换。

3）动态微分操作。

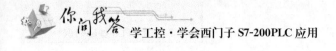

（4）运动控制。

1）通过增量编码器或绝对编码器实现位置检测。

2）通过快/慢速行程进行定位或通过控制进行定位。

3）电子齿轮。

4）凸轮盘。

5）多轴插补。

6）液压轴控制。

问9 等时同步模式的概念是什么？功能是什么？

答：等时同步模式是等分布式 I/O 设备可通过等距 PROFIBUS 同步获得输入和输出信号，并将这些信号发送给 PLC 实现信号采集和输出的同步。这样，系统就可以按固定的时间间隔采集和处理输入信号，并输出其输出信号，可保证 SIMATIC S7-400、S7-300 和 WinAC RTX 具有精确的可重复性和确定的过程响应时间，以及通过分散的 I/O 设备处理等距的信号和同时发生的信号。由于所有过程都可以按完全相同的时序重复，因而，即使快速的过程也能被安全处理。等时系统功能可广泛地应用于运动控制、测量和控制等诸多领域。

问10 Web 服务器的优点有哪些？

答：集成于 CPU 中的 Web 服务器具有以下优点。

（1）启动和运行系统期间，从任意地点都能轻易地访问 CPU 上的诊断信息。这提高了设备可用性，减短了停机时间。

（2）不需其他硬件或软件，通过 CPU 中集成的 PROFINET 接口就可以访问网页。所有标准的网络浏览器（如 IE）都可以显示网页。

（3）最优化的显示，即使分辨率较低的多功能面板和 PDA 也可以适用。

出于安全原因，为网络服务器提供了分级的安全机制。对于网络服务器只有读访问权限，也就是说，不可能将数据通过 Web 机制写入 CPU。如果被授予读访问权限，则通过一个 SCALANCE S 模式保护 CPU 不接受未经允许的访问。如果不需要 CPU 的 Web 服务器功能，可以通过 STEP7 组态软件在组态过程中完全切断 Web 服务器。

问11 人机界面的好处体现在哪些方面？

答：SIMATIC HMI 提供了面向操作员控制和监视的全面解决方案，用于对过程进行掌控，使机器和设备在最优状况下运行。SIMATIC 面板有移动型/固定型、触摸型/按键型等类型，可以在任何场合被集成到任何生产和自动化系统中。

SIMATIC 面板使用开放式接口，可以与几乎所有的自动化系统行通信；与 SIMATIC 控制器的组合具有独特的优势；由于共用一个数据库，因此组态时无须进行协调，从而节省了时间与金钱。在运行过程中，SIMATIC 面板尤其支持系统诊断，从而提高了设备的可用性。

SIMATIC 面板的组态软件 WinCC flexible 通过易用性和清晰的结构满足了不同性能等级面板的要求。

目前，基于西门子公司的 SIMATIC 自动化系统的研究与应用已经成为国内工业自动化领域的热门话题。本书将通过工程项目的设计实例使读者快速地掌握西门子公司的工业自动化系统的核心技术及设计方法。

问 12　自动化生产线工程项目设计包括哪些方面的内容？

自动化生产线工程项目涵盖 PLC 控制技术、网络通信技术和上位监控技术。为了使读者能够由简单到复杂、由易到难循序渐进地掌握西门子公司的工业自动化技术，本书将工程项目分为 3 个层次进行描述，即 PLC 单机控制系统、PRO-FIBUS-DP 现场总线网络控制系统和触摸屏上位监控系统。

问 13　可编程序控制器的产生过程及定义分别是什么？

20 世纪 60 年代，生产过程及各种设备的控制主要是继电器控制系统。继电器控制简单、实用，但存在着明显的缺点：设备体积大，可靠性差，动作速度慢，功能少，难以实现较复杂的控制；特别是由于它是靠硬连线逻辑构成的系统，接线复杂，一旦动作顺序或生产工艺发生变化时，就必须进行重新设计、布线、装配和调试，所以通用性和灵活性较差。生产上迫切需要一种使用方便灵活、性能完善、工作可靠的新一代生产过程自动控制系统。

1968 年由美国通用汽车公司（GE）提出，1969 年由美国数字设备公司（DEC）研制成功了世界上第一台可编程序控制器。它具有逻辑运算、定时、计数等顺序控制等功能，称为 PLC（Programmable Logic Controller），即可编程序逻辑控制器。

20 世纪 80 年代后，由于计算机技术的迅猛发展，PLC 采用通用微处理器为核心，具有了函数运算、高速计数、中断技术、PID 控制等功能，并可与上位机通信，实现远程控制，改称为 PC（Programmable Controller），即可编程序控制器。但由于 PC 已成为个人计算机的代名词，为了不与之混淆，人们习惯上仍将可编程序控制器称为PLC。经过短短的几十年发展，可编程序控制器已经成为自动化技术的三大支柱（PLC、机器人和CAD/CAM）之一。

1982年，国际电工委员会（IEC）制定了PLC的标准。在1987年2月颁布的第三稿中，对可编程序控制器的定义是："可编程序控制器是一种数字运算操作的电子系统，专为在工业环境下应用而设计。它采用可编程序的存储器，用来在其内部存储执行逻辑运算、顺序控制、定时、计数和算术运算等操作命令，并通过数字式、模拟式的输入和输出，控制各种类型的机械的生产过程。可编程序控制器及其有关的设备，都应按易于与工业控制系统连成一个整体、易于扩充功能的原则而设计。"

问 14 可编程序控制器的特点包括哪些方面？

答：（1）可靠性高，抗干扰能力强。微机虽然具有很强的功能，但抗干扰能力差。工业现场的电磁干扰、电源波动、机械振动、温度和湿度的变化等都可以使一般通用微机不能正常工作。而PLC是专为工业环境应用而设计的，故对于可能受到的电磁干扰、高低温及电源波动等影响，已在PLC硬件及软件的程序上采取了措施。例如，在硬件方面采用了模块式的结构，对易受干扰而影响工作的部件（如CPU、编程器、电源变压器等）采取了电和磁的屏蔽，对I/O接口采用了光电隔离，对电源及I/O接口线路采用了多种滤波等。而在软件方面采用故障检测、诊断、信息保护和恢复等手段，一旦发生异常，CPU立即采取有效措施，防止故障扩大，使PLC的可靠性大大提高。

（2）结构简单，应用灵活。PLC在硬件结构上采用模块化、积木式结构，各种输入输出信号模块、通信模块及一些特殊功能模块品种齐全。针对不同的控制对象，可以方便、灵活地组合成不同要求的控制系统。硬件接线简单，一般不需要很多配套的外围设备。

（3）编程方便，易于使用。PLC采用了与继电器控制电路有许多相似之处的梯形图作为主要的编程语言，程序形象直观，指令简单易学，编程步骤和方法容易理解和掌握，不需要具备专门的计算机知识。具有一定的电工和工艺知识的人员都可以在短时间内学会。

（4）功能完善，适应性强。PLC对数字量和模拟量具有很强的处理功能，如逻辑运算、算术运算、特殊函数运算等。PLC具有常用的控制功能，如PID（比例-积分-微分）闭环回路控制、中断控制等。PLC可以扩展特殊功能，如高速计数、电子凸轮、伺服电动机定位、多轴运动循迹控制等。PLC可以组成多种工业网络，实现数据传送、上位监控等功能。

问 15 可编程序控制器按照 I/O 点数容量可以分为哪几类？

答： 按照 PLC 的 I/O 点数、存储器容量和功能分类，PLC 可分为小型机、中型机和大型机。

(1) 小型机。小型 PLC 的功能一般以开关量控制为主，其 I/O 总点数一般在 256 点以下，用户存储器容量在 4KB 以下。现在的高性能小型 PLC 还具有一定的通信能力和少量模拟量的处理能力。这类 PLC 的特点是价格低廉，体积小巧，适用于单机或小规模生产过程的控制。西门子公司的 S7-200 系列 PLC 属于小型机。

(2) 中型机。中型 PLC 的 I/O 总点数为 256～1024 点，用户存储器容量为 2～64KB。中型 PLC 不仅具有开关量和模拟量的控制功能，还具有更强的数字计算能力，它的网络通信功能和模拟量处理能力更强大。中型机的指令比小型机更丰富，适用于复杂的逻辑控制系统及连续生产过程的过程控制场合。西门子公司的 S7-300 系列 PLC 属于中型机。

(3) 大型机。大型 PLC 的 I/O 总点数在 1024 点以上，用户存储器容量为 32KB 以上，甚至可达几兆字节。大型 PLC 的性能已经与工业控制计算机相当。它具有非常完善的指令系统，具有齐全的中断控制、过程控制、智能控制和远程控制功能；网络通信功能十分强大，向上可与上位监控机通信，向下可与下位计算机、PLC、数控机床、机器人等通信。适用于大规模过程控制、分布式控制系统和工厂自动化网络。西门子公司的 S7-400 系列属于大型机。

以上的划分没有一个十分严格的界限。随着 PLC 技术的飞速发展，某些小型 PLC 也具有中型或大型 PLC 的功能，这也是 PLC 的发展趋势。

问 16 可编程序控制器按照结构形式可以分为哪几类？

答： 根据 PLC 结构形式的不同，PLC 主要可分为整体式和模块式两类。

(1) 整体式结构。整体式结构的 PLC 是将 PLC 的基本部件，如 CPU、I/O 部件、电源等集一体，装在一个标准机壳内，构成 PLC 的一个基本单元（主机）。为了扩展输入输出点数，主机上设有标准端口，通过扩展电缆可与扩展模块相连，以构成 PLC 不同的配置。

整体式结构的 PLC 体积小，成本低，安装方便。小型 PLC 一般为整体式结构。西门子公司的 S7-200 系列 PLC 属于整体式结构。

(2) 模块式结构。模块式结构的 PLC 由一些独立的标准模块构成，如 CPU 模块、输入模块、输出模块、电源模块、通信模块和各种功能模块等。用户可根据控制要求选用不同档次的 CPU 和各种模块，将这些模块插在机架或基板上，构成需要的 PLC 系统。

模块式结构的 PLC 配置灵活，装配和维修方便，便于功能扩展。大中型 PLC 通常采用这种结构，西门子公司的 S7-300/400 系列 PLC 属于模块式结构。

问 17　可编程序控制器按照使用情况可以分为哪几类？

答：按照使用情况分类，PLC 可分为通用型和专用型。

（1）通用型。通用型 PLC 可供各工业控制系统选用，通过不同的配置和应用软件的编写可满足不同的需求。

（2）专用型。专用型 PLC 是为某些控制系统专门设计的 PLC，如数控机床专用型 PLC。西门子公司也有专为数控机床设计的 PLC。

问 18　可编程序控制器的硬件由哪几部分组成？

整体式和模块式两种 PLC 具有不同的结构形式。整体式 PLC 的结构形式如图 1-1 所示。模块式 PLC 的结构形式如图 1-2 所示。

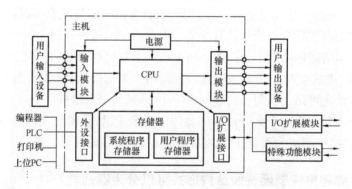

图 1-1　整体式 PLC 的结构组成

不管是哪种类型的 PLC，其硬件组成都包括 CPU、存储器、输入模块、输出模块、电源、通信接口、I/O 扩展接口等部分。

问 19　中央处理器的任务是什么？

答：与一般的计算机控制系统相同，CPU 是 PLC 的控制中枢。PLC 在 CPU 的控制下有条不紊地协调工作，实现对现场各个设备的控制。CPU 的主要任务如下。

（1）接收与存储用户程序和数据。

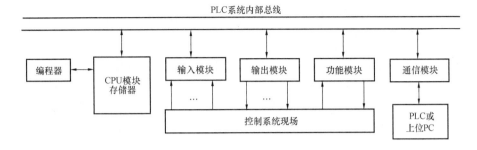

图 1-2 模块式 PLC 的结构组成

（2）以扫描的方式通过输入单元接收现场的状态或数据，并存入相应的数据区。

（3）诊断 PLC 内部的硬件故障和编程中的语法错误等。

（4）执行用户程序，完成各种数据的处理、传送和存储等功能。

（5）根据数据处理的结果，通过输出单元实现输出控制、装表打印或数据通信等功能。

问 20 存储器可以分为几部分？每部分的功能是什么？

答： PLC 的存储器包括系统存储器和用户存储器两部分。

系统存储器用来存放由 PLC 生产厂家编写的系统程序，并固化在 ROM 内。它使 PLC 具有基本的智能，能够完成 PLC 设计者规定的各项工作。

用户存储器一般分为程序存储器区和数据存储器区两部分。程序存储器区用来存放用户所编写的各种用户程序，数据存储器区用来存储 I/O 状态、逻辑运算结果及数值数据等。

程序存储器根据所选用的存储器单元类型的不同，可以是 RAM（要有掉电保护）、EPROM 或 Flash Memory（闪存）等存储器，其内容可以由用户随意修改或增删。

用户存储器容量的大小关系到用户程序容量的大小和内部可使用的硬件资源的多少，是反映 PLC 性能的重要指标之一。

问 21 输入/输出模块的功能是什么？

答： 输入/输出模块是 PLC 与外界连接的接口。根据处理信号类型的不同，分为数字量（开关量）输入/输出模块和模拟量输入/输出模块。数字量信号只有通（"1"信号）和断（"0"信号）两种状态，而模拟量信号则是随时间连续变化

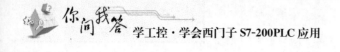

的量。

数字量输入模块用来接收按钮、选择开关、行程开关、限位开关、接近开关、光电开关、压力继电器等开关量传感器的输入信号。

模拟量输入模块用来接收压力、流量、液位、温度、转速等各种模拟量传感器提供的连续变化的输入信号。

数字量输出模块用来控制接触器、继电器、电磁阀、指示灯、数字显示装置和报警装置等输出设备。

模拟量输出模块用来控制电动调节阀、变频器等执行设备，进行湿度、流量、压力、速度等 PID 回路调节，可实现闭环控制。

问 22 电源的功能是什么？

答：PLC 配有一个专用开关式稳压电源，将交流电源转换为 PLC 内部电路所需的直流电源，使 PLC 能正常工作。对于整体式 PLC，电源部件封装在主机内部，对于模块式 PLC，电源部件一般采用单独的电源模块。

此外，传送现场信号或驱动现场执行机构的负载电源需另外配置。

问 23 I/O 扩展接口的功能是什么？

答：I/O 扩展接口用于将扩展单元与主机或 CPU 模块相连，以增加 I/O 点数或增加特殊功能，使 PLC 的配置更加灵活。

问 24 通信接口的功能是什么？

答：PLC 配有多种通信接口，通过这些通信接口，它可以与编程器、监控设备或其他 PLC 相连接。当与编程器相连时，可以编辑和下载程序；当与监控设备相连时，可以实现对现场运行情况的上位监控；当与其他 PLC 相连时，可以组成多机系统或连成网络，实现更大规模的控制。

问 25 功能模块的功能是什么？

答：为了增强 PLC 的功能、扩大其应用领域、减轻 CPU 的负担，PLC 厂家开发了各种各样的功能模块，以满足更加复杂的控制功能的需要。这些功能模块一般有自己的 CPU 和系统软件，能独立完成一项专门的工作。功能模块主要用于时间要求苛刻、存储器容量要求较大的过程信号处理任务。例如，用于位置调节需要的位置闭环控制模块，对高速脉冲进行计数和处理的高速计数模块等。

问 26　外部设备包括哪些？

答： PLC 还可配有编程器、可编程终端（触摸屏等）、打印机、EPROM 写入器等其他外部设备。其中，编程器可供用户进行程序的编写、调试和监视。现在许多 PLC 厂家为自己的产品设计了计算机辅助编程软件，安装在 C 盘上，再配备相应的接口和电缆，该 PC 就可以作为编程器使用了。

问 27　**PLC 循环扫描工作过程分为哪几个阶段？**

答： 一个循环扫描工作过程主要包括 CPU 自检、通信处理、读取输入、执行程序和刷新输出几个阶段，如图 1-3 所示。

（1）CPU 自检阶段。CPU 自检阶段包括 CPU 自诊断测试和复位监视定时器。

在自诊断测试阶段，CPU 检测 PLC 各模块的状态，如出现异常将进行诊断及处理，并给出故障信号，这将有助于及时发现或提前预报系统的故障，提高系统的可靠性。

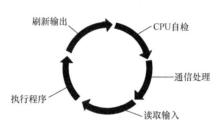

图 1-3　PLC 的一个扫描周期

监视定时器又称看门狗定时器，是 CPU 内部的一个硬件时钟，是为了监视 PLC 的每次扫描时间而设置的。监视定时器在 CPU 运行前设定好规定的扫描时间，在每个扫描周期都监视扫描时间是否超过规定时间。如果程序运行正常，则在每次扫描周期的内部处理阶段对看门狗（WDT）进行复位（清零）。这样可以避免由于 PLC 在执行程序的过程中进入死循环，或者由于 PLC 执行非预定的程序而造成系统故障，从而导致系统瘫痪。如果程序运行失常而进入死循环，则看门狗得不到按时清零而触发超时溢出，CPU 将给出报警信号或停止工作。采用看门狗技术也是提高系统可靠性的一个有效措施。

（2）通信处理阶段。在通信处理阶段，CPU 与带微处理器的功能模块通信，响应编程器输入的命令，更新编程器的显示内容。

CPU 在与功能模块通信处理阶段，检查功能模块是否需要服务，如果需要，则读取功能模块的信息并存放在缓冲区中，供下一个扫描周期使用。

（3）读取输入阶段。CPU 在执行用户程序时，使用的输入值不是直接从实际输入端得到的，运算的结果也不直接送到实际输出端，而是在内部存储器中设置了两个暂存区：一个是输入暂存区（又称输入映像寄存器区），一个是输出暂

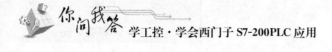

存区（又称输出映像寄存器区）。

在读取输入阶段，PLC 扫描所有输入端子，并将各输入端的通/断状态存入相对应的输入映像寄存器中，接着转入程序执行阶段。在当前的扫描周期内，用户程序依据的输入信号的状态（通或断）均从输入映像寄存器中读取，而不管此时外部输入信号的状态是否变化。

注意：在一个循环扫描周期内，即使输入状态发生变化，输入映像寄存器的内容也不会发生改变。输入端状态的变化只有在下一个循环扫描周期的读取输入阶段才被读入。这样可保证在一个循环扫描周期内使用相同的输入信号状态。

（4）执行程序阶段。PLC 的用户程序由若干条指令组成，指令在存储器中按顺序排列。当 PLC 处于运行模式执行程序时，CPU 对用户程序按顺序进行扫描。如果程序用梯形图表示，则按先上后下、从左至右的顺序逐条执行程序程序指令。每扫描到一条指令，所需要的输入信号的状态均从输入映像寄存器中读取，而不是直接使用现场输入端子的通/断状态。在执行用户程序过程中，根据指令进行运算或处理。每次运算的中间结果都立即写入相应的存储单元或输出映像寄存器中。它们的状态可以被后面将要扫描到的指令所使用。

注意：对输出端子的处理结果，不是立即驱动外部负载，而是将结果先写入输出映像寄存器中，待输出刷新阶段再集中送到输出锁存器中，驱动外部负载。

（5）刷新输出阶段。执行完用户程序后，进入刷新输出阶段。PLC 将输出映像寄存器中的通/断状态同时送入输出锁存器中，通过输出端子向外输出控制信号，驱动用户输出设备或负载，实现控制功能。

在刷新输出阶段结束后，CPU 进入下一个扫描周期。

问 28　PLC 的扫描周期包括哪几个部分？

答：一个循环扫描工作过程主要包括 CPU 自检、通信处理、读取输入、执行程序和刷新输出几个阶段，整个过程扫描一次所需的时间称为扫描周期。

PLC 的扫描时间是一个较为重要的指标，它决定了 PLC 对外部变化的响应时间。在 PLC 的一个扫描周期中，读取输入和刷新输出的时间是固定的，一般只需要 1～2ms，而程序执行时间则因程序的长度不同而不同，所以扫描周期主要取决于用户程序的长短和扫描速度。一般 PLC 的扫描周期为 10～100ms，对于一般的工业设备（改变状态的时间为几秒）通常没有什么影响。

问 29　输入/输出映像寄存器有哪些优点？

答：PLC 对输入和输出信号的处理采用了将信号状态暂存在输入/输出映像

寄存器中的方式。由 PLC 的工作过程可见，在 PLC 的程序执行阶段，即使输入信号的状态发生了变化，输入映像寄存器的状态也不会改变，要等到下一个扫描周期的读取输入阶段才能改变。暂存在输出映像寄存器中的输出信号，等到一个循环周期结束后，被 CPU 集中地全部输送给输出锁存器，这才成为实际的 CPU 输出。

PLC 采用输入/输出映像寄存器的优点如下。

（1）在 CPU 的一个扫描周期中，输入映像寄存器向用户程序提供一个始终一致的过程信号映像，以保证 CPU 在执行用户程序过程中数据的一致性。

（2）在 CPU 扫描周期结束时，将输出映像寄存器的最终结果送给外部设备，避免了输出信号的抖动。

（3）由于输入/输出映像寄存器区位于 CPU 的系统存储器区，访问速度比直接访问信号模块要快，缩短了程序执行时间。

（4）抗干扰能力强。在 CPU 扫描周期中，仅在开始的很短时间内读取输入模块的状态值，存入输入映像寄存器，以后输入模块的干扰信号不会影响 CPU 程序的执行。即使在某个扫描侵入，并造成输出值错误，由于扫描霎时远小于执行器的机电时间常数，因此当它还没有来得及使执行器发生错误的动作，下一个扫描周期正确的输出就会将其纠正，使 PLC 的可靠性更高。

S7-200 系列 PLC 硬件的构成

S7-200 系列 PLC 是一种小型 PLC，可实现单机运行，可支持 I/O 模块和功能模块的扩展。它具有成本低、质量小、可靠性高、运行速度快、指令集丰富，以及具有多种强大的集成功能和实时特性等优点，因此在控制领域得到迅速应用，是控制领域中较为理想的控制设备。

问 1 S7-200 系列 PLC 硬件的系统由哪几部分组成？

答： S7-200 系列 PLC 硬件采用整体式加积木式，即主机中包含一定数量的 I/O 点，还可以扩展 I/O 模块和各种功能模块。一个完整的系统组成如图 2-1 所示。

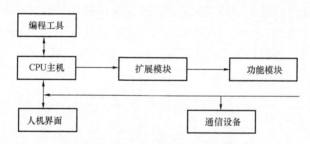

图 2-1　S7-200 系列 PLC 系统组成

（1）基本单元。基本单元（Basic Unit）又称 CPU 模块、主机或本机，包括 CPU、存储器、基本 I/O 点和电源等，是 PLC 的主要部分。实际上基本单元是一个完整的控制系统，可单独完成某些控制任务。

（2）扩展单元。当主机的 I/O 不能满足要求时，用户可以根据实际情况扩展各种 I/O 模块，所接的扩展单元的数量和实际所能使用的 I/O 点数是由多种因素共同决定的。

（3）特殊功能模块。当完成某些特殊功能的工程时，特殊功能模块是连接扩展功能模块、完成某种特殊控制任务的一种装置。

（4）相关设备。相关设备是为充分和方便地利用系统的硬件和软件资源而开发和使用的一些设备，如编程设备、人机界面和网络设备等。

（5）工业软件。工业软件主要由标准工具、工程工具、运行软件和人机接口软件等构成。

问 2 **S7-200 系列 PLC 的 CPU 外部由哪几部分组成？**

答： CPU22×系列 PLC 的 CPU 外部如图 2-2 所示。S7-200 系列 PLC 模块包括中央处理单元、电源及数字 I/O 点，都集成在一个紧凑、独立的设备中。CPU 负责执行程序，输入部分从现场采集信号，输出部分驱动外部负载。

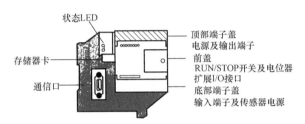

状态LED

存储器卡

通信口

顶部端子盖
电源及输出端子
前盖
RUN/STOP开关及电位器
扩展I/O接口
底部端子盖
输入端子及传感器电源

图 2-2　CPU22×系列 PLC 的 CPU 外部组成

从 CPU 模块的功能来讲，S7-200 系列 PLC 发展至今有两代产品。第一代产品的 CPU 模块为 CPU21×，主机可扩展，如 CPU212、CPU214、CPU215 和 CPU216，现已停产。第二代产品的 CPU 模块为 CPU22×，在 21 世纪初投放市场，运行速度快，具有极强的通信能力，具有以下五种不同结构配置的 CPU 单元。

（1）CPU221 有 6 输入/4 输出，无扩展，存储容量较小，有一定的高速计数能力，适合于点数少的控制系统。

（2）CPU222 有 8 输入/6 输出，可以进行模拟量的控制和两个模块的扩展，应用更广泛的全功能控制器。

（3）CPU224 有 14 输入/10 输出，存储容量扩大了一倍，有 7 个扩展模块，内置时钟，有更强的模拟量和高速计数的处理能力，是 S7-200 系列中使用最多的产品。

（4）CPU224XP 是最新推出的一款实用机型，最大的不同是主机上增加了 2 输入/1 输出的模拟量单元和一个通信口，适合在有少量模拟信号的系统中使用。

（5）CPU226 有 24 输入/16 输出，增加了通信口的数量，通信能力大大增强，用于点数较多、要求较高的小型或中型控制系统。

问 3 **S7-200 系列 PLC 的 CPU 的特点和技术规范包括什么内容？**

答： S7-200 系列 PLC 的电源有 DC（20.4～28.8V）和 AC（85～264V）两

种，主机上还有 DC 24V 电源，可直接连接传感器和执行机构。输出类型有晶体管（DC）、继电器（DC/AC）两种。可以用普通输入端子捕捉比 CPU 扫描周期更快的脉冲信号，实现高速计数。两路可达 20kHz 的高频脉冲输出，用以驱动步进电动机和伺服电动机。模块上的电位器用来改变特殊寄存器中的数值，可及时更改程序运行中的一些参数，如定时器/计数器的设定值、过程量的控制等。实时时钟可对信息加注时间标记，记录机器运行时间或对过程进行时间控制。

表 2-1～表 2-3 列出了 S7-200 系列 PLC 的 CPU 的主要技术规范，包括 CPU 规范、CPU 输入规范和 CPU 输出规范。

表 2-1   S7-200 系列 PLC 的 CPU 规范

	项　目	CPU221	CPU222	CPU224	CPU226	CPU226XM
电源	输入电压	DC 20.4～28.8V/AC　85～264V（47～63Hz）				
	24V DC 传感器电源容量	180mA		280mA	400mA	
存储器	用户程序空间	2048 字		4096 字		8192 字
	用户数据（EEPROM）	1024 字（永久存储）		2560 字（永久存储）		5120 字（永久存储）
	装备（超级电容）	50h/典型值（40℃时最少 8h）		190h/典型值（40℃时最少 120h）		
	装备（可选电池）	200d/典型值		200d/典型值		
I/O	本机数字输入/输出	6 输入/4 输出	8 输入/6 输出	14 输入/10 输出	24 输入/16 输出	
	数字 I/O 映像区	256（128 输入/128 输出）				
	模拟 I/O 映像区	无	32(16 输入/16 输出)	64（32 输入/32 输出）		
	允许量大的扩展模块	无	2 模块	7 模块		
	允许量大的功能模块	无	2 模块	7 模块		
	脉冲捕捉输入	6	8	14		
	高速计数	4 个计数器	6 个计数器			
	单相	4 个 30kHz	6 个 30kHz			
	两相	2 个 20kHz	4 个 30kHz			
	脉冲输出	2 个 20kHz（仅限于 DC 输出）				

项　目		CPU221	CPU222	CPU224	CPU226	CPU226XM
常规项目	定时器	256 个定时器：4 个定时器（1ms）；16 个定时器（10ms）；236 定时器（100ms）				
	计数器	256（由超级电容器或电池备份）				
	内部存储器位	256（由超级电容器或电池备份）				
	掉电保护	112（存储在 EEPROM）				
	时间中断	两个 1ms 的分辨力				
	边沿中断	4 个上升沿和（或）4 个下降沿				
	模拟电位器	一个 8 位分辨力		两个 8 位分辨力		
	布尔量运算执行速度	每条指令 0.7μs				
	时钟	可选卡件		内置		
	卡件选项	存储卡、电池卡和时钟卡		存储卡和电池卡		
集成的通信功能	接口	一个 RS-485 口		两个 RS-485 口		
	PPI，DP/T 波特率	9.6、19.2、187.5kbit/s				
	自由口波特率	1.2～115.2kbit/s				
	每段最大电缆长度	使用隔离的中继器：187.5kbit/s 可达 1000m，38.4kbit/s 可达 1200m；未使用中继器：50m				
	最大站点数	每段 32 个站，每个网络 126 个站				
	最大主站数	32				
	点到点（PPI 主站模式）	是（NETR/NETW）				
	MPI 连接	共 4 个，两个保留（一个给 PG，另一个给 OP）				

表 2-2　　　　　　　　　　S7-200 系列 PLC 的 CPU 输入规范

常规项目	DC 24V 输入
类型	漏型/源型（IEC 类型 1 漏型）
额定电压	DC 24V，4mA 典型值
最大持续允许电压	DC 30V
浪涌电压	DC 35V，0.5s
逻辑 1（最小）	DC 15V，2.5mA
逻辑 0（最大）	DC 15V，1mA
输入延迟	可选（0.2～12.8ms）；CPU226，CPU226XM：输入点 I1.6～I2.7 具有固定延迟；（4.5ms）

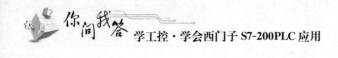

续表

常规项目	DC 24V 输入		
连接 2 线接近开关传感器（Bero）允许漏电电流	最大 1mA		
隔离（现场与逻辑）	是		
光电隔离	AC 500V，1min		
隔离组			
高速输入速率（最大）		单相	两相
逻辑 1＝DC 15～30V		20kHz	10kHz
逻辑 1＝DC 15～30V		30kHz	20kHz
同时接通的输入	55℃时所有的输入		
电线长度（最大）	屏蔽	普通输入 500m，HSC 输入 50m	
	非屏蔽	普通输入 300m	

表 2-3　　　　　　　　S7-200 系列 PLC 的 CPU 输出规范

常规项目		DC 24V 输出	继电器输出
类型		固态 MOSFET	干触点
额定电压		DC 24V	DC 24V 或 AC 250V
电压范围		DC 20.4～28.8V	DC 5～30V 或 AC 5～250V
浪涌电流（最大）		8A，100ms	7A 触点闭合
逻辑 1（最小）		DC 20V，最大电流	—
逻辑 0（最大）		DC 0.1V，10kΩ 负载	—
每点额定电流（最大）		0.75A	2.0A
每个公共端的额定电压（最大）		6V	10V
漏电流（最大）		10μA	—
灯负载（最大）		5W	DC 30W，AC 200W
感性钳位电压		L±DC 48V，1W 功能	—
接通电阻（接点）		最大为 0.3Ω	0.2Ω（新的时候的最大值）
隔离	光电隔离（现场到逻辑）	AC 500V，1min	
	逻辑到接点	—	AC 1500V，1min
	接点到接点	—	AC 750V，1min
	电阻（逻辑到接点）	—	100MΩ
	隔离组	见接线图	见接线图

常规项目		DC 24V 输出	继电器输出
延时		$2/10\mu s$（Q0.0 和 Q0.1）	—
断开到接通到断开（最大）		$15/100\mu s$（其他）	
切换（最大）		—	10ms
脉冲频率（最大）Q0.0 和 Q0.1		20kHz	1Hz
机械寿命周期		—	10 000 000（无负载）
触点寿命		—	100 000（额定负载）
同时接通的输出		55℃时，所有的输出	55℃时，所有的输出
两个输出并联		是 ·	否
电缆长度（最大）	屏蔽	500m	500m
	非屏蔽	150m	150m

问 4 **S7-200 系列 PLC 的存储系统由哪几部分构成？**

答：S7-200 系列 PLC 的存储系统由 RAM、EEPROM、CPU 模块和 EEP-ROM 存储器卡构成。用户数据可通过主机的超级电容存储若干天。电池模块可选，可使数据存储时间延长到 200 天，各 CPU 的存储容量见表 2-4。

表 2-4 **S7-200 系列 PLC 的 CPU 存储器范围和特性总汇**

描　述		范　围				存储格式			
		CPU221	CPU222	CPU224	CPU226	位	字节	字	双字
用户程序区		2KB	2KB	4KB	8KB				
用户数据区		1KB	1KB	4KB	5KB				
输入映像寄存器		I0.0～I15.7	I0.0～I15.7	I0.0～I15.7	I0.0～I15.7	Ix. y	IBx	IWx	IDx
输出映像寄存器		Q0.0～Q15.7	Q0.0～Q15.7	Q0.0～Q15.7	Q0.0～Q15.7	Qx. y	QBx	QWx	QDx
模拟输入（只读）		—	AIW0～AIW30	AIW0～AIW62	AIW0～AIW62			AIWx	
模拟输出（只写）		—	AQW0～AQW30	AQW0～AQW62	AQW0～AQW62			AQWx	
变量存储器		VB0～VB2047	VB0～VB2047	VB0～VB8191	VB0～VB10239	Vx. y	VBx	VWx	VDx
局部存储器		LB0.0～LB63.7	LB0.0～LB63.7	LB0.0～LB63.7	LB0.0～LB63.7	Lx. y	LBx	LWx	LDx

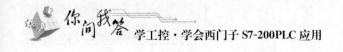

续表

描 述	范 围				存储格式			
	CPU221	CPU222	CPU224	CPU226	位	字节	字	双字
位存储器	M0.0~M31.7	M0.0~M31.7	M0.0~M31.7	M0.0~M31.7	SMx.y	SMBx	SMWx	SMDx
特殊存储器	SM0.0~SM179.7	SM0.0~SM299.7	SM0.0~SM549.7	SM0.0~SM549.7	SMx.y	SBMx	SWMx	SDMx
只读存储器	SM0.0~SM29.7	SM0.0~SM29.7	SM0.0~SM29.7	SM0.0~SM29.7				
定时器	256 (T0~T255)	256 (T0~T255)	256 (T0~T255)	256 (T0~T255)	Tx		Tx	
保持接通延时 1ms	T0, T64	T0, T64	T0, T64	T0, T64				
保持接通延时 10ms	T1~T4, T65~T68	T1~T4, T65~T68	T1~T4, T65~T68	T1~T4, T65~T68				
保持接通延时 100ms	T5~T31, T69~T95	T5~T31, T69~T95	T5~T31, T69~T95	T5~T31, T69~T95				
接通/断开延时 1ms	T32, T96	T32, T96	T32, T96	T32, T96				
接通/断开延时 10ms	T33~T36, T97~T100	T33~T36, T97~T100	T33~T36, T97~T100	T33~T36, T97~T100				
接通/断开延时 100ms	T37~T63, T101~T225	T37~T63, T101~T225	T37~T63, T101~T225	T37~T63, T101~T225				
计数器	C0~C255	C0~C255	C0~C255	C0~C255	Cx		Cx	
高速计数器	HC0, HC3~HC5	HC0, HC3~HC5	HC0~HC5	HC0~HC5				HCx
顺控继电器	S0.0~S31.7	S0.0~S31.7	S0.0~S31.7	S0.0~S31.7	Sx.y	SBx	SWx	SDx
累加器	AC0~AC3	AC0~AC3	AC0~AC3	AC0~AC3		ACx	ACx	ACx
跳转/标号	0~255	0~255	0~255	0~255				
调用/子程序	0~63	0~63	0~63	0~63				
中断程序	0~127	0~127	0~127	0~127				
回路	0~7	0~7	0~7	0~7				
通信口	0	0	0	0, 1				

注 LB60~LB63 为 STEP7-Micro/WIN32 V3.0 或更高版本保留。

说明：若 S7-200 系列 PLC 的性能提高而使参数改变，作为教材，恕不能及时更正。请参考西门子的相关产品手册。

问5 **I/O 扩展模块分为哪几种？**

答：当主机点数不够用时，就必须使用扩展模块的 I/O 点。用户可以使用主机 I/O 和扩展 I/O 模块。

常用的数字输入/输出扩展模块如下。

（1）输入扩展模块 EM221 有 3 种：8 点 DC 输入、8 点 AC 输入、光隔离。

（2）输出扩展模块 EM222 有 3 种：8 点 DC 晶体管输出、8 点 AC 输出、8 点继电器输出。

（3）输入/输出混合扩展模块 EM223 分别为 4 点（8 点、16 点）DC 输入/4 点（8 点、16 点）DC 输出，4 点（8 点、16 点）DC 输入/4 点（8 点、16 点）继电器输出。

问6 **功能扩展模块分为哪几种？**

答：当需要完成特殊功能的控制工程，CPU 主机可接扩展特殊功能模块。当工程要求回路控制时，可以扩展模拟量的输入/输出模块。常用的典型特殊功能模块如下。

（1）模拟量输入/输出扩展模块。

1）模拟量输入扩展模块 EM231 有 3 种：4 路模拟量输入、2 路热电阻输入和 4 路热电偶输入。

2）模拟量输出扩展模块 EM332 有 2 路模拟量输出。

3）模拟量输入/输出扩展模块 EM235 有 4 路模拟量输入/1 路模拟量输出（占用 2 路输出地址）。

（2）特殊功能模块。功能模块有 EM253 位置控制模块、EM277 PBOFI-BUS-DP 模块、EM241 调制解调器模块、CP243-1 以太网模块、CP243-2 AS-i 接口模块等。

问7 **I/O 点数扩展和编址的功能是什么？**

答：CPU 22＊系列的主机所提供的本机 I/O 点的 I/O 地址是不变的。在进行扩展时，可在 CPU 右边连接多个扩展模块。模块的组态地址编号是各模块的类型和模块在 I/O 链中所处的位置。编址方法是同种类型 I/O 点的模块在链中按与主机的相对位置而递增，其他类型模块的有无以及所处的位置不影响本类型模块的编号。

例如，某一控制系统选取用 CPU224，系统的 I/O 点数：数字量输入 24 点、

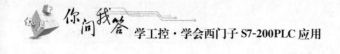

数字量输出 20 点、模拟量输入 6 点和模拟量输出 2 点。该系统可有多种不同的模块的选取组合，而且各模块在 I/O 链中的位置排列方式也可能有多种。图 2-3 为其中一种模块连接方式。表 2-5 为其对应的各模块的编址情况。

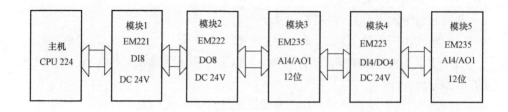

图 2-3　模块连接方式

表 2-5　　　　　　　　　　　　各模块编址情况

主机 I/O	模块 1 I/O	模块 2 I/O	模块 3 I/O	模块 4 I/O	模块 5 I/O
I0.0　Q0.0	I2.0	Q2.0	AIW0　AQW0	I3.0　Q3.0	AIW8　AQW4
I0.1　Q0.1	I2.1	Q2.1	AIW2	I3.1　Q3.1	AIW10
I0.2　Q0.2	I2.2	Q2.2	ATW4	I3.2　Q3.2	AIW12
I0.3　Q0.3	I2.3	Q2.3	ATW6	I3.3　Q3.3	AIW14
I0.4　Q0.4	I2.4	Q2.4			
I0.5　Q0.5	I2.5	Q2.5			
I0.5　Q0.6	I2.6	Q2.6			
I0.7　Q0.7	I2.7	Q2.7			
I1.0　Q1.0					
I1.1　Q1.1					
I1.2					
I1.3					
I1.4					
I1.5					

从表 2-5 中可看出，S7-200 系列扩展对输入、输出的组态原则如下。

（1）同类型 I/O 点的模块进行顺序编址。

（2）对于数字量，输入/输出映像寄存器的单位长度为 8 位（一个字节），本模块高位实际位数未满 8 位的，未用位不能分配给 I/O 链的后续模块。

（3）对于模拟量，I/O 以两个字节（一个字）递增方式来分配空间。

问 8　PLC 的软元件由哪些部分组成？

答：PLC 中的每个 I/O、内部存储单元、定时器和计数器等称为软元件。各元件功能各异，有固定的地址。软元件的数量决定了 PLC 的规模和性能，每种 PLC 软元件的数量是有限的。

软元件是 PLC 内部具有一定功能的器件，实际上由电子电路和寄存器及存储器单元等组成，如输入继电器由输入电路和输入映像寄存器构成，输出继电器由输出电路和输出映像寄存器构成，定时器和计数器由特定功能的寄存器构成。它们都具有继电器特性，无机械触点。为便于区别这类元件与低压电器中的元件，故称其为软元件或软继电器。其最大特点是触点（包括常开触点和常闭触点）可无限次使用，且寿命长。

编程时只需记住软元件的地址即可。每个软元件都有一个地址与之相对应，地址编排用区域号加区域内编号的方式，即 PLC 根据软元件的功能不同分成不同区域，如输入继电器区、输出继电器区、定时器区、计数器区、特殊继电器区等，分别用 I、Q、T、C、SM 等来表示。

问 9　输入继电器（I）的功能是什么？

答：输入继电器一般有一个 PLC 的输入端子与之对应，用于接收外部的开关信号。当外部的开关信号闭合，使输入继电器的线圈得电，常开触点闭合，常闭触点断开。触点可在编程时任意使用，不受次数限制。

扫描周期开始时，PLC 对各输入点采样，并把采样值传到输入映像寄存器。在接下来的本周期各阶段不再改变输入映像寄存器中的值，直到下一个扫描周期的输入采样阶段。

输入映像寄存器区见表 2-4，使用时输入点数不能超出这个范围，没有使用输入映像区可作为其他编程元件，也可作为通用辅助继电器或数据寄存器，只有在寄存器的某个字节的 8 位都未被使用的情况下才可做他用，否则会出现错误的执行结果。

问 10　输出继电器（Q）的功能是什么？

答：输出继电器一般有一个 PLC 的输出端子与之对应。当输出继电器线圈得电时，输出端开关闭合，可控制外部负载的开关信号，同时常开触点闭合，常闭触点断开。触点可在编程时任意使用，使用次数不限。

扫描周期在输入采样、程序执行时，并不把输出结果直接送到输出映像寄存

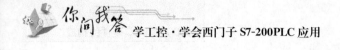

器，而直接送到输出继电器，在每个扫描周期的末尾才将输出映像寄存器的结果同步送到输出锁存器并对输出点进行更新，未被占用的输出映像区的用法与输入继电器相同。

问 11 通用辅助继电器（M）的功能是什么？

答： 通用辅助继电器与低压电器的中间继电器作用一样，在 PLC 中无 I/O 端子与之对应，故触点不能直接与负载连接。这是与输出继电器的区别显著，主要起逻辑控制作用。

问 12 特殊继电器（SM）的功能是什么？

答： 具有特殊功能或用来存储系统的状态变量、有关的控制参数和信息的辅助继电器称为特殊继电器。特殊继电器可读取程序运行时设备的工作状态和运算结果信息，可利用某些信息实现控制动作，也可通过直接设置某些特殊继电器位来使设备实现某种功能。

（1）SM0.1：首次扫描为 1，以后为 0，常用做初始化脉冲，属只读型。

（2）SM1.2：数学运算的结果为负时，该位为 1，属只读型。

（3）SM36.5 HSC0：当前计数方向控制置位时，递增计数，属可写型。

（4）SMB28 和 SMB29：分别存在模拟调节器 0 和 1 的输入值，CPU 每次扫描时该值更新，属只读型。

常用特殊继电器的功能见表 2-6。

表 2-6　　　　　常用特殊继电器 SM0 和 SM1 的位信息

特殊存储器位	功　能
SM0.0	该位始终为 ON
SM0.1	首次扫描时为 ON，常用做初始化脉冲
SM0.2	保持数据丢失时为 ON 一个扫描周期，可用做错误存储器位
SM0.3	开机进入 RUN 时为 ON 一个扫描周期，可在不断电的情况下代替 SM0.1 功能
SM0.4	时钟脉冲：30s 闭合，30s 断开
SM0.5	时钟脉冲：0.5s 闭合，0.5s 断开
SM0.6	扫描时钟脉冲：闭合 1 个扫描周期，断开 1 个扫描周期
SM0.7	开关放置在 RUN 位置时为 1，在 TERM 位置时为 0，常用在自由口通信处理中
SM1.0	执行某些指令，结果为 0 时置位
SM1.1	执行某些指令，结果溢出或非法数值时置位

特殊存储器位	功　　能
SM1.2	执行运算指令，结果为负数时置位
SM1.3	试图除以零时置位
SM1.4	执行 ATT 指令，超出表范围时置位
SM1.5	从空表中读数时置位
SM1.6	非二进制数转换为二进制数时置位
SM1.7	ASCII 码到十六进制数转换出错时置位

问 13　变量存储器(V)的功能是什么？

答：变量存储器可存放程序执行时控制逻辑操作的结果，也可保存与工程相关的某些数据。数据处理时，经常用到变量存储器。

问 14　局部变量存储器（L）的功能是什么？

答：局部变量存储器存放局部变量。局部变量存储器与变量存储器的相同点是存储的全局变量十分相似，不同点在于全局变量是全局有效的，而局部变量是局部有效的。全局有效是指同一变量可被任何程序（包括主程序、子程序和中断程序）访问；局部有效是指变量只和特定的程序相关联。

S7-200 系列 PLC 提供 64B 的局部存储器，有 60B 可作为暂时存储器为程序传递参数。主程序、子程序和中断程序都有 64B 的局部存储器可供使用。不同程序中的局部存储器不能相互访问。根据需要动态地分配局部存储器。主程序执行时分配给子程序或中断程序的局部变量存储器是不存在的。当调用子程序或中断程序时，需为之分配局部存储器。新的局部存储器可以是曾经分配给其他程序块的同一个局部存储器。

问 15　顺序控制继电器(S)的功能是什么？

答：顺序控制继电器也称状态器。它应用在顺序控制或步进控制中，有关顺序控制继电器的使用在以后章节有详细介绍。

问 16　定时器(T)的功能是什么？

答：定时器是 PLC 中重要的元件，是累计时间增量的内部器件。大部分自动控制领域都用定时器进行时间控制。灵活使用定时器可以编制出复杂动作的控

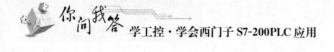

制程序。

定时器的工作原理与时间继电器基本相同，只是缺少瞬动触点，且要提前输入时间预设值。当定时器满足输入条件时便开始计时，当前值从 0 开始按一定的时间单位增加；当前值达到预设值时，定时器常开触点闭合，常闭触点断开，其触点便可得到控制所需的时间。

问 17　计数器(C)的功能是什么？

答：计数器用来累计输入脉冲的个数，通常对产品进行计数或进行特定功能的编程，应提前输入设定值（计数的个数）。当输入条件满足时，计数器开始累计它的输入端脉冲上升沿（正跳变）的个数；计数达到预定的设定值时，常开触点闭合，常闭触点断开。

问 18　模拟量输入映像寄存器（AI）、模拟量输出映像寄存器（AQ）的功能是什么？

答：模拟量输入电路可实现模拟量-数字量（A-D）之间的转换，而模拟量输出电路可实现数字量-模拟量（D-A）之间的转换。二者可实现 PLC 与外部模拟信号之间的模-数、数-模转换。

在模拟量输入-输出映像寄存器中，数字量的长度为 1 个字长（16 位），且从偶字节进行编址来存取转换过的模拟量值，如 0、2、4、6、8 等。编址内容包括元件名称、数据长度和起始字节的地址，如 AIW0、AQW2 等。

PLC 对这两种寄存器的存取方式的区别在于，对模拟量输入映像寄存器只能进行读取操作，而对模拟量输出映像寄存器只能进行写入操作。

问 19　高速计数器（HC）的功能是什么？

答：高速计数器的工作原理与普通计数器没有太大区别，用来累计比主机扫描速率更快的高速脉冲。高速计数器的当前值是一个双字长（32 位）的整数，且为只读取。高速计数器的数量很少，编址时只用名称 HC 和编号，如 HC0。

问 20　累加器（AC）的功能是什么？

答：S7-200 系列 PLC 提供了 4 个 32 位累加器，分别为 AC0、AC1、AC2、AC3。累加器可用来暂时存放数据（如运算数据、中间数据和结果数据），也可用来向子程序传递参数，或从子程序返回参数，使用时只表示出累加器的地址编号，如 AC0。累加器可进行读、写两种操作。累加器的可用长度为 32 位。数据长度可为字节（8 位）、字（16 位）或双字（32 位）。在使用时，数据长度取决于进出累加器的数据类型。具体使用分别如图 2-4 所示。

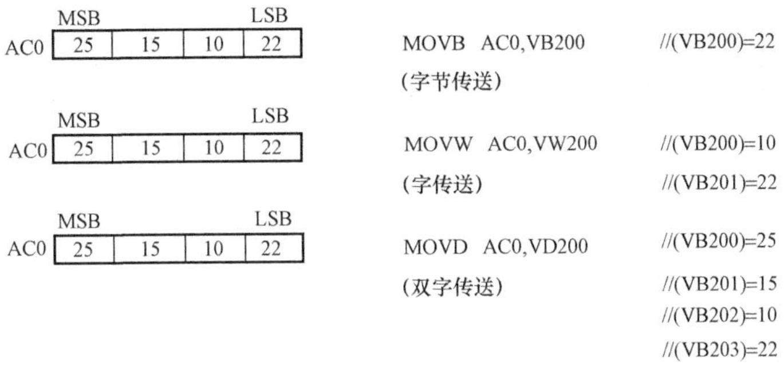

```
      MSB              LSB
AC0 [ 25 | 15 | 10 | 22 ]      MOVB  AC0,VB200      //(VB200)=22
                               （字节传送）

      MSB              LSB
AC0 [ 25 | 15 | 10 | 22 ]      MOVW  AC0,VW200      //(VB200)=10
                               （字传送）            //(VB201)=22

      MSB              LSB
AC0 [ 25 | 15 | 10 | 22 ]      MOVD  AC0,VD200      //(VB200)=25
                               （双字传送）          //(VB201)=15
                                                    //(VB202)=10
                                                    //(VB203)=22
```

图 2-4　累加器的使用

问 21 **系统控制（CPU）的数据类型及范围包括哪些内容？**

答： S7-200 系列 PLC 的数据类型分为字符串、布尔型（0 或 1）、整型和实型（浮点数）。实数采用 32 位单精度数来表示，数据类型、长度及范围见表 2-7。

表 2-7 数据类型、长度及范围

基本数据类型	无符号整数表示范围	
	十进制表示	十六进制表示
字节（B，8 位）	0～255	0～FF
字（W，16 位）	0～65 535	0～FFFF
双字（D，32 位）	0～4 294 967 295	0～FFFFFFFF
字节（B，8 位）只用于 SHRB 指令	−128～127	80～7F
INT（16 位）	−32 768～32 767	8000～7FFF
DINT（32 位）	−2 147 483 348～2 147 483 647	80000000～7FFFFFFF
布尔（1 位）	0～1	
字符串	每个字符以字节形式存储，最大长度为 255 个字节，第一个字节中定义该字符串的长度	
实数（32 位）	$-10^{38} \sim 10^{38}$（IEEE 32 浮点数）	

问 22 **系统控制（CPU）的常数有哪几种形式？**

答： 编程中时常会使用常数。常数数据长度可为字节、字和双字。机器内部

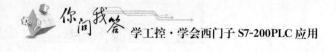

的数据都以二进制存储，但常数可以用二进制、十进制、十六进制、ASCII 码或浮点数（实数）等来表示。几种常数形式见表 2-8。

表 2-8　　　　　　　　　　　　常数表示方法

进　制	书写格式	示　例
十进制	十进制数值	1024
十六进制	16♯十六进制值	16♯7D6A
二进制	2♯二进制值	2♯1010 0011 1101 0001
ASCII 码	'ASCII 码文本'	'Show terminals'
浮点数	按美国国家标准 ANSI/IEEE 754—2008《浮点运算标准》	（正数）+1.17495E−38～+3.402823E+38
		（负数）−1.175495E−38～−3.402823E+38

注　表中的♯为常数的进制格式说明符，如果常数无任何格式说明符，则系统默认为十进制数。

问 23　直接寻址的符号如何表示？

答： S7-200 系列 PLC 以字节的存储单元为所有的数据类型，在寻址时都应指出字节地址。每个单元都有唯一的地址，直接指出元件名称的寻址方式称为直接寻址。S7-200 系列 PLC 软元件的直接寻址的格式见表 2-9。

表 2-9　　　　　　　　S7-200 系列 PLC 软元件名称及直接寻址格式

元件符号（名称）	所在数据区域	位寻址格式	其他寻址格式
I（输入继电器）	数字量输入映像区	Ax. y	ATx
Q（输出继电器）	数字量输出映像区	Ax. y	ATx
M（通用辅助继电器）	内部存储器区	Ax. y	ATx
SM（特殊继电器）	特殊存储器区	Ax. y	ATx
S（顺序控制继电器）	顺序控制继电器存储器区	Ax. y	ATx
V（变量存储器）	变量存储器区	Ax. y	ATx
L（局部变量存储器）	局部存储器区	Ax. y	ATx
T（定时器）	定时器存储器区	Ax	Ax（仅字）
C（计数器）	计数器存储器区	Ax	Ax（仅字）
AI（模拟量输入映像寄存器）	模拟量输入存储器区	无	Ax（仅字）
AQ（模拟量输出映像寄存器）	模拟量输出存储器区	无	Ax（仅字）
AC（累加器）	累加器区	无	Ax（任意）
HC（高速计数器）	高速计数器区	无	Ax（仅双字）

以下是对表 2-9 的介绍。

A：元件名称，表示数据在存储器中的区域地址，可以是表 2-4 中的元件符号。

B：数据类型，T 的取值应为字节（B）、字（W）和双字（D）。

x：字节（B）地址。

y：字节内的位地址（b），只有位寻址才有该项。

问 24 位寻址格式如何表示？

答： 按位寻址时的格式为 Ax.y，使用时必须指定元件名称、字节地址和位号。图 2-5 所示是输入继电器（I）的位寻址格式示例。位寻址的元件有输入继电器（I）、输出继电器（Q）、通用辅助继电器（M）、特殊继电器（SM）、局部变量存储器（L）、变量存储器（V）和顺序控制继电器（S）。

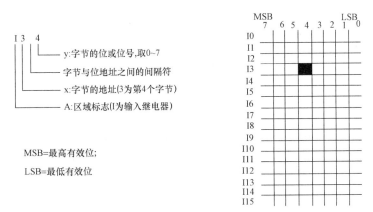

图 2-5 CPU 存储器中位数据表示方法示例（位寻址）

问 25 特殊器件的寻址格式如何表示？

答： 存储区内的某些元件是有一定功能的器件，不必指出它们的字节，只能直接写出其编号。这类元件包括定时器（T）、计数器（C）、高速计数器（HC）和累加器（AC）。其中 T 和 C 的地址编号中均包含两个含义，如 T37 既表示 T37 的定时器位状态信息，又表示该定时器的当前值。

累加器（AC）的数据长度可以为字节、字或双字，但不能为位，在编程时只写出累加器的地址编号，如 AC0，数据长度取决于进出 AC0 的数据类型。

问 26 字节、字和双字的寻址格式如何表示？

答： 字节、字和双字数据直接寻址时应写出元件名称、数据类型和存储区域内的首字节地址。图 2-6 所示为以存储器（V）为例分别存取 3 种长度数据的比较。

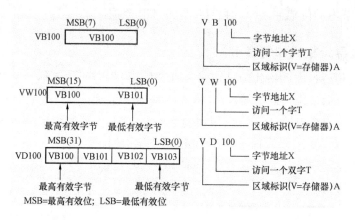

图 2-6 存储器存取 3 种长度数据的比较

用该形式进行寻址的元件有输入继电器（I）、输出继电器（Q）、通用辅助继电器（M）、特殊继电器（SM）、局部变量存储器（L）、变量存储器（V）、顺序控制继电器（S）、模拟量输入映像寄存器（AI）和模拟量输出映像寄存器（AQ）。

问 27 系统控制（CPU）的间接寻址的概念是什么？

答： 直接寻址方式是直接写出存储器或寄存器的元件名称和地址编号，根据这个地址可以立即找到该数据。

间接寻址方式是指数据存放在存储器或寄存器中，在指令中只出现数据所在单元的地址。存储单元地址的地址又称地址指针。这种寻址方式与计算机的间接寻址方式相同，在处理内存连续地址中的数据时，使用十分方便，且缩短程序长度，使编程更加灵活。

使用指针进行间接寻址的元件有输入继电器（I）、输出继电器（Q）、通用辅助继电器（M）、变量存储器（V）、顺序控制继电器（S）、定时器（T）和计数器（C）。其中 T 和 C 只有当前值能进行间接寻址，而独立的位值和模拟量值不能进行间接寻址。

问 28　建立指针的概念及格式分别是什么？

答：间接寻址对存储器单元读、写时，要先建立地址指针。指针为双字长，它是所要访问的存储单元的 32 位物理地址。作为指针的有变量存储器（V）、局部变量存储器（L）和累加器（AC1、AC2、AC3）。必须用双字传送指令（MOVD），将存储器所要访问单元的地址装入用来作为指针的存储器单元或寄存器，装入的是地址而不是数据本身，格式如下。

MOVD　&VB300，VD206

MOVD　&VB30，AC0

MOVD　&C2，LD18

"&"为地址符号，它与单元编号结合使用表示所对应单元的 32 位物理地址；VB300 是一个直接地址编号，第二个地址数据长度必须是双字长，如 VD、LD 和 AC 等。

问 29　用指针来存取数据的表示方式是什么？

答：操作数前加的"∗"代表该操作数为一个指针。如图 2-7 所示，AC1 为指针，用来存放访问的操作数的地址。图 2-7 中，存于 VB100、VB101 中的数据被传送到 AC0 中。

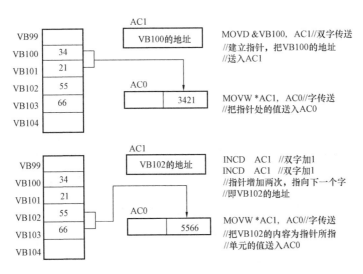

图 2-7　建立指针、存取数据及修改指针

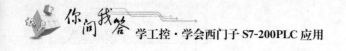
问 30　**修改指针的操作方法是什么？**

答：连续存储数据时，可以通过修改指针后很容易地存取其紧接的数据。加法、减法、自增和自减等指令可以用来修改指针。在修改指针时，要记住访问数据的长度；存取字节时，指针加 1；存取字时，指针加 2；存取双字时，指针加 4。

3

编程软件的应用

S7-200 系列 PLC 使用 STEP7-Micro/WIN32 编程软件进行编程。STEP7-Micro/WIN32 编程软件是基于 Windows 的应用软件，由西门子公司专门为 S7-200 系列 PLC 设计开发，可使用个人计算机作为图形编程器，用于在线联机或离线脱机开发用户程序，也可实时监控用户程序的执行状态。它是西门子 S7-200 系列 PLC 用户不可缺少的开发工具。现在加上汉化程序后，可以在全汉化的界面下进行操作，使中国的用户使用起来更加方便与实用，且简单易学。

问 1 编程软件对计算机系统的要求是什么？

答：操作系统：Windows 95、Windows 98、Windows ME 或 Windows 2000。

计算机及配置：IBM486 以上兼容机，内存 8MB 以上，VGA 显示器，至少 50MB 以上硬盘空间，Windows 支持的鼠标。

通信电缆：使用 PC/PPI 电缆计算机与 PLC 连接。

问 2 编程软件和硬件如何安装？

答：软件安装法参见 PLC 软件光盘说明。硬件安装方法可采用 PC/PPI 电缆使个人计算机与 PLC 之间进行通信。这是 PLC 与计算机的连接，不需要其他硬件。

典型的单主机连接及 CPU 组态如图 3-1 所示。把 PC/PPI 电缆的 PC 端连接到计算机的 RS-232 通信口（一般是 COM1），把 PC/PPI 电缆的 PPI 端连接到 PLC 的 RS-485 通信口即可。

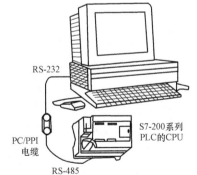

图 3-1　主机与计算机连接图

问 3 编程软件的参数如何设置？

答：安装完软件并且设置连接好硬件之后，可以按下面的步骤核实默认的参数。

（1）在 STEP7-Micro/WIN32 运行时单击通信图标，或在"视图（View）"菜单中选择"通信"（Communications）命令，则会出现一个通信对话框。

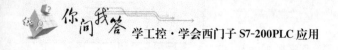
（2）在对话框中双击 PC/PPI 电缆的图标，将出现 PG/PC 接口的对话框。

（3）单击"属性"（Properties）按钮，将出现接口属性对话框，检查各参数的属性是否正确，其中通信比特率默认值为 9600B/s。

问4 编程软件的通信参数如何设置？

答：若建立了计算机和 PLC 的在线联系，就可利用软件检查、设置和修改 PLC 的通信参数，步骤如下。

（1）单击引导条中的系统块图标，或在"视图"（View）菜单中选择"系统块"（System Block）命令，将出现系统块对话框。

（2）单击"Port（s）"（通信端口）选项卡，检查各参数，确认无误后单击"确定"（OK）按钮。如果需要修改某些参数，可以先进行有关的修改，再单击"确定"（OK）按钮，待确认后退出。

（3）单击工具条中的"下载"按钮，即可把修改后的参数下载到 PLC 主机。

问5 STEP7-Micro/WIN32 有哪些功能？

答：STEP7-Micro/WIN32 的基本功能是协助用户完成开发应用软件的任务，如新建用户程序、修改和编辑原有的用户程序，编程时具有简单语法检查功能，还有一些工具性的功能，如用户程序的文档管理和加密等。此外，还可直接用软件设置 PLC 的工作方式、参数和运行监控等。

程序编辑过程中的语法检查功能可以提前避免一些语法和数据类型方面的错误。

梯形图中的错误处的下方自动加红色曲线。语句表中错误行前有红色叉，且错误处的下方加红色曲线。

联机方式：有编程软件的计算机连接 PLC，允许两者之间直接通信。

离线方式：有编程软件的计算机不连接 PLC，能完成大部分基本功能，如编程、编译和调试程序系统组态等。

两者的区别：联机方式下可直接针对相连的 PLC 进行操作，如上传和下载用户程序等；离线方式下无法运行、调试、修改程序，所有程序和参数都暂时存放在硬盘上，等联机后再下载到 PLC 中。

问6 STEP7-Micro/WIN32 的窗口由哪几部分组成？

答：在桌面双击 STEP7-Micro/WIN32 编程软件图标即可进入主界面，界面由菜单栏（包含 8 个主菜单项）、工具栏（快捷按钮）、引导条（快捷操作窗口）、指令树（InstructionTree）（快捷操作窗口）、输出窗口和用户窗口（可同时或分别打开图中的 5 个用户窗口）等构成。除菜单栏外，用户可根据需要决定其他窗口的取舍和样式的设置。

问 7 **STEP7-Micro/WIN32 的菜单功能包括哪些？**

答： 使用鼠标单击或对应热键的操作选中，下面介绍各主菜单项的功能。

（1）文件（File）。文件操作有新建、打开、关闭、保存文件，上传和下载程序，以及文件的打印预览、设置和操作等。

（2）编辑（Edit）。程序编辑的工具有选择、复制、剪切、粘贴程序块或数据块等，同时提供查找、替换、插入、删除和快速光标定位等功能。

（3）检视（View）。检视可设置软件的编程语言，如语句表 STL，梯形图 LAD、FBD 等，以及语言之间的转换，还带有注解、网络注解、工具条帧（如指令树）等。

（4）可编程序控制器（PLC）。PLC 可建立与 PLC 联机时的相关操作，如改变 PLC 的工作方式（运行、停止、在线编译、全部编译）、查看 PLC 的信息、消除程序和数据、时钟、存储器卡操作、程序比较、PLC 类型选择及通信设置等。此外还提供离线编译的功能。

（5）调试（Debug）。调试用于联机调试，如第一次扫描、多次扫描、第二次读取、全部写入、强制取消、强制等操作。

（6）工具（Tools）。工具可以调用指令向导（包括 PID 指令、NETR/NETW 指令和 HSC 指令），位控向导，EM253 控制面板，以太网向导，ASI 向导，进行定制选项等操作，一般和扩展有关。

（7）窗口（Windows）。窗口可以打开一个或多个，并可进行窗口之间的切换；可以设置窗口的排放形式，如级联水平和垂直等。

（8）帮助（Help）。通过帮助菜单上的目录和索引检索几乎所有相关的使用帮助信息。帮助菜单还提供网上查询功能。在软件操作过程中的任何步骤或任何位置，都可以按 F1 键来显示在线帮助，大大方便了用户的使用。

问 8 **STEP7-Micro/WIN32 的工具条有几种？**

答： 工具条提供简便的鼠标操作，将最常用的 STEP7-Micro/WIN32 操作以按钮形式设定到工具栏，和常用的计算机软件相同。可以用"检视"（View）菜单中的"工具"（Toolbars）命令来显示或隐藏 3 个工具栏：标准（Standard）、

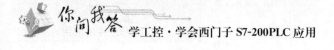

调试（Debug）和公用（Instructions）指令。

问 9　STEP7-Micro/WIN32 的引导条功能是什么？

答：引导条可用"检视"（View）菜单中的"引导条"（Navigation Bar）命令选择是否打开。

引导条为编程提供快速窗口切换功能，包括程序块（Program Bolck）、符号表（Symbol Table）、状态图表（Status Chart）、数据块（Data Block）、系统块（System Block）、交叉索引（Cross Reference）和通信（Communication）。单击任何一个按钮，则主窗口切换成此按钮对应的窗口。

引导条中的所有操作都可用"指令树"（InstructionTree）窗口或"检视"（View）菜单来完成，可以根据个人的爱好来选择使用引导条或指令树。

问 10　STEP7-Micro/WIN32 的指令树有什么作用？

答：可用"检视"菜单中"帧"命令中的"指令树（Instruction Tree）"命令来选择是否打开，并提供编程时用到的所有快捷操作命令和 PLC 指令。

问 11　STEP7-Micro/WIN32 的交叉引用有什么作用？

答：交叉引用提供 3 个方面的索引信息，即交叉引用信息、字节用法和位用法，使编程所用的 PLC 资源一目了然。

问 12　STEP7-Micro/WIN32 的数据块有什么作用？

答：数据块窗口可以设置和修改变量存储区内各种类型存储区的一个或多个变量值，并加注必要的注释说明，如 PLC 与 TD200 相连时使用。

问 13　STEP7-Micro/WIN32 的状态图表有什么作用？

答：状态图表可在联机调试时监视各变量的值和状态。

问 14　STEP7-Micro/WIN32 的符号表有什么作用？

答：实际编程时为了增加程序的可读性，常用带有实际含义的符号作为编程元件代号，而不是直接使用元件在主机中的直接地址。例如，编程中 Star 作为编程元件代号，而不用 I0.3。符号表可用来建立自定义符号与直接地址之间的对应关系，并可附加注释使程序清晰易读。

问15 STEP7-Micro/WIN32 的输出窗口有什么作用？

答： 输出窗口用来显示程序编译的结果信息，如各种程序块（主程序、子程序的数量及子程序号、中断程序的数量及中断程序号）及其大小、编译结果有无错误、错误编码和位置等。

问16 STEP7-Micro/WIN32 的状态条有什么作用？

答： 状态条也称任务栏，与一般的任务栏功能相同。

问17 STEP7-Micro/WIN32 的编程器有什么作用？

答： 编程器可用梯形图、语句表或功能图表编程器编写用户程序，或在联机状态下从 PLC 上装的用户程序进行读程序或修改程序。

问18 STEP7-Micro/WIN32 的局部变量表有什么作用？

答： 每个程序块都对应一个局部变量表。在带参数的子程序调用中，参数的传递就是通过局部表变量进行的。

问19 STEP7-Micro/WIN32 的文件如何进行新建操作？

答： 建立一个程序文件，可用"文件"（File）菜单中的"新建"（New）命令，在主窗口显示新建的程序文件主程序区；也可用工具条中的按钮来完成。图3-2所示为一个新建程序文件的指令树，系统默认初始设置如下。

新建的程序文件以"项目1（CPU221 REL01.10)"命名，括号内为系统默认 PLC 的型号。项目包括7个相关的块。其中程序块中有一个主程序、一个子程序 SBR-0 和一个中断程序 INT-0。用户可以根据实际编程需要进行以下操作。

（1）确定主机型号。首先要根据实际应用情况选择 PLC 型号，右击"项目1（CPU221 REL01.10)"图标，在弹出的快捷菜单中选择"类型"（Type）命令。或用"PLC"菜单中的"类型"（Type）命令，然后在弹出的对话框中单击"读取

图 3-2　新建程序的指令树

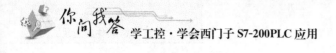

PLC"按钮，再单击"确认"按钮。

（2）程序更名。

项目文件更名：如果新建了一个程序文件，可用"文件"（File）菜单中的"另存为"（Save as）命令，然后在弹出的对话框中输入希望的名称。

子程序和中断程序更名：在指令树窗口中，右击要更名的子程序或中断程序名称，在弹出的快捷菜单中选择"重命名"（Rename）命令，然后输入名称。

主程序的名称一般用默认的"MAIN"，任何项目文件的主程序只有一个。

（3）添加一个子程序或一个中断程序。

方法 1：在指令树窗口中右击"SBR＿0"或"INT＿0"图标，在弹出的快捷菜单中选择"插入子程序"（Insert Subroutine）或"插入中断程序"（Insert Interrupt）命令。

方法 2：在编辑窗口中右击编辑区，在弹出的快捷菜单中选择"插入"（Insert）命令。

新生成的子程序和中断程序根据已有子程序和中断程序的数目，默认名称分别为 SBR＿0 和 INT＿0，用户可以自行更名。

（4）编辑程序。编辑程序块中的任何一个程序，只要在指令树窗口中双击该程序的图标即可。

问 20 **STEP7-Micro/WIN32 中如何打开已有文件？**

答： 打开一个软盘中已有的文件，可用"文件"（File）菜单中的"打开"（Open）命令，在弹出的对话框中选择打开的程序文件，也可用工具栏中的按钮来完成。

问 21 **STEP7-Micro/WIN32 的文件如何进行上传操作？**

答： 在计算机与 PLC 通信的前提下，要上传 PLC 存储器中的程序文件，可用"文件"（File）菜单中"上传"（Upload）命令，也可用工具栏中的按钮来完成。

问 22 **STEP7-Micro/WIN32 中输入编程元件有几种方法？**

答： 梯形图的编程元件（编程元素）主要有线圈、触点、指令盒、标号及连接线。输入方法有以下 3 种。

方法 1：用指令树窗口中的"指令"（Instructions）所列的一系列指令按类别分别编排在不同子目录中，找到要输入的指令并双击，如图 3-3 所示。

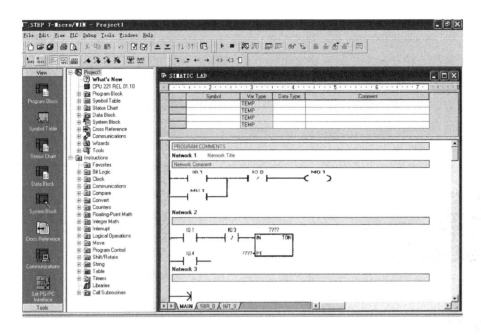

图 3-3　编程示例

　　方法 2：用指令工具栏上的一组编程按钮，单击触点、线圈和指令盒按钮，从弹出的下拉菜单所列出的指令中选择要输入的指令即可。编程按钮和弹出的下拉菜单分别如图 3-4 和图 3-5 所示。

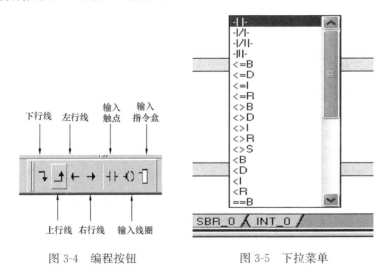

图 3-4　编程按钮　　　　　　　　图 3-5　下拉菜单

　　在指令工具栏上，编程元件的输入有 7 个按钮。"下行线"、"上行线"、"左行线"和"右行线"按钮用于输入连接线，由此可形成复杂梯形图结构。"输入触点"、"输入线圈"和"输入指令盒"按钮用于输入编程元件。图 3-5 所示为单击输入触点按钮时弹出的下拉菜单。"插入网络"和"删除网络"按钮，在编程时使用。

方法 3：输入触点可用快捷键 P4；输入线圈可用快捷键 P6；输入指令盒可用快捷键 F9。

（1）顺序输入。在一个网络中，如果只有编程元件的串联连接，输入和输出都无分叉，则视为顺序输入。方法非常简单，从网络的开始依次输入各编程元件即可。每输入一个元件，光标自动移动到下一列。在图 3-3 中，网络 2 为一个顺序输入的例子。

图 3-3 中网络 3 中的图形就是一个网络的开始。此图形表示可在此继续输入元件。

而网络 2 已经连续在一行上输入了两个触点，若想再输入一个线圈，可以直接在指令树中双击线圈图标。图中的方框为光标（大光标），编程元件在光标处被输入。

（2）输入操作数。图 3-4 中的"????"表示此处必须有操作数。此处的操作数为触点的名称。可单击"????"，然后输入操作数。

（3）任意添加输入。如果想在任意位置添加一个编程元件，只需单击这一位置将光标移到此处，然后输入编程元件即可。

问 23　用 STEP7-Micro/WIN32 如何进行复杂结构的编辑？

答：工具栏中的编程按钮如图 3-4 所示，可编辑复杂结构的梯形图。本例中实现的梯形图如图 3-6 所示。方法是单击图中第一行下方的编程区域，则在本行下一行的开始处显示光标（图中方框），然后输入触点，生成新的一行。

输入完成后出现图 3-7 所示界面，将光标移到要合并的触点处，单击按钮即可。

如果要在一行的某个元件后向下分支，可将光标移到该元件，单击按钮，便可在生成的分支中顺序输入各元件。

问 24　STEP7-Micro/WIN32 中如何进行插入和删除的操作？

答：编程中经常需要插入和删除一行、一列、一个网络、一个子程序或中断程序等，方法有两种：一种是在编程区右击要进行操作的位置，弹出快捷菜单，选择"插入"（Insert）或"删除"（Delete）命令，在弹出的子菜单中选择要插入或删除的项，然后进行编辑另一种是用"编辑"（Edit）菜单中的命令进行上

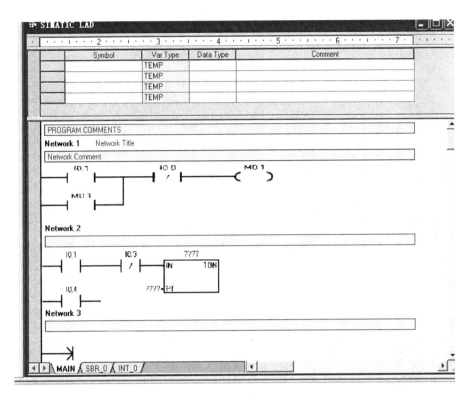

图 3-6 新生成行

述相同的操作。

对于元件剪切、复制和粘贴等操作方法也与上述类似。

问 25 **STEP7-Micro/WIN32 中如何进行块操作？**

答：利用块操作对程序大面积删除、移动、复制操作十分方便。块操作包括块选择、块剪切、块删除、块复制和块粘贴。这些操作非常简单，与一般字处理软件中的相应操作方法完全相同。

问 26 **STEP7-Micro/WIN32 的符号表的作用是什么？**

答：使用符号表可将直接地址编号用具有实际含义的符号代替，有利于程序结构清晰易读。具体使用可参考"帮助"中的相关内容。

问 27 **STEP7-Micro/WIN32 中的局部变量表如何操作？**

答：打开局部变量表的方法是将鼠标指针移到编辑器的程序编辑区的上边

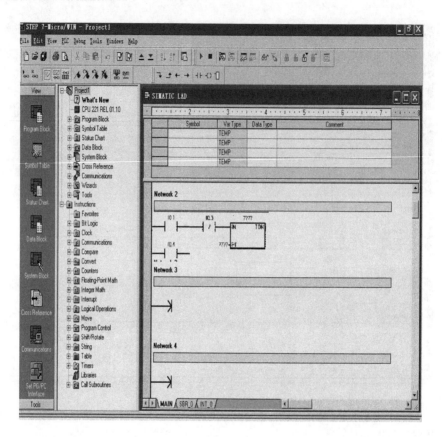

图 3-7　向上合并

缘，上边缘向下拖动，则自动显示出局部变量表，此时即可设置局部变量。

问 28　STEP7-Micro/WIN32 中的注释如何操作？

答： 梯形图编程器中的"网络 n"（Network n）标志每个梯级，同时又是标题栏，可在此为本梯级加标题或必要的注释说明，使程序清晰易读。

方法：双击"网络 n"区域，在弹出的对话框中的"题目"（Title）文本框中输入标题，在"注释"（Comment）文本框输入注释。

问 29　STEP7-Micro/WIN32 编程语言如何进行转换？

答： 软件可实现 3 种编程语言（编辑器）之间的任意切换。选择"检视"（View）菜单中的"STI"、"LAD"或"FBD"命令便可进入对应的编程环境。使用最多的是 STL 和 LAD 的互相切换，STL 的编程可以按或不按网络块的结构顺序编程，但 STL 只有在严格按照网络块编程的格式下编程才可切换到 LAD。

问 30 STEP7-Micro/WIN32 中的编译如何操作？

答： 程序编辑完成，可用"PLC"菜单中的"编译"（Compile）命令进行离线编译。编译结束，在输出窗口显示编译结果信息。

问 31 STEP7-Micro/WIN32 中的下载功能如何使用？

答： 如果编译无误，便可单击"下载"（Download）按钮，把用户程序下载到 PLC 中。

问 32 STEP7-Micro/WIN32 软件中的多次扫描操作如何执行？

答： 将 PLC 置于 STOP 模式，使用"调试"（Debug）菜单中的"多次扫描"（Multiple Sans）命令来指定扫描次数，然后单击"确认"（OK）按钮进行监视。

问 33 STEP7-Micro/WIN32 软件中的初次扫描操作如何执行？

答： 将 PLC 置于 STOP 模式，使用"调试"（Debug）菜单中的"初次扫描"（First Scans）命令。

问 34 STEP7-Micro/WIN32 软件中的状态图表如何使用？

答： 在引导条窗口中单击"状态图"（Status Chart）按钮或用"检视"（View）菜单中的"状态图"命令。当程序运行时，可使用状态图来读、写、监视和强制其中的变量，如图 3-8 所示。

当用状态图表时，可将光标移至某个单元格并右击，在弹出的快捷菜单中选择一项，可实现相应的编辑操作。根据需要可建立多个状态图表。

状态图表的工具图标在编程软件的工具条区内，单击可被激活，如顺序排序、逆序排序、全部写、单字读、读所有强制、强制和解除强制等。

问 35 STEP7-Micro/WIN32 中强制指定值应如何操作？

答： 用户可以用状态图表来强制用指定值对变量赋值，所有强制改变的值都存到主机固定的 EEPROM 中。

（1）强制范围。

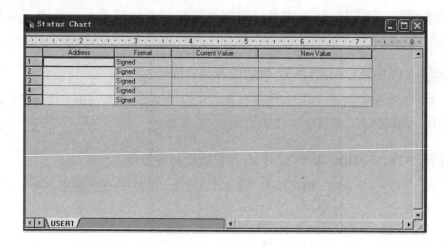

图 3-8　状态图

1）强制制定一个或所有输出继电器（Q）位。

2）强制改变最多 16 个变量存储器（V）或通用辅助继电器（M）的数据，变量可以是字节、字或双字类型。

3）强制改变模拟量输出映像寄存器（AQ），变量类型为偶字节开始的字类型。

4）强制功能取代了一般形式的读和写，采用输出强制时以某一个指定值输出，当主机变为 STOP 方式后输出将变为强制值，而不是设定值。

（2）强制一个值。若强制一个新值，可在状态图表的"新数值"（New Value）栏输入新值，然后单击工具条中的按钮。若强制一个已经存在的值，可在"当前值"（Current Value）栏选中这个值，然后单击"强制"按钮。

（3）读所有强制操作。打开状态图表窗口，单击工具栏中的按钮，则状态图表中所有被强制的当前值的单元格中会显示强制符号。

（4）解除一个强制操作。在当前值栏选中这个值，然后单击工具栏中的按钮。

（5）解除所有强制操作。打开状态图表，单击工具条中的按钮。

问 36　如何更改 STEP7-Micro/WIN32 的运行模式？

答：在运行模式时，可以在对控制过程影响较小的情况下，对用户程序做少量的修改。下载修改后的程序时，将立即影响系统的控制运行，所以使用时应特别注意。可进行这种操作的 PLC 有 CPU224、CPU226 和 CPU226XM 等。操作步骤如下。

（1）选择"调试"（Debug）菜单中的"在运行状态编辑程序"（Program Edit in RUN）命令。因为 RUN 模式下只能编辑主机中的程序，如果主机中的程序与编程软件窗口中的程序不同，系统会提示用户存盘。

（2）屏幕弹出警告信息。单击"继续"（Continue）按钮，所连接主机中的程序将被上传到编程主窗口，便可以在运行模式下进行编辑。

（3）在运行模式下进行下载。在程序编译成功后，可用"文件"（File）菜单中的"下载"（Download）命令，或单击工具条中的"下载"按钮，将程序块下载到 PLC 主机。

（4）退出运行模式编辑。使用"调试"（Debug）菜单中的"在运行状态编辑程序"（Program Edit in RUN）命令，然后根据需要选择"选项"（Check-mark）中的命令。

问 37 STEP7-Micro/WIN32 软件的梯形图监视如何操作？

答：利用梯形图编辑器可以监视在线程序状态，如图 3-9 所示。图中被点亮

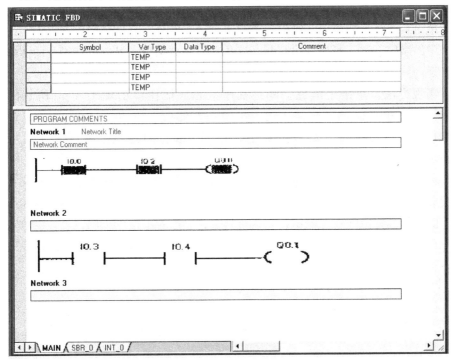

图 3-9 梯形图监视

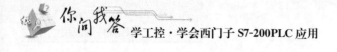

的元件表示处于接通状态。

梯形图中显示所有操作数的值，所有这些操作数状态都是 PLC 在扫描周期完成时的结果。在使用梯形监控时，STEP7-Micro/WIN32 编程软件不是在每个扫描周期都采集状态值并在屏幕上的梯形图中显示，而是间隔多个扫描周期采集一次状态值，然后刷新梯形图中各值的状态显示。在通常情况下，梯形图的状态显示不反映程序执行时的每个编程元素的实际状态，但这并不影响使用梯形图来监控程序状态，而且在大多数情况下，使用梯形图是编程人员的首选。

实现方法是用"工具"（Tools）菜单中的"选项"（Options）命令，在弹出的"选项"对话框中单击"LAD 状态"（LAD Status）选项卡，然后选择一种梯形图的样式。梯形图可选择的样式有 3 种：指令内部显示地址和外部显示值、指令外部显示地址和外部显示值、只显示状态值。然后打开梯形图窗口，在工具栏中单击"程序状态"按钮，即可进行梯形图监视。

问 38　STEP7-Micro/WIN32 软件中语句表监视如何操作？

答：用户可利用语句表编辑器监视在线程序状态。语句表程序状态按钮连续不断地更新屏幕上的数值，操作数按顺序显示在屏幕上，这个顺序与它们出现在指令中的顺序一致。当指令执行时，这些数值将被捕捉，可以反映指令的实际运行状态。

实现方法是单击工具栏上的"程序状态"按钮，出现图 3-10 所示的显示界面。其中，语句表的程序代码出现在左侧的 STL 状态窗口里，包含操作数的状态区显示在右侧。间接寻址的操作数将同时显示存储单元的值和指针。

可以用工具栏中的按钮暂停，则当前的状态数据将保留在屏幕上，直到再次单击此按钮。

图中状态数值的颜色表示指令执行状态：黑色表示指令正确执行；红色表示指令执行有错误；灰色表示指令由于栈顶值为 0 或由跳转指令使之跳过而没有执行；空白表示指令未执行。

可利用初次扫描得到第一个扫描周期的信息。

设置语句表状态窗口的样式：用"工具"（Tools）菜单中的"选项"（Options）命令，在弹出的"选项"对话框中单击"LAD 状态"（LAD Status）选项卡，然后进行设置。

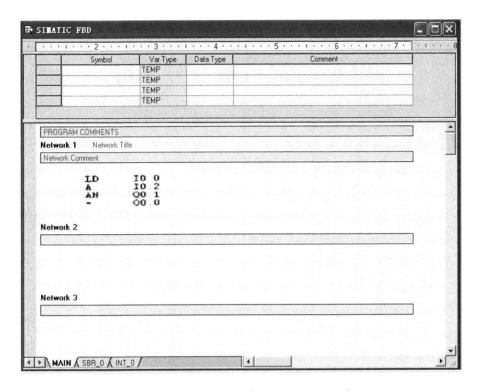

图 3-10　语句表监视

PLC 的常用指令与应用

问 1 **PLC 的逻辑取及线圈驱动指令分别是什么？**

答： 逻辑取及线圈驱动指令分别为 LD、LDN 和＝。

LD（Load）：取指令，用于网络块逻辑运算开始的常开触点与母线的连接。

LDN（Load Not）：取反指令，用于网络块逻辑运算开始的常闭触点与母线的连接。

＝（Out）：线圈驱动指令。

指令使用示例如图 4-1 所示。

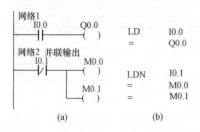

图 4-1　LD、LDN、＝指令使用示例

(a) 梯形图；(b) 语句表

说明：

（1）LD、LDN 指令可用于网络块逻辑计算开始时与母线相连的常开触点和常闭触点，在分支电路块的开始也可使用 LD、LDN 指令，与后面要讲的 ALD、OLD 指令配合完成块电路的编程。

（2）并联的＝指令可使用任意次。

（3）在同一程序中不能使用双线圈输出，即同一个元器件在同一程序中只使用一次＝指令。

（4）LD、LDN、＝指令的操作数为 I、Q、M、SM、T、C、V、S 和 L。T 和 C 也作为输出线圈，但在 S7-200 系列 PLC 中输出时不是以使用＝指令的形式出现（见定时器和计数器指令）。

问 2 **PLC 触点串联指令有哪些？其功能是什么？**

答： 触点串联指令为 A、AN。

A（And）：与指令，用于单个常开触点的串联连接。

AN（And Not）：与反指令，用于单个常闭触点的串联连接。

指令使用示例如图 4-2 所示。

说明：

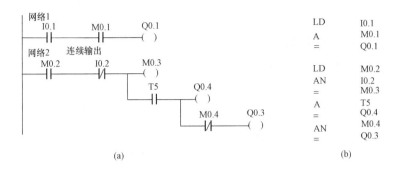

图 4-2 A、AN 指令使用示例

(a) 梯形图；(b) 语句表

（1） A、AN 是单个触点串联连接指令，可连续使用，在用磁形图编程时会受到打印宽度和屏幕显示的限制。S7-200 系列 PLC 的编程软件中规定的串联触点使用上限为 11 个。

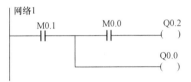

（2） 图 4-2 中所示的连续输出电路可以反复使用＝指令，但次序必须正确，否则不能连续使用＝指令进行编程。图 4-3 所示的电路就不属于连续输出电路。

图 4-3 不可连续使用＝指令的电路

（3） A、AN 指令的操作数为 I、Q、M、SM、T、C、V、S 和 L。

问3 **PLC 触点并联指令有哪些？其功能是什么？**

答： 触点并联指令为 O、ON。

O（OR）：或指令，用于单个常开触点的并联连接。

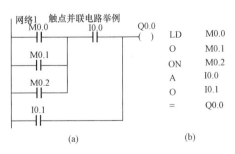

图 4-4 O、ON 指令使用示例

(a) 梯形图；(b) 语句表

ON（Or Not）：或反指令，用于单个常闭触点的并联连接。

指令使用示例如图 4-4 所示。

说明：

（1） 单个触点的 O、ON 指令可连续使用。

（2） ON 指令的操作数为 I、Q、M、SM、T、C、V、S 和 L。

（3） 两个以上触点的串联回路和

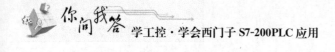

其他回路并联时，须采用后面说明的 OLD 指令。

问 4 **PLC 串联电路块的并联连接指令是什么？有哪些功能？**

答： 串联电路块的并联连接指令为 OLD。两个以上触点串联形成的支路称为串联电路块。

OLD（Or Load）：或块指令，用于串联电路块的并联连接。

指令使用示例如图 4-5 所示。

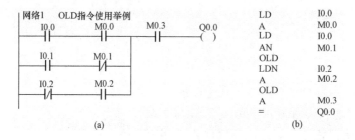

图 4-5 OLD 指令使用示例

（a）梯形图；（b）语句表

说明：

（1）网络块逻辑运算的开始可以使用 LD 或 LDN，在块电路的开始也可使用 LD 和 LDN 指令。

（2）每完成一次块电路的并联时要写上 OLD 指令，对并联电路的个数有限制。

（3）OLD 指令无操作数。

问 5 **PLC 并联电路块的串联连接指令是什么？有哪些功能？**

答： 并联电路块的串联连接指令为 ALD。两条以上支路并联形成的电路称为并联电路块。

ALD（And Load）：与块指令，用于并联电路块的串联连接。

指令使用示例如图 4-6 所示。

说明：

（1）在块电路开始时要写 LD 或 LDN 指令。并联电路块结束后，用 ALD 指令与前面电路串联。

（2）在完成一次块电路的串联连接后要写 ALD 指令。

（3）ALD 指令无操作数。

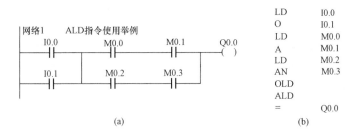

图 4-6 ALD 指令使用示例

(a) 梯形图；（b）语句表

问 6 **PLC 的置位指令、复位指令及其功能各是什么?**

答：置位（Set）指令、复位（Reset）指令的 LAD 和 STL 形式及功能见表 4-1。S/R 指令用法如图 4-7 所示。

表 4-1   S/R 指令的功能表

指　令	LAD	STL	功　　能
置位指令	bit ——（t）	S bit, N	从 bit 开始的 N 个元件置 1 并保持
复位指令	bit ——（R） N	R bit, N	从 bit 开始的 N 个元件清零并保持

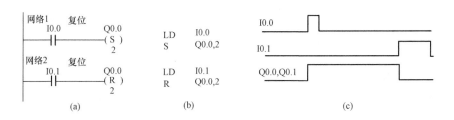

图 4-7 S/R 指令使用示例

(a)梯形图；(b)语句表；(c)时序图

说明：

（1）位元件置位后，就保持在通电状态，可对其复位；而元件复位后，就保持在断电状态，除非再对其置位。

（2）S/R 指令可以互换次序使用，由于 PLC 采用扫描工作方式进行工作，故写在后面的指令具有优先权。图 4-7 中，假如 I0.0 和 I0.1 同时为 1，则 Q0.0、Q0.1 处于复位状态，为 0。

（3）若对计数器和定时器复位，则当前值为 0。定时器和计数器的复位有其特殊性，详情参考计数器和定时器相关部分。

（4）N 的常数范围为 1～255，N 也可为 VB、IB、QB、MB、SMB、SB、LB、AC、常数、＊VD、＊AC 和＊LD。但其常数使用时最多。

（5）S/R 指令的操作数为 I、Q、M、SM、T、C、V、S 和 L。

问 7　PLC 的 RS 触发器指令包括几种？功能及指令格式各是什么？

答： RS 触发器指令在 STEP7-Micro/WIN32 V3.2 编程软件版本中才有，它有以下两条指令。

（1）SR（Set Dominant Bistable）：置位优先触发器指令，当置位信号（SI）和复位信号（R）都为真时，输出为真。

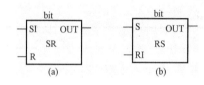

图 4-8　RS 触发器指令的 LAD 形式
（a）SR 指令；（b）RS 指令

（2）RS（Reset Dominant Bistable）：复位优先触发器指令，当置位信号（S）和复位信号（RI）都为真时，输出为假。

RS 触发器指令的 LAD 形式如图 4-8 所示。图 4-8（a）为 SR 指令，图 4-8（b）为 RS 指令。bit 参数用于指定被置位或者被复位的布尔参数。由于触发器指令无 STL 形式，但可通过编程软件把 LAD 形式转换成 STL 形式，但很难读懂，故建议使用 RS 触发器指令时最好使用 LAD 形式。

RS 触发器指令的真值见表 4-2。

表 4-2　　　　　　　　RS 触发器指令的真值表

指令	SI	R	输出（bit）	指令	S	RI	输出（bit）
置位优先触发器指令（SR）	0	0	保持前一状态	置位优先触发器指令（SR）	0	0	保持前一状态
	0	1	0		0	1	0
	1	0	1		1	0	1
	1	1	1		1	1	1

RS 触发器指令的 I/O 操作数为 I、Q、V、W、SM、S、T、C。bit 的操作数为 I、Q、V、M 和 S。操作数的数据类型均为布尔型。

RS 触发器指令使用示例如图 4-9 所示，图 4-9（b）为在给定的输入信号波形下产生的输出波形。

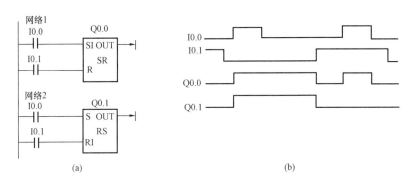

图 4-9 RS 触发器指令使用示例

(a) 梯形图；(b) 时序图

问 8 **PLC 的逻辑堆栈操作指令包括哪几种？**

答：S7-200 系列 PLC 使用一个 9 层堆栈来处理所有逻辑操作，它和计算机中的堆栈结构相同。堆栈是一组能暂时存储和取出数据的单元，特点是"先进后出，后进先出"。进行一次入栈操作，新值放入栈顶，栈底值丢失；进行一次出栈操作，栈顶值弹出，栈底补进随机数。逻辑堆栈指令可完成对触点进行复杂的连接。

西门子系统手册中把 ALD、OLD、LPS、LRD、LPP 和 LDS 等指令都归纳为栈操作指令。

问 9 **逻辑入栈（LPS）、逻辑读栈（LRD）和逻辑出栈（LPP）指令的功能及指令格式各是什么？**

答：这 3 条指令也称为多重输出指令，主要用于一些复杂逻辑的输出处理。

LPS（Logic Push）：逻辑入栈指令（分支电路开始指令）。在梯形图的分支结构可以出现用于生成一条新的母线，左面是原来的主逻辑块，右面是新的从逻辑块，可以直接编程。从堆栈使用上来看，LPS 指令的作用是把栈顶值复制后压入堆栈。

LRD（Logic Read）：逻辑读栈指令。在分支结构中，当新母线左面为主逻辑块时，LPS 开始右面的第一个从逻辑块编程，LRD 开始第二个以后的从逻辑块编程。从堆栈使用上来讲，LRD 读取最近的 LPS 压入堆栈的内容，而堆栈本身不进行 Push 和 Pop 工作。

LPP（Logic Pop）：逻辑出栈指令（分支路结束指令）。在分支结构中，LPP 用于 LPS 产生的新母线右面的最后一个从逻辑块编程，在读取完离最近的 LPS 压入堆栈内容的同时复位此条新母线。从堆栈使用上来看，LPP 把堆栈弹出一级，堆栈内容依次上移。

上述 3 条指令的用法如图 4-10～图 4-12 所示。

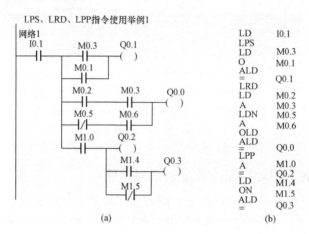

图 4-10 LPS、LRD、LPP 指令使用示例 1

（a）梯形图；（b）语句表

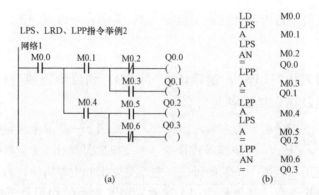

图 4-11 LPS、LRD、LPP 指令使用示例 2

（a）梯形图；（b）语句表

说明：

（1）由于受堆栈空间的限制，LPS、LPP 指令连续使用最多为 9 次。

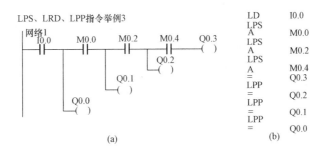

图 4-12 LPS、LRD、LPP 指令使用示例 3

(a) 梯形图；(b) 语句表

（2）LPS 和 LPP 指令对应使用，相互之间可使用 LRD 指令。

（3）LPS、LRD、LPP 指令无操作数。

问 10 装入堆栈指令（LDS）的功能及指令格式各是什么？

答：LDS（Load Stack）指令的功能是复制堆栈中的第 n 个值到栈顶，而栈底丢失。该指令在编程中很少使用。

指令格式：LDS n（n 为 0～8 的整数）

例如，执行指令 LDS 3 后堆栈发生变化的情况见表 4-3。

表 4-3　　　　　　　　　　　　　LDS 指令使用示例

入栈前	入栈后	入栈前	入栈后	入栈前	入栈后
Iv0	Iv3	Iv3	Iv2	Iv6	Iv5
Iv1	Iv0	Iv4	Iv3	Iv7	Iv6
Iv2	Iv1	Iv5	Iv4	Iv8	Iv7

问 11 立即指令的功能与格式是什么？

答：立即指令可提高 PLC 对 I/O 的响应速度，不受 PLC 循环扫描工作方式的影响，可对 I/O 点进行快速直接存取。当用立即指令读取输入点的状态时，对 I 进行操作，相应的输入映像寄存器中的值并未更新；当用立即指令访问输出点时，对 Q 进行操作，新值同时写到 PLC 的物理输出点和相应的输出映像寄存器。

立即指令的名称及说明见表 4-4。

表 4-4 　　　　　　　　　　　立即指令的名称和使用说明

指令名称	STL	LAD	使 用 说 明
立即取	LDI bit		
立即取反	LDNI bit	bit —|I|—	
立即或	OI bit		bit 只能为 I
立即或反	ONI bit	bit —|/I|—	
立即与	AI bit		
立即与反	ANI bit		
立即输出	=I bit	bit —(I)	bit 只能为 Q
立即置位	SI bit, N	bit —(SI) N	bit 只能为 Q；N 的范围：1~128；
立即复位	RI bit, N	bit —(RI) N	N 的操作数同 S/R 指令

图 4-13 所示为立即指令的用法。一定要注意哪些地方使用了立即指令，哪些地方没有使用立即指令。要理解输出物理触点和相应的输出映像寄存器是不同

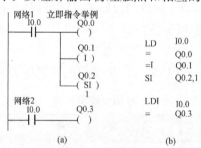

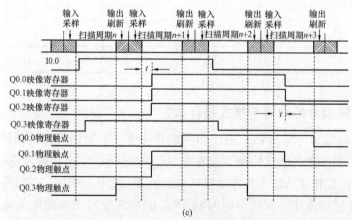

图 4-13　立即指令使用示例

（a）梯形图；（b）语句表；（c）时序图

的概念，要结合 PLC 工作原理来看时序图。图 4-13 中，*t* 为执行到输出点程序所用的时间，Q0.0、Q0.1、Q0.2 的输入逻辑是 I0.0 的普通常开触点。Q0.0 为普通输出，在程序执行到它时，它的映像寄存器的状态会随着本扫描周期采集到的 I0.0 状态的改变而改变，而它的物理触点要等到本扫描周期的输出刷新阶段才改变；Q0.1、Q0.2 为立即输出，在程序执行到它们时，它们的物理触点和输出映像寄存器同时改变；而对 Q0.3 来说，它的输入逻辑是 I0.0 的立即触点，所以在程序执行到它时，Q0.3 的映像寄存器的状态会随着 I0.0 即时状态的改变而立即改变，而它的物理触点要等到本扫描周期的输出刷新阶段才改变。

问 12 **边沿脉冲指令包括哪几种？其功能是什么？**

答：边沿脉冲指令为 EU（Edge Up）、ED（Edge Down）。它的使用及说明见表 4-5。

表 4-5   边沿脉冲指令使用说明

指令名称	LAD	STL	功 能	说 明
上升沿脉冲	─┤ P ├─	EU	在上升沿产生脉冲	无操作数
下降沿脉冲	─┤ N ├─	ED	在下降沿产生脉冲	

边沿脉冲指令 EU/ED 的用法如图 4-14 所示。

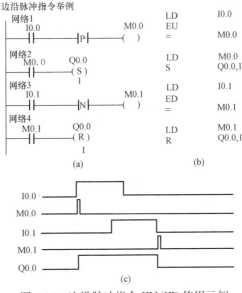

图 4-14　边沿脉冲指令 EU/ED 使用示例

(a) 梯形图；(b) 语句表；(c) 时序图

57

EU 指令对其之前的逻辑运算结果的上升沿产生一个宽度为一个扫描周期的脉冲，如图 4-14 中的 M0.0。ED 指令对逻辑运算结果的下降沿产生一个宽度为一个扫描周期的脉冲，如图 4-14 中的 M0.1。脉冲指令常用于启动及关断条件的判定，以及配合功能指令完成一些逻辑控制任务。这两个指令不能直接连在左侧的母线上。

问 13　定时器指令的功能是什么？

答：定时器是 PLC 中一种使用较多的元件。熟练用好定时器对 PLC 编程十分重要。使用定时器先要预置定时值，执行时当定时器的输入条件满足时，当前值从 0 开始按一定的单位增加；达到设定值时，定时器发生动作，以满足各种定时控制的需要。

问 14　定时器包括哪几种？

答：S7-200 系列 PLC 提供了 3 种类型的定时器：接通延时定时器（TON）、断开延时定时器（TOF）和有记忆接通延时定时器（TONR）。

问 15　分辨力与定时时间如何计算？

答：单位时间的时间增量称为定时器的分辨力。S7-200 系列 PLC 定时器有 3 个分辨力等级：1ms、10ms 和 100ms。

定时时间 T 的计算：$T = PT \times S$。其中 T 为实际定时时间，PT 为设定值，S 为分辨力。

例如，TON 指令使用 T33 分辨力为 10ms 的定时器，设定值为 100，那么实际定时时间为 $T = 100 \times 10ms = 1000ms$。

定时器的设定值 PT 的数据类型为 INT 型，操作数可为 VW、IW、QW、MW、SW、SMW、LW、AIW、T、C、AC、＊VD、＊AC、＊LD 和常数，其中使用最多的是常数。

问 16　定时器的编号如何表示？

答：定时器的编号用定时器的名称和常数（最大数为 255）来表示，即 T＊＊＊，如 T37。

定时器的编号包含两方面的变量信息：定时器位和定时器当前值。

定时器位：与时间继电器的性质相似。当前值达到设定值 PT 时，定时器的触点动作。

定时器当前值：存储定时器当前所累计的时间，它用 16 位符号整数来表示，最大计数值为 32 767。

定时器的分辨力和编号见表 4-6。

表 4-6　　　　　　　　　定时器的分辨力和编号

定时器类型	分辨力/ms	最大当前值/s	定时器编号
TONR	1	32.767	T0，T64
	10	327.67	T1～T4，T65～T68
	100	3276.7	T5～T31，T69～T95
TON，TOF	1	32.767	T32，T96
	10	327.67	T34～T36，T97～T100
	100	3276.7	T37～T63，T101～T255

TON 和 TOF 使用定时器编号时应注意，在同一个 PLC 程序中不允许把同一个定时器号同时用作 TON 和 TOF。例如，在编程时，不能既有接通延时定时器（TON）T96，又有断开延时定时器（TOF）T96。

问 17　定时器指令的格式如何表示？

答：3 种定时器指令的 LAD 和 STL 格式见表 4-7。

表 4-7　　　　　　　　　定时器指令的格式

格式	名称		
	接通延时定时器	记忆接通延时定时器	断开延时定时器
LAD	???? IN TON ????—PT	???? IN TONR ????—PT	???? IN TOF ????—PT
STL	TON T＊＊＊，PT	TONR T＊＊＊，PT	TOF T＊＊＊，PT

（1）接通延时定时器（On-Delay Timer，TON）。接通延时定时器用于单一时间间隔的定时，上电周期或首次扫描时，定时器位为 OFF，当前值为 0。当输入端有效时，定时器位为 OFF，当前值从 0 开始计时。当前值达到设定值时，定时器位为 ON，当前值仍继续计数到 32 767。输入端断开，定时器自动复位，即定时器位为 OFF，当前值为 0。

（2）记忆接通延时定时器（Retentive On-Delay Timer，TONR）。记忆接通延时定时器具有记忆功能，用于对许多间隔的累计定时。上电周期或首次扫时，定时器位为 OFF，当前值保持掉电前的值。当输入端有效时，当前值从上次的保持值继续计时，当前值达到设定值时，定时器位为 ON，当前值可继续计数到 32 767。应注意，只能用复位指令（R）对其进行复位操作。复位后，定时器位为 OFF，当前值为 0。

（3）断开延时定时器（Off-Delay Timer，TOF）。断开延时定时器用于断电后的单一间隔时间计时。上电周期或首次扫描时，定时器位为 OFF，当前值为 0。输入端有效时，定时器位为 ON，当前值为 0。当输入端由接通到断开时，定时器开始计时，达到设定值时定时器位为 OFF，当前值等于设定值，停止计时。输入端再次由 OFF 变为 ON 时，定时器复位为 ON，当前值为 0。如果输入端再从 ON 变为 OFF，则定时器可实现再次启动。

问 18 定时器的基本使用方法是怎样的？

答：图 4-15 所示为 3 种类型定时器的基本使用示例，其中 T33 为 TON，T1 为 TONR，T34 为 TOF。

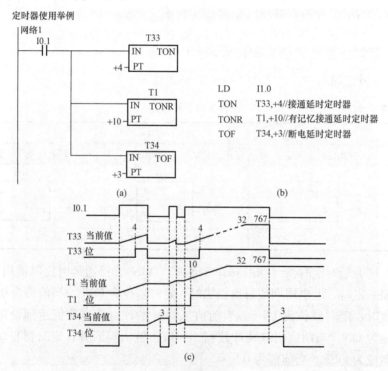

图 4-15 定时器基本使用示例
（a）梯形图；（b）语句表；（c）时序图

问 19 **定时器的刷新方式有哪几种?**

答: 在 S7-200 系列 PLC 的定时器中,有 3 种刷新方式,即 1ms、10ms、100ms,在使用方法上也有很大的不同。编程时应根据使用场合和要求来选择定时器。

(1) 1ms 定时器。系统每隔 1ms 刷新一次,与扫描周期及程序处理无关,采用中断刷新方式。因此,当扫描周期大于 1ms 时,在一个周期中可能被刷新多次。当前值在一个扫描周期内不能完全一致。

(2) 10ms 定时器。系统在每个扫描周期开始时自动刷新。因每个扫描周期只刷新一次,故在一个扫描周期内定时器位和定时器的当前值保持不变。

(3) 100ms 定时器。在定时器指令执行时被刷新。100ms 定时器被激活后,若不是每个扫描周期都有执行定时器指令或在一个扫描周期内多次执行定时器指令,将造成计时不准,故在跳转指令和循环指令段中使用定时器时要格外小心。100ms 定时器仅用在定时器指令在每个扫描周期执行一次的程序中。

问 20 **如何正确使用"定时器"?**

答: 图 4-16 所示为正确使用定时器的一个例子。它用来在定时器计时时间到时产生一个宽度为一个扫描周期的脉冲。

由图 4-16 可知:

(1) T96 在使用错误方法时,只有当定时器的刷新发生在 T96 的常闭触点执行以后到 T96 的常开触点执行以前的区间时,Q0.0 才能产生宽度为一个扫描周期的脉冲,而这种可能性是极小的。在其他情况,这个脉冲则产生不了。

(2) 使用错误方法时,Q0.0 永远无法输出,因为当定时器计时到时,定时器在每次扫描开始时刷新。该例中 T35 被置位,但执行到定时器指令时,定时器将被复位(当前值和位都被置 0)。当常开触点 T35 被执行时,T35 永远为 OFF,Q0.0 也将为 OFF,即永远不会被置位为 ON。

(3) 100ms 定时器在执行指令时刷新,所以当定时器 T37 到达设定值时,Q0.0 肯定会产生这个脉冲。

改用正确使用方法后,把定时器到达设定值产生结果的元器件的常闭触点用作定时器本身的输入,则不论哪种定时器,都能保证定时器达到设定值时,Q0.0 产生的宽度为一个扫描周期的脉冲。所以在使用定时器时,要弄清楚定时器的分辨力,否则一般情况下不要把定时器本身的常闭触点作为自身的复位条件。在实际使用时为了简单,100ms 定时器常采用自复位逻辑。100ms 定时器也

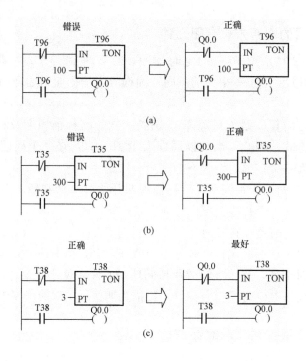

图 4-16 定时器的正确使用示例

（a）1ms 定时器的使用；（b）10ms 定时器的使用；（c）100ms 定时器的使用

是使用最多的定时器。

问 21 计数器指令的功能是什么？

答： 计数器用来累计输入脉冲的个数，在实际中用来对产品进行计数或完成复杂的逻辑控制任务。计数器的使用和定时器相似，即在编程时输入计数设定值，计数器累计脉冲输入信号上升沿的个数，达到设定值时，计数器发生动作，以完成计数控制任务。

问 22 计数器有哪几种？

答： S7-200 系列 PLC 的计数器有 3 种：增计数器（CTU）、增减计数器（CTUD）和减计数器（CTD）。

问 23 计数器的编号如何表示？

答： 计数器的编号由计数器名称和数字（0～255）组成，即 C＊＊＊，如 C5。

计数器的编号包含两方面的信息：计数器位和计数器当前值。

计数器位：计数器位和继电器一样是一个开关量，表示计数器是否发生动作的状态。当前值达到设定值时，该位被置位为 ON。

计数器当前值：一个存储单元，用来存储计数器当前所累计的脉冲个数，用 16 位符号整数来表示，最大为 32 767。

问 24 计数器的输入端和操作数有哪些？

答：设定值输入：数据类型为 INT 型。寻址范围：VW、IW、QW、MW、SW、SMW、LW、AIW、T、C、AC、* VD、* AC、* LD 和常数。计数器的设定值使用最多的是常数。

问 25 计数器指令使用的格式是什么？

答：计数器指令的 LAD 和 STL 格式见表 4-8。

表 4-8 计数器指令的格式

格　式	名　称		
	增计数器	增减计数器	减计数器
LAD	???? CU CTU R ????-PV	???? CU CTUD CD R ????-PV	???? CD CTD LD ????-PV
STL	CTU C＊＊＊, PV	CTUD C＊＊＊, PV	CTD C＊＊＊, PV

问 26 增计数器（CTU）的概念与用法是什么？

答：增计数器（Count Up，CTU）首次扫描时，计数器位为 OFF，当前值为 0。输入端 CU 的每个上升沿，计数器计数 1 次，当前值增加一个单位。达到设定值时，计数器位为 ON，当前值继续计数到 32 767 后停止计数。复位输入端有效或对计数器执行复位指令，计数器自动复位，即计数器位为 OFF，当前值为 0。图 4-17 所示为增计数器的用法。

注意：在语句表中，CU、R 的编程顺序不能弄错。

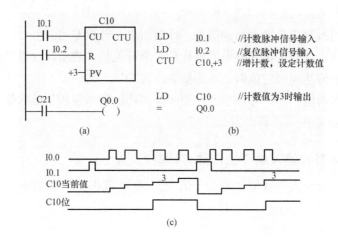

图 4-17 增计数器用法示例
(a) 梯形图；(b) 语句表；(c) 时序图

问 27 增减计数器（CTUD）是由几部分构成的?

答：增减计数器（Count Up/Down，CTUD）有两个数脉冲输入端：CU 输入端用于递增计数，CD 输入端用于递减计数。首次扫描时，计数器位为 OFF，当前值为 0。CU 每个上升沿，计数器当前值增加 1 个单位；CD 输入上升沿，都使计数器当前值减小 1 个单位，达到设定值时，计数器位置为 ON。

增减计数器当前值计数到 32 767（最大值）后，下一个 CU 输入的上升沿将使当前值跳变为最小值（−32 767）；当前值达到最小值后，下一个 CD 输入的上升沿将使当前值跳变为最大值 32 767。复位输入端有效或复位（R）指令对计数器执行复位操作后，计数器自动复位，即计数器位为 OFF，当前值为 0。图 4-18所示为增减计数器的用法。

注意：在语句表中，CU、CD、R 的顺序不能弄错。

问 28 减计数器（CTD）的工作过程是如何进行的?

答：减计数器（Count Down，CTD）首次扫描时，计数器位为 ON，当前值为预设定值 PV。CD 每个上升沿，计数器计数 1 次，当前值减少 1 个单位。当前值减小到 0 时，计数器位置为 ON，当复位输入端有效或对计数器执行复位指令（R），计数器自动复位，即计数器位为 OFF，当前值复位为设定值。图 4-19所示为减计数器的用法。

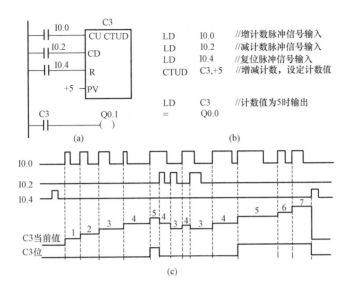

图 4-18 增减计数器用法示例

（a）梯形图；（b）语句表；（c）时序图

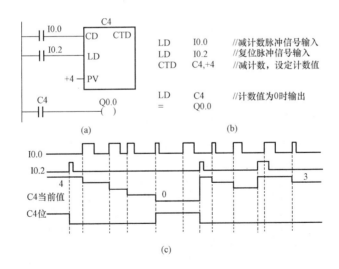

图 4-19 减计数器用法示例

（a）梯形图；（b）语句表；（c）时序图

注意：减计数器的复位端是 LD，而不是 R。在语句表中，CD、LD 的顺序不能弄错。

问 29 **比较指令的概念是什么？可以分为哪几种？**

答：比较指令是将两个数值或字符按指定条件进行比较，条件成立时，触点就闭合，否则就断开。操作数可以是整数也可以是实数，故也是一种位指令，可以串并联使用。比较指令为上、下限控制及数值条件判断提供了方便。

比较指令有字节比较 B（无符号整数）、整数比较 I（有符号整数）、双字整数比较 DW（有符号整数）、实数比较 R（有符号双字浮点数）、字符串比较。

问 30 **数值比较指令的运算符有几种？**

答：数值比较指令的运算符有＝、＞＝、＜、＜＝、＞和＜＞6 种，而字符串比较指令只有＝和＜＞2 种。

比较指令的 LAD 和 STL 形式见表 4-9。

说明：字符串比较指令在 PLC 的 CPU 1.21 和 STEP7 Micro/WIN32 V3.2 以上版本中才有。

表 4-9　　　　　　　　　　比较指令的 LAD 和 SLT 形式

形式	方　式				
	字节比较	整数比较	双字整数比较	实数比较	字符串比较
LAD （以＝＝ 为例）	IN1 ─┤ ==B ├─ IN2	IN1 ─┤ ==I ├─ IN2	IN1 ─┤ ==D ├─ IN2	IN1 ─┤ ==R ├─ IN2	IN1 ─┤ ==S ├─ IN2
STL	LDB=　IN1,IN2 AB=　IN1,IN2 OB=　IN1,IN2 LDB<> IN1,IN2 AB<>　IN1,IN2 OB<>　IN1,IN2 LDB<　IN1,IN2 AB<　IN1,IN2 OB<　IN1,IN2 LDB<= IN1,IN2 AB<=　IN1,IN2 OB<=　IN1,IN2 LDB>　IN1,IN2 AB>　IN1,IN2 OB>　IN1,IN2 LDB>= IN1,IN2 AB>=　IN1,IN2 OB>=　IN1,IN2	LDW=　IN1,IN2 AW=　IN1,IN2 OW=　IN1,IN2 LDW<>IN1,IN2 AW<>　IN1,IN2 OW<>　IN1,IN2 LDW<　IN1,IN2 AW<　IN1,IN2 OW<　IN1,IN2 LDW<=IN1,IN2 AW<=　IN1,IN2 OW<=　IN1,IN2 LDW>　IN1,IN2 AW>　IN1,IN2 OW>　IN1,IN2 LDW>=IN1,IN2 AW>=　IN1,IN2 OW>=　IN1,IN2	LDD=　IN1,IN2 AD=　IN1,IN2 OD=　IN1,IN2 LDD<> IN1,IN2 AD<>　IN1,IN2 OD<>　IN1,IN2 LDD<　IN1,IN2 AD<　IN1,IN2 OD<　IN1,IN2 LDD<= IN1,IN2 AD<=　IN1,IN2 OD<=　IN1,IN2 LDD>　IN1,IN2 AD>　IN1,IN2 OD>　IN1,IN2 LDD>= IN1,IN2 AD>=　IN1,IN2 OD>=　IN1,IN2	LDR=　IN1,IN2 AR=　IN1,IN2 OS=　IN1,IN2 LDR<> IN1,IN2 AR<>　IN1,IN2 OR<>　IN1,IN2 LDR<　IN1,IN2 AR<　IN1,IN2 OR<　IN1,IN2 LDR<= IN1,IN2 AR<=　IN1,IN2 OR<=　IN1,IN2 LDR>　IN1,IN2 AR>　IN1,IN2 OR>　IN1,IN2 LDR>= IN1,IN2 AR>=　IN1,IN2 OR>=　IN1,IN2	LDS=　IN1,IN2 AS=　IN1,IN2 OS=　IN1,IN2 LDS<> IN1,IN2 AS<>　IN1,IN2 OS<>　IN1,IN2

形式	方　式				
	字节比较	整数比较	双字整数比较	实数比较	字符串比较
IN1 和 IN2 寻址范围	IV,QB,MB,SMB, VB,SB,LB,AC, * VD, * AC, * LD,常数	IW,QW,MW, SMW,VW,SW, LW,AC, * VD, * AC, * LD,常数	ID,QD,MD,SMD, VD,SD,LD,AC, * VD, * AC, * LD,常数	ID,QD,MD,SMD, VD,SD,LD,AC, * VD, * AC, * LD,常数	(字符)VB,LB, * VD, * LD, * AC

字节比较用于比较两个无符号字节型 8 位整数值 IN1 和 IN2 的大小，整数比较用于比较两个有符号的一个字长 16 位的整数值 IN1 和 IN2 的大小，范围为 16♯800～16♯TFFF。

双字整数比较用于比较两个有符号双字长整数值 IN1 和 IN2 的大小，范围为 16♯80000000～16♯7FFFFFFF。

实数比较用于比较两个有符号双字长实数值 IN1 和 IN2 的大小，负实数范围为 $-3.402823E+38 \sim -1.175495E-38$，正实数范围为 $+1.175495E-38 \sim +3.402823E+38$。

字符串比较用于比较两个字符串数据是否相同，长度应小于 254 个字符。

问 31 比较指令如何应用？

答： 图 4-20 所示为比较指令的用法。从图中可以看出，计数器 C30 中的当前值大于 30 时，Q0.0 为 ON；VD1 中的实数小于 95.8 且 I0.0 为 ON 时，Q0.1 为 ON；VB1 中的值大于 VB2 的值或 I0.1 为 ON 时，Q0.2 为 ON。

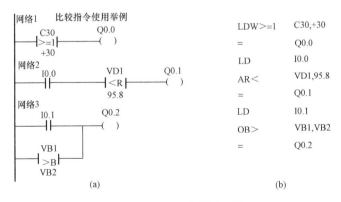

图 4-20　比较指令使用示例

(a) 梯形图；(b) 语句表

问 32　取反（NOT）指令的概念是什么？用什么形式进行表达？

答： 取反指令将复杂逻辑结果取反，用来改变能量流的状态。梯形图用触点形式表示，触点左侧为"1"时，右侧为"0"，能量流不能到达右侧，输出无效。反之，触点左侧为"0"时，右侧为"1"，能量流可以通过触点向右传递，为编程使用反逻辑提供方便。若无操作数，其 LAD 和 STL 形式如下。

STL 形式：NOT

LAD 形式：—| NOT |—

问 33　空操作（NOP）指令的作用是什么？用什么形式进行表达？

答： 空操作（No Operation，NOP）指令可以起到增加程序容量、稍微延长扫描周期长度的作用，这样并不影响用户程序的执行。它使用很少，但有可能用在跳转指令的结束处，或在调试程序中使用。它对用户程序的执行无任可影响，其 LAD 和 STL 形式如下。

STL 形式：NOP N

LAD 形式：—| NOT |—

N 的范围：0～255

问 34　程序控制指令的功能是什么？包括哪几种？

答： 程序控制指令使用户编程更方便、更灵活。熟练运用这类指令可以优化程序结构，增强程序功能。程序控制指令主要包括结束、暂停、看门狗、跳转、子程序、循环和顺序控制等指令。

问 35　结束指令 END 和 MEND 的区别是什么？

答： 结束指令分为有条件结束（END）指令和无条件结束（MEND）指令两条。这两条指令的区别：直接连在左侧母线时指令为无条件结束（MEND）指令；不连在左侧母线时指令为条件结束（END）指令。两条指令在梯形图中均以线圈形式编程，无操作数。指令执行结束，系统结束主程序，返回主程序开始处。

说明：

（1）结束指令只在主程序使用，子程序和中断程序都不能使用。有条件结束指令可用在无条件结束指令前结束主程序。

（2）在分段调试程序时，适当插入无条件结束指令可实现程序的分段调试，为调试程序带来方便。

（3）可根据程序执行的结果状态、系统状态或外部设置切换条件来调用有条件结束指令，使程序结束。

（4）使用 STEP7-Micro/WIN32 编程时，需手动输入无条件结束指令，该软件会在内部主程序的结尾自动生成无条件结束指令。

问 36　停止（STOP）指令的功能是什么？

答：若停止指令有效，能使 CPU 的工作方式由 RUN 切换到 STOP，可立即中止用户程序的执行。停止指令在梯形图中以线圈形式编程，无操作数。

停止指令在主程序、子程序和中断程序中都可使用。如果在中断程序中执行停止指令，则中断处理立即中止，并忽略所有挂起的中断，继续扫描程序的剩余部分，在本次扫描周期结束后，完成将主机从 RUN 到 STOP 的切换。

停止指令和结束指令一般用来对突发紧急事件进行处理，以免造成实际生产中的重大损失及事故。

问 37　结束指令和停止指令如何应用？

答：结束指令和停止指令的用法如图 4-21 所示。

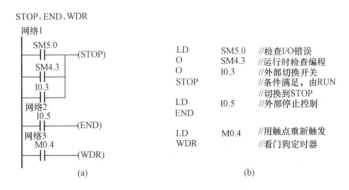

图 4-21　结束指令、停止指令及看门狗复位指令应用示例

（a）梯形图；（b）语句表

问 38　看门狗复位（WDR）指令的概念是什么？有什么作用？

答：为了避免出现程序死循环的情况，在 PLC 中专门有 WDR（Watchdog

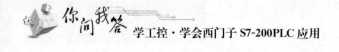

Reset 指令），称为看门狗复位指令，也称警戒时钟刷新指令，可刷新警戒时钟，即延长扫描周期，有效地避免看门狗超时错误。看门狗复位指令在梯形图中以线圈形式编程，无操作数。

看门狗复位指令的功能是输入有效时将看门狗定时器复位。若无错误，可能增加一次扫描时间。若输入无效，看门狗定时时间到，程序将中止当前指令的执行，返回到第一条指令重新执行。

使用看门狗复位指令时要特别小心。如果因为使用看门狗复位指令而使扫描时间拖得过长（如在循环结构中使用看门狗复位指令），那么在中止本次扫描前，下列操作过程将被禁止。

（1）通信（自由 I/O 除外）。

（2）I/O 刷新（直接 I/O 除外）。

（3）强制刷新。

（4）SM 位刷新（SM0、SM5-SM29 的位不能被刷新）。

（5）运行时间诊断。

（6）扫描时间超过 25s 时，使 10ms 和 100ms 定时器不能正确计时。

（7）中断程序中的 STOP 指令。

注意：如果希望扫描周期超过 300ms，或者希望中断时间超过 300ms，则最好用看门狗复位指令来重新触发看门狗定时器。

看门狗复位指令的用法如图 4-21 所示。

问 39　跳转及标号指令的概念是什么？如何应用？

答：跳转指令可使 PLC 编程的灵活性提高，PLC 可根据不同条件的判断跳转到不同的程序段执行程序。

跳转指令 JMP（Jump to Label）：当输入端有效时，使程序跳转到标号处执行。

标号指令 LBL（Label）：跳转的目标标号。操作数 n 为 0～255。

说明：

（1）跳转指令和标号指令必须配合使用，只能在同一程序块中使用，如主程序、同一个子程序或同一个中断程序。不同程序块中不能互相跳转。

（2）跳转后，被跳过程序段中的各元器件的状态如下。

1）Q、M、S、C 等元器件的位保持跳转前的状态。

2）计数器 C 停止计数，当前值存储器保持跳转前的计数值。

3）定时器因刷新方式不同而工作状态不同。1ms 和 10ms 定时器一直保持跳转前的工作状态，原工作继续，到设定值后，其位的状态也会改变，输出触点动作，其当前值存储器一直累计到最大值 32 767 才停止。100ms 定时器在跳转期间停止工作，不会复位，存储器里的值为跳转时的值。跳转结束后，如输入条件允许，可继续计时，但已失去了准确计时意义。

跳转指令应用如图 4-22 所示。

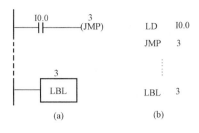

图 4-22　跳转指令应用示例

(a) 梯形图；(b) 语句表

问 40　循环指令的作用是什么？有哪几种？

答：循环指令是为解决重复执行相同功能的程序段而引入的。这为用户提供了方便，且优化程序结构，特别是大量相同功能的计算和逻辑处理时，循环指令非常有用。循环指令有两条：FOR 和 NEXT。

问 41　循环开始指令和循环结束指令的作用是什么？

答：循环开始指令 FOR：用来标记循环体的开始。

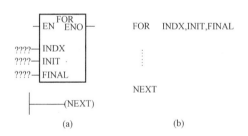

图 4-23　循环指令的 LAD 和 STL 形式

(a) 梯形图；(b) 语句表

循环结束指令 NEXT：用来标记循环体的结束，无操作数。

FOR 指令和 NEXT 指令之间的程序段称为循环体，每执行一次循环体，当前计数值增加 1，并且将其结果同终值作比较，应大于终值，终止循环。

循环指令的 LAD 和 STL 形式如图 4-23 所示。

问 42　循环指令的各参数分别为何种类型？

答：由图 4-23 可知，循环指令盒中有 3 个数据输入端：当前循环计数 INDX（Index value or Current Loop Count）、循环初值 INIT（Starting Value）和循环

终值 FINAL（Ending Value）。在使用时必须给 FOR 指令指定当前循环计数（INDX）、初值（INIT）和终值（FINAL）。

INDX 操作数：VW、IW、QW、MW、SW、SMW、LW、T、C、AC、＊VD、＊AC 和＊CD。操作数属 INT 型。

INIT 和 FINAL 操作数：VW、IW、QW、MW、SW、SMW、LW、T、C、AC、常数、＊VD、＊AC 和＊CD。操作数属 INT 型。

循环指令应用示例如图 4-24 所示。当 I1.0 有效时，标为 A 的外层循环执行 100 次。当 I1.1 接通时，标为 B 的内层循环执行两次。

说明：

（1）FOR 指令和 NEXT 指令必须成对使用。

（2）FOR 指令和 NEXT 指令可以循环嵌套，嵌套最多为 8 层，但嵌套之间不能出现交叉现象。

（3）每次使能输入（EN）重新有效时，将自动复位各参数。

（4）初值大于终值时，循环体不被执行。

（5）在使用循环指令时，要注意在循环体中对 INDX 的控制，这一点非常重要。

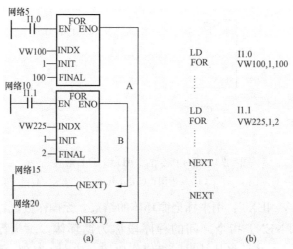

图 4-24　循环指令应用示例

（a）梯形图；（b）语句表

问 43　子程序的概念是什么？有几种操作方式？

答： 在编写程序时会碰到经常重复使用的程序，这种程序称为子程序。子程序在结构化程序设计中是一种方便有效的工具，S7-200 系列 PLC 的指令系统具有简单、方便、灵活的子程序调用功能。子程序操作有建立子程序、子程序的调用和返回。

问 44　子程序如何建立？

建立子程序是通过编程软件来完成的，在编程软件"编辑"菜单中选择"插入"命令中的"子程序"命令建立或插入一个新的子程序，此时，在指令树窗口看到新建的子程序图标，默认为 SBR _ N，N 从 0 开始按递增顺序生成。也可在图标上直接更改子程序的名称，再把它变为描述该子程序功能的名称。在指令树窗口双击子程序的图标也可进入子程序，并对它编程。CPU226XM 最多有 128 个子程序，其他 CPU 最多有 64 个子程序。

问 45　子程序如何调用？

答：（1）子程序调用指令（CALL）。当使能有效时，主程序将控制权交给子程序。子程序调用时，有无参数均可，在梯形图中以指令盒的形式编程。指令格式见表 4-10。

表 4-10　　　　　　　　　　　　子程序调用指令格式

指　令	子程序调用指令	子程序条件返回指令
LAD	SBR _ 0 EN	——(RET)
STL	CALL SBR _ 0	CRET

（2）子程序条件返回指令（CRET）。当使能有效时，结束子程序的执行，返回主程序中（返回到调用此子程序的下一条指令）。梯形图中以线圈的形式编程，指令不带参数。

问 46　子程序如何应用？

答：图 4-25 所示的程序实现用外部控制条件分别调用两个子程序。
说明：
（1）CRET 指令多用于子程序的内部，由条件判断决定是否结束调用子程序，RET 指令用于子程序的结束。用 STEP7-Micro/WIN32 软件编程时不需要手动输入 RET 指令，在内部子程序结尾处自动生成。
（2）当子程序的内部又调用另一子程序，称为子程序的嵌套。子程序的嵌套

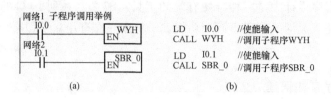

图 4-25　子程序调用示例

(a) 梯形图；(b) 语句表

最多为 8 级。

（3）当调用子程序时，系统自动保存当前的堆栈数据，把栈顶置 1，堆栈中的其余值为 0，子程序占有控制权。子程序结束时，返回指令自动恢复原来的逻辑堆栈值，调用程序又重新取得控制权。

（4）累加器可在调用程序和被调用子程序之间自由传递，故累加器的值调用子程序时既不保存也不恢复。

问 47　子程序参数如何定义？

答： 子程序最多可以传递 16 个参数。参数在子程序的局部变量表中进行定义，包含变量名、变量类型和数据类型。

（1）变量名。变量名最多用 8 个字符表示，以字母开头，不能是数字。

（2）变量类型。变量类型是按变量对应数据的传递方向来划分的，可以是传入子程序（IN）、传入和传出子程序（IN/OUT）、传出子程序（OUT）和暂时变量（TEMP）4 种。变量类型的参数在变量表中的位置必须按以下先后顺序。

1）IN 类型：传入子程序参数。参数可以是直接寻址数据（如 VB200）、间接寻址数据（如＊AC0）、立即数（16♯F5）或数据的地址值（如＆VB100）。

2）IN/OUT 类型：传入和传出子程序参数。调用时将指定参数位置的值传到子程序，返回时从子程序得到的结果值被返回到同一地址。参数可以采用直接寻址和间接寻址。立即数（如 16♯1234）和地址值（如＆VB100）不能作为参数。

3）OUT 类型：传出子程序参数。将从子程序返回的结果值送到指定的参数位置。输出参数可以采用直接寻址和间接寻址，不能是立即数或地址编号。

4）TEMP 类型：暂时变量参数。在子程序内部暂时存储数据，但不能用来与调用程序传递参数数据。

（3）数据类型。局部变量表中还要对数据类型进行声明。数据类型可以是能流、布尔型、字节型、字型、双字型、整型、双整型和实型。

1）能流：仅允许对位输入操作，是位逻辑运算的结果，在局部变量表中布尔能流输入处于所有类型的最前面。

2）布尔型：用于单独的位输入和输出。

3）字节型、字型和双字型：这 3 种类型分别声明一个 1 字节、2 字节和 4 字节的无符号输入/输出参数。

4）整型、双整型：这两种类型分别声明一个 2 字节或 4 字节的有符号输入/输出参数。

5）实型：声明一个 IEEE 标准的 32 位浮点参数。

问 48　参数子程序调用的规则是什么？

答：（1）常数参数必须声明数据类型。例如，把值为 223344 的无符号双字作为参数传递时，必须用 DW#223344 来指明。如果缺少常数参数的这一描述，常数可能会被当作不同类型使用。

（2）输入/输出参数没有自动数据类型转换功能。例如，局部变量表中声明一个参数为实型，而在调用时使用一个双字，则子程序中的值就是双字。

（3）参数在调用时必须按照一定的顺序排列：先是输入参数，然后是输入/输出参数，最后是输出参数和暂时变量。

问 49　变量表应如何使用？

答：按照子程序指令的调用顺序，参数值分配给局部变量存储器，起始地址是 L0.0。使用编程软件时，地址是自动分配的。在局部变量表中要加入一个参数，单击要加入的变量类型区可以弹出一个选择菜单，选择"插入"命令，然后选择"下一行"命令即可。局部变量表使用局部变量存储器。

当在局部变量表中加入一个参数时，系统自动给各参数分配局部变量存储空间。

参数子程序调用指令格式：CALL 子程序名，参数 1，参数 2，……，参数 n。

问 50　带参数调用的子程序如何应用？

答：图 4-26 所示为一个带参数调用的子程序实例，其局部变量分配见表 4-11。

说明：图 4-26（b）的 STL 程序并不是从图 4-26（a）转换过来的，而是单独编写的。同样从图 4-26（b）也转换不成图 4-26（a）。编程软件使用 LB60～

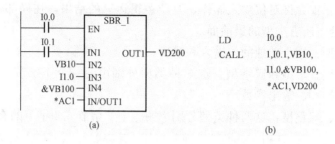

图 4-26　带参数调用的子程序应用示例

(a) 梯形图；(b) 语句表

LB63 保存调用参数数据，所以在编程时要使用 LB60～LB63 中的一些位（如 LB60.0），才能实现带参数子程序格式的转换，请参考 S7-200 系统手册。

表 4-11　　　　　　　　　　　　局部变量表

L 地址	参数名	参数类型	数据类型	说　明
无	EN	IN	BOOL	指令使能输入参数
L0.0	IN1	IN	BOOL	第 1 个输入参数，布尔型
LB1	IN2	IN	BYTE	第 2 个输入参数，字节型
LB2.0	IN3	IN	BOOL	第 3 个输入参数，布尔型
LD3	IN4	IN	DWORD	第 4 个输入参数，双字型
LW7	IN/OUT1	IN/OUT	WORD	第 1 个输入/输出参数，字型
LD9	OUT1	OUT	DWORD	第 1 个输出参数，双字型

问 51　与 ENO（AENO）指令的作用是什么？如何应用？

答：ENO 为 LAD 中指令盒的布尔能流输出端。若指令盒的能流输入有效，说明执行没有错误，ENO 就置位，并将流向下传递。ENO 可以作为允许位表示指令成功执行。

STL 指令无 EN 输入，对要执行的指令，其栈顶值必须为 1。可用与 ENO（AENO）指令来产生和指令盒中的 ENO 位相同的功能。

指令格式：AENO

AENO 指令无操作数，且只在 STL 中使用。它将栈顶值和 ENO 位逻辑进行与运算，运算结果保存到栈顶。

AENO 指令使用较少。AENO 指令的用法如图 4-27 所示。

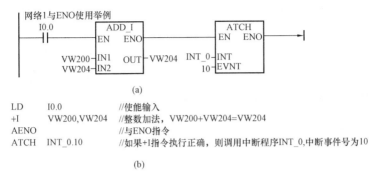

(a)

```
LD     I0.0          //使能输入
+I     VW200,VW204   //整数加法，VW200+VW204=VW204
AENO                 //与ENO指令
ATCH   INT_0.10      //如果+I指令执行正确，则调用中断程序INT_0，中断事件号为10
```

(b)

图 4-27　AENO 指令用法示例

(a) 梯形图；(b) 语句表

问 52　**梯形图的基本规则包括哪些内容？**

答：梯形图编程的基本规则如下。

(1) PLC 内部元器件触点的使用次数不受限制。

(2) 梯形图的每一行都是从左边母线开始，接着各种触点的逻辑连接。最后以线圈或指令盒结束时，触点不允许放在线圈的右边。若是以有能量传递的指令盒结束时，可以使用 AENO 指令在其后面连接指令盒（较少使用），如图 4-28 所示。

(3) 线圈和指令盒一般不能与左边的母线直接相连，可通过特殊中间继电器 SM0.0（常 ON 特殊中间继电器）完成，如图 4-29 所示。

(a)　　　　　　　　　　　　　(b)

图 4-28　梯形图画法示例 1

(a) 错误；(b) 正确

(a)　　　　　　　(b)

图 4-29　梯形图画法示例 2

(a) 错误；(b) 正确

(4) 同一程序中，同一编号的线圈使用两次及两次以上称为双线圈输出。双线圈输出引起误动作，故应尽量不使用双线圈，S7-200 系列 PLC 中不允许双线圈输出。

（5）在手动编写梯形图时，触点应画在水平线上。从习惯和美观的角度来讲，不要画在垂直线上。触点方向从左至右画，不要从上向下画触点，如图 4-30 所示。在编程软件中不可能把触点画在垂直线上。

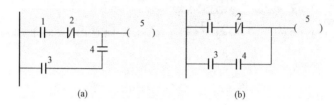

图 4-30　梯形图画法示例 3
（a）错误；（b）正确

（6）不包含触点的分支线条应放在垂直方向，不要放在水平方向，以便于读图和图形的美观，如图 4-31 所示。使用编程软件不可能出现这种情况。

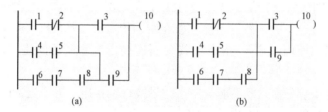

图 4-31　梯形图画法示例 4
（a）不规范；（b）正确

（7）应把串联多的电路块尽量放在最上边，把并联多的电路尽量放在最左边，这样一是节省指令，二是美观，如图 4-32 所示。

（8）图 4-33 所示为梯形图的推荐画法。

问 53　LAD 和 STL 的特点分别是什么？

答：用 PLC 指令对梯形图编程时，把整个梯形图程序看成由许多网络块组成，每个网络块均从母线开始。所有的网络块组合在一起就是梯形图程序，这是 S7-200 系列 PLC 的特点。LAD 程序可以通过编程软件直接转换为 STL 形式。S7-200 系列 PLC 用 STL 编程时，若以每个独立的网络块为单位，则 STL 程序和 LAD 程序基本上是对应的，两者可通过编程软件相互转换；其不以每个独立

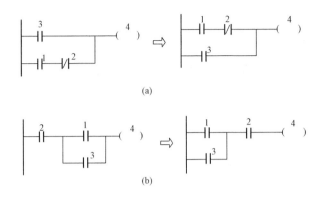

图 4-32 梯形图画法示例 5

(a) 把串联多的电路块放在最上边；(b) 把并联多的电路块放在最左边

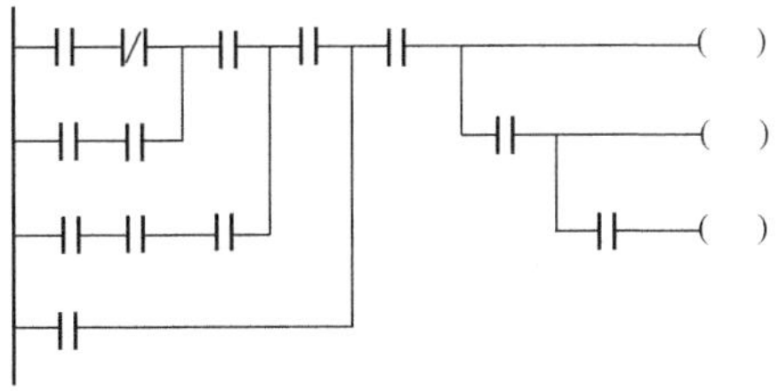

图 4-33 梯形图的推荐画法

的网络块为单位编程，而是连续编写，则 STL 程序和 LAD 程序不能通过编程软件相互转换。

LAD 是使用最多的编程语言，直观易懂，对任何编程人员都适用。特别老练的人在某些情况下会直接使用 STL 形式编程，用 STL 形式编写的程序简短，适合于经验丰富的编程人员使用。

这两种形式编程语言都应该熟悉。能把一个 LAD 程序转换为 STL 程序，对进一步理解 PLC 程序工作的原理有很大帮助。下面的一个典型例子说明了从 LAD 到 STL 的转换步骤。

独立的 LAD 网络中的程序可划分为若干小块，对每个小块按照从左到右、从上到下的原则进行编程，再将程序块连接起来，就完成了该网络块的 STL 编程。图 4-34 详细介绍了语句表编程的步骤。

问 54 延时脉冲产生电路的作用是什么？

答：延时脉冲产生电路要求有输入信号后，延时后产生一个脉冲。此电路用

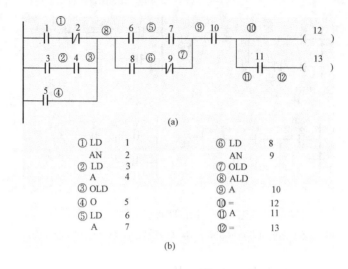

(a)

① LD	1		⑥ LD	8	
AN	2		AN	9	
② LD	3		⑦ OLD		
A	4		⑧ ALD		
③ OLD			⑨ A	10	
④ O	5		⑩ =		12
⑤ LD	6		⑪ A		11
A	7		⑫ =		13

(b)

图 4-34 语句表编程示例

(a) 梯形图；(b) 语句表编写顺序示范

在获取启动或关断信号。图 4-35 所示为该电路的程序及时序图。

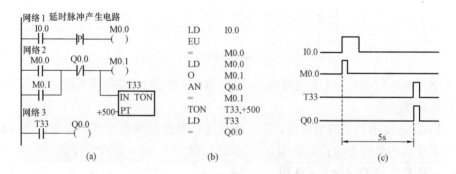

图 4-35 延时脉冲产生电路

(a) 梯形图；(b) 语句表；(c) 时序图

图 4-35 中，在 I0.0 的上升沿产生一个计时启动脉冲，接下来就是一个非常典型的环节。定时器不存在瞬动触点，不可能用本身的触点组成自锁，故必须用一个中间继电器 M0.1 组成延时逻辑。T33 定时到时，产生一个宽度为一个扫描周期的脉冲 Q0.0，然后 Q0.0 使 T33 复位。

问 55 延时接通/延时断开电路的作用分别是什么？

答： 延时接通/延时断开电路要求有输入信号后，停一段时间输出信号才

ON；而输入信号 OFF 后，输出信号延时一段时间才 OFF。图 4-36 所示为该电路的程序及时序图。

此电路多加了一个输入延时。T37 延时 3s 作为 Q0.0 的启动条件，T38 延时 5s 作为 Q0.0 的关断条件，两个定时器配合使用实现该电路的功能。

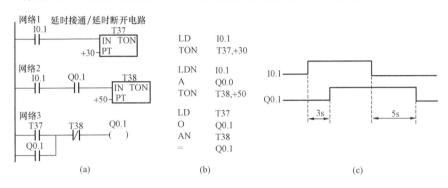

图 4-36　延时接通/延时断开电路
(a) 梯形图；(b) 语句表；(c) 时序图

问 56　脉冲宽度可控制电路的作用是什么？

答： 在输入信号宽度不规范的情况下，脉冲宽度可控制电路要求在每个输入信号的上升沿产生一个宽度固定的脉冲，该脉冲宽度可以调节。需要说明的是，如果输入信号的两个上升沿之间的距离小于该脉冲宽度，则忽略输入信号的第二个上升沿。图 4-37 所示为该电路的程序及时序图。

该电路使用了上升沿脉冲指令和 S/R 指令。关键是找出 Q0.1 的开启和关断条件，无论是 I0.1 的宽度大于或小于 3s 时，都可使 Q0.1 的宽度为 3s。定时器 T38 的计时输入逻辑在上升沿之间的距离小于该脉冲宽度时，对后产生的上升脉冲无效。T38 在计时到后产生一个复位信号 Q0.1，然后自己复位。该例中，通过调节 T38 设定值的大小就可控制 Q0.1 的宽度，宽度不受 I0.1 接通时间长短的影响。

问 57　计数器的扩展电路的作用是什么？

答： 计数器最大计数值为 32 767。编程时，若计数范围超过该值，就需要对计数器的计数范围进行扩展。图 4-38 所示为计数器扩展电路的程序。

计数信号为 I0.1，作为 C20 的计数端输入信号，每个上升沿使 C20 计数 1 次；C20 的常开触点作为计数器 C21 的计数输入信号，C20 计数到 1000 时，使

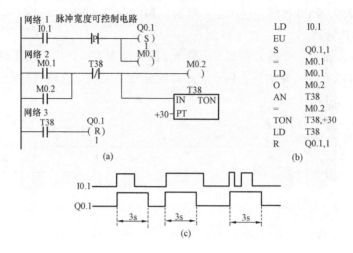

图 4-37 脉冲宽度可控制电路

（a）梯形图；（b）语句表；（c）时序图

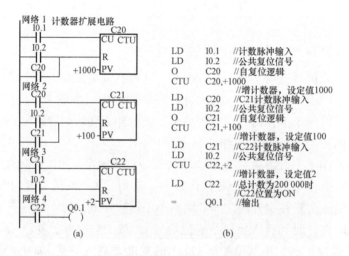

图 4-38 计数器的扩展电路

（a）梯形图；（b）语句表

计数器 C21 计数 1 次；C21 的常开触点作为计数器 C22 的计数输入信号，C21 每计数到 100 时，C22 计数 1 次。当 $C_{总}=1000×100×2=200\ 000$ 时，即当 I0.0 的上升沿脉冲数到 200 000 时，Q0.1 被置位。

编程时，应注意计数器复位输入逻辑的设计，要保证准确及时复位。I0.2 为外置公共复位信号。C20 计数到 1000 时，在使计数器 C21 计数 1 次之后的下一个扫描周期，常开触点使自己复位；同理，C21 计数到 100 时，在使计数器 C22 计数 1 次之后的下一个扫描周期，常开触点使自己复位。

问 58　瞬时接通/延时断开电路的作用是什么？

答： 瞬时接通/延时断开电路要求输入信号有效时，马上有输出，输入信号 OFF 后，输出信号延时一段时间才 OFF。图 4-39 所示为该电路的程序及时序图。

图 4-39 中 T37 的计时条件是 I0.0 为 OFF 且 Q0.0 为 ON。因 I0.0 变为 OFF 后，Q0.0 仍要保持通电状态 3s，故 Q0.0 的自锁触点是必需的。

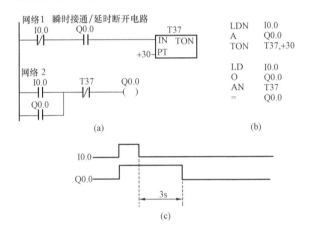

图 4-39　瞬时接通/延时断开电路
(a) 梯形图；(b) 语句表；(c) 时序图

问 59　长延时电路的作用是什么？

答： S7-200 系列 PLC 中的定时器最长定时时间不到 1h，在实际应用中，有时要几小时甚至几天或更长时间的定时控制，一个定时器不能完成该任务。下例表示在输入信号 I0.1 有效后，经过 10h30min 后将输出 Q0.0 置位。图 4-40 所示为该电路的程序。

在该例中，T38 每分钟产生一个脉冲，所以是分钟计时器。C21 每小时产生一个脉冲，故 C21 为小时计时器。当 10h 计时到时，C22 为 ON，这时 C23 再计时 30min，则总的定时时间为 10h30min，Q0.1 置位成 ON。

计数器复位逻辑中，有初始化脉冲 SM0.1 和外部复位按钮 I0.1。初始化脉冲在 PLC 上电时对计数器进行复位操作。若所使用的计数器不是设置为掉电保护模式，则不用初始化复位。另外，图中的 C21 有自复位功能。

在定时时间很长。定时精度要求不高的场合，如果小于 1s 或 1min 的误差可以忽略不计，则可以使用时钟脉冲 SM0.4（1min 脉冲）或 SM0.5（1s 脉冲）来构成长延时电路。

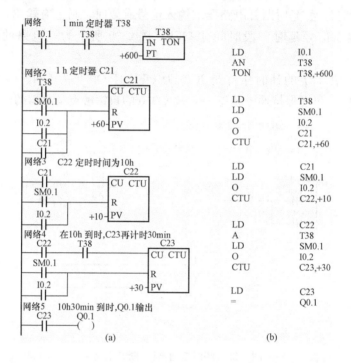

图 4-40　长延时电路
（a）梯形图；（b）语句表

问 60　报警电路的作用是什么？

答：报警是电气自动控制中保护电路不可缺少的重要环节，标准的报警电路是声光报警。当故障发生时，报警指示灯闪烁，报警电铃或蜂鸣器鸣响。操作人员知道故障发生后，按消铃按钮，把电铃关掉，报警指示灯由闪烁变为长亮。故障解除后，报警灯熄灭，还应该增加试灯、试铃按钮，用于检测报警指示灯和电铃的好坏。

图 4-41 所示为标准报警电路，图中的输入/输出信号地址分配如下。

输入信号：I0.2 为故障信号；I0.0 为消铃按钮；I0.1 为试灯、试铃按钮。

输出信号：Q0.0 为报警灯；Q0.2 为报警电铃。

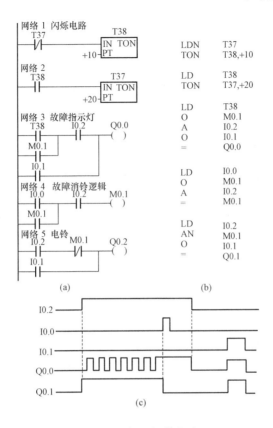

图 4-41 标准报警电路

(a) 梯形图; (b) 语句表; (c) 时序图

实际的应用系统中可能出现的故障一般有多种, 所以报警电路也有多种。对报警指示灯来说, 一种故障对应于一个指示灯, 但一个系统只能有一个电铃。

图 4-42 所示为两种故障的标准报警电路图, 图中输入/输出信号地址的分配如下。

输入信号: I0.2 为故障 1; I0.1 为故障 2; I0.3 为试灯、试铃按钮。

输出信号: Q0.0 为故障 1 指示灯; Q0.1 为故障 2 指示灯; Q0.2 为报警电铃。

在该程序的设计中, 关键是当任何一种故障发生时, 按消铃按钮后, 不能影响其他故障发生时报警电铃的正常鸣响。

问 61 闪烁电路的作用是什么?

答: 闪烁电路也称振荡电路, 用于报警、娱乐等场合。闪烁电路也可被看作

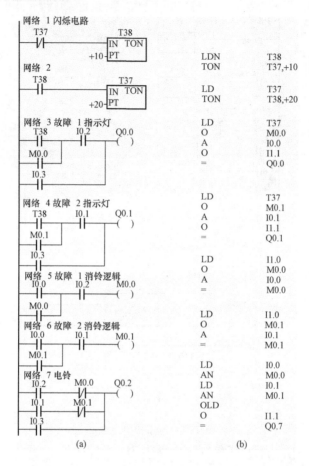

图 4-42 两种故障的标准报警电路

(a) 梯形图；(b) 语句表

一个时钟电路，可以是等间隔的通断，也可以是不等间隔的通断。图 4-43 所示为一个常用闪烁电路的程序及时序图。当 I0.1 有效时，T38 就会产生一个 1s 通、2s 断的闪烁信号，Q0.1 和 T38 一样开始闪烁。

在实际的程序中，若用到闪烁功能，可直接用两个定时器组成闪烁电路，如图 4-43 所示，只要 PLC 通电便开始工作。当用到闪烁功能时，把 T38 的常开触点（或常闭触点）串联上即可。通断的时间值可根据需要任意设定。图 4-44 所示为一个 3s 通、3s 断的闪烁电路。

问 62 **PLC 程序的简单设计法是什么？**

答：PLC 的编程一般凭设计者的经验来完成。从事 PLC 编程设计时间越

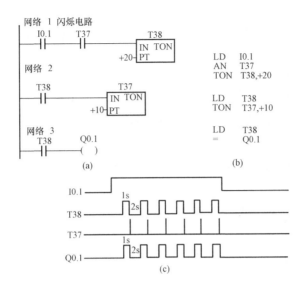

图 4-43　闪烁电路

（a）梯形图；（b）语句表；（c）波形图

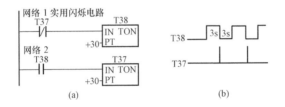

图 4-44　实际使用的闪烁电路

（a）梯形图；（b）时序图

长，设计程序的速度越快，且设计出的程序质量越高。这一切都是靠长时间的摸索积累来实现的，经验设计法并不适合初学者使用。对于初学者而言，为了编写某一程序的控制功能，首先要了解该程序要实现的功能，会用到哪些指令，如是否使用定时器、计数器等；并对输入条件和输出控制对象在 PLC 端子上找到相应的端子，如启动按钮用 I0.0，停止按钮用 I0.1，输出端子使用 Q0.0 等；最后要对程序的控制有一个大概的思路，最好能画出它们之间的关系，如先后顺序、受控条件等。

问 63　PLC 编程的一般步骤要求是什么？

答：（1）找出输出对象的启动条件和关断条件。为了提高可靠性，要求它们最好是短脉冲信号。

（2）如果该输出对象的启动或关断有约束条件，则找出约束条件。

（3）对程序进行全面检查和修改。

问 64 电动机顺序启/停电路按要求进行编程应如何进行？

要求：按启动按钮后，M1、M2、M3 正序启动；按停止按钮后，逆序停止。动作之间要有一定间隔。

答：先把题目中的输入/输出点找出来，分配好对应的 PLC 的 I/O 地址。

该题中有两个输入点，即启动按钮 I0.0、停止按钮 I0.1；有 3 个输出点，即电动机 M1 的 Q0.0、电动机 M2 的 Q0.1 和电动机 M3 的 Q0.2。

注意：PLC 输出点实际上控制的是每个电动机的接触器线圈。

方法 1：图 4-45 所示为电动机顺序启/停电路的梯形图及程序。若让 3 台电

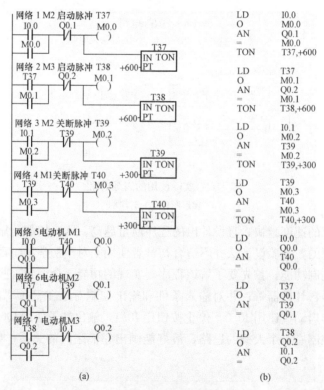

(a)   (b)

图 4-45 电动机顺序启/停程序 1

(a) 梯形图；(b) 语句表

动机启动的时间间隔为 1min，停止时间间隔为 30s，从图中可以看出，M1 的启动条件是启动按钮 I0.0，M3 的停止条件是停止按钮 I0.1，其他的启动和停止条件都是定时器所产生的脉冲信号（一个扫描周期）。T39、T40 是 100ms 定时器，所以可以使用自复位来产生脉冲信号。自复位可以使编程简单。所以建议使用定时器时，如果允许，则尽量用 100ms 定时器（见问 20）。

方法 2：如图 4-46 所示为用比较指令编写的程序，在程序中电动机的启动和关断信号均为短信号（不一定是一个扫描周期）。若使用断电延时定时器 T38，它计时到设定值后，当前值在设定值处而不像通电延时定时器继续往前计时。T38 的定时值设定为 610，这使得再次按启动按钮 I0.0 时，T38 不等于 600 的比较触点为闭合状态，M1 能够顺序启动。从图中也可以看出，使用一些复杂指令（如以后要讲的功能指令）可以使程序变得简单。

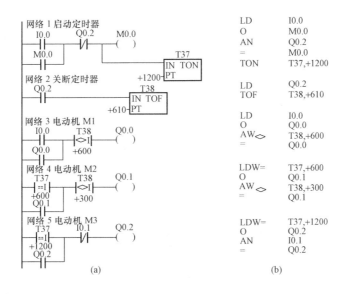

图 4-46 电动机顺序启/停程序 2

(a) 梯形图；(b) 语句表

问 65 液体混合控制装置的结构是什么？

答：图 4-47 所示为两种液体的混合装置结构图，SL1、SL2、SL3 为液体传感器，液面淹没时接通，两种液体（液体 A、液体 B）的流入和混合液体的流出分别由电磁阀 YV1、YV2、YV3 控制，M 为搅拌电动机。

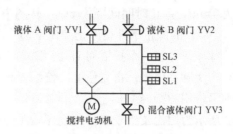

图 4-47 液体混合控制装置示意图

问 66 液体混合控制装置的工艺要求是什么？

答：（1）初始状态。当装置设为运行时，容器内为放空状态。

（2）启动操作。按下启动按钮 SB1，装置就开始按规定动作工作。液体 A 阀门打开，液体 A 流入容器。当液面到达 SL2 时，关闭液体 A 阀门，打开 B 阀门。当液面到达 SL3 时，关闭液体 B 阀门，搅拌电动机开始转动。搅拌电动机工作 1min 后，停止搅动，混合液体阀门打开，开始放出混合液体。当液面下降到 SL1 时，SL1 由接通变为断开，再经过 20s 后，容器放空，混合液体阀门 YV3 关闭，接着开始下一循环操作。

（3）停止操作。按下停止按钮后，在处理完当前循环周期剩余的任务后，系统停止在初始状态。

问 67 系统输入/输出点及其对应的 PLC 地址分别是什么？

答：系统输入/输出点及其对应的 PLC 地址见表 4-12。

表 4-12　　　　　　　系统输入/输出点及其对应的 PLC 地址

输入点	PLC 地址	输出点	PLC 地址
启动按钮 SB	I0.0	液体 A 电磁阀 YV1	Q0.0
停止按钮 SB2	I0.1	液体 B 电磁阀 YV2	Q0.1
液位传感器 SL1	I0.2	搅拌电动机接触器 KM	Q0.2
液位传感器 SL2	I0.3	混合液体电磁阀 YV3	Q0.3
液位传感器 SLB	I0.4		

根据系统功能要求编写的 PLC 程序如图 4-48 所示。

在程序设计时，对任何控制对象，若准确地找出了可靠的开启和关断条件，它的程序也就编写出来了。在该例中，YV1 的启动信号是启动按钮，关断信号是 SL2 的上升沿脉冲；YV2 的启动信号是 SL2 的上升沿脉冲，关断信号是 SL3

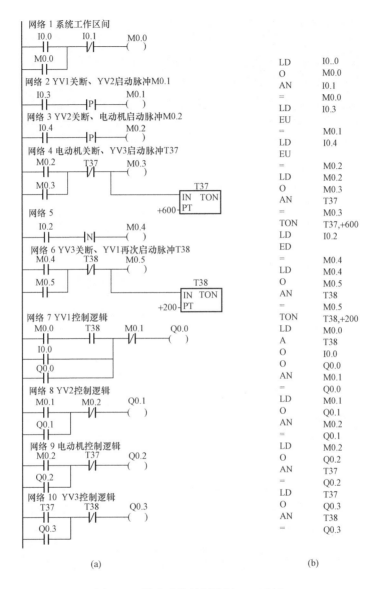

图 4-48　混合液体控制装置 PLC 程序

(a) 梯形图；(b) 语句表

的上升沿脉冲；M 的启动信号是 SL3 的上升沿脉冲，关断信号是定时器 T37 计时到脉冲；YV3 的启动信号是定时器 T37 计时到脉冲，关断信号是定时器 T38计时到脉冲。从使用中会体会到，启动及停止信号使用短脉冲信号，有效地避免了由于液面的波动所带来的不可靠隐患。需要注意的是，液体 A 阀 YV1 的启动

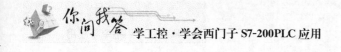

条件除了启动按钮 I0.0 外，还有每次循环周期开始的启动条件 T38，而且 T38 还带有约束条件 M0.0。系统开始工作后，不按停止按钮 I0.1 时，M0.0 为 ON，在每次放完混合液体后，系统都可以自动进入新的工作循环。按过停止按钮 I0.1 后，M0.0 为 OFF，系统进行到最后一个动作。即混合液体放空后，由于 M0.0·T38＝OFF，所以不能进入新的循环，系统停止在初始状态。只有再次按下启动按钮后，系统才可重新开始工作。M0.0 的作用就像一个桥梁，不按停止按钮，桥梁处于接通状态；按过停止按钮后，桥就断了。另外，把 M0.0·T38 放在该网络块的最上边，则比较符合梯形图的编程规范。

5

>>>>>>>>>>>>>>>>>>>>>>>>>

>>>>>>>>>>>>

S7-200 系列 PLC 顺序控制指令与应用实例

问 1 S7-200 系列 PLC 功能图的概念是什么？由哪几部分组成？

答： 功能图又称功能流程图或状态转移图，是一种描述顺序控制系统的图形，是工业顺序控制程序设计的一种功能性语言。它能完整地描述控制系统的工作过程、功能和特性，是分析、设计电气控制系统控制程序的必不可少的工具。

功能图主要由状态、转移及有向线段等组成。如果适当运用组成元素，就可得到控制系统的静态表示方法，再根据转移触发规则模拟系统的运行，就可以得到控制系统的动态过程。

问 2 状态的概念是什么？分为哪几种？

答： 状态是控制系统中一种相对不变的性质，对应于一种稳定的情形，状态的图形符号如图 5-1 所示。矩形框内可写上该状态的编号或代码。

（1）开始状态。开始状态是功能图运行的起点，控制系统至少要有一个开始状态。开始状态的图形符号为双线的矩形框，如图 5-2 所示。编程时可以画单线矩形框或一条横线表示功能图的开始。

（2）运行状态。运行状态是控制系统工作时的状态。根据系统是否运行，状态可分为动态和静态两种。动态是指当前正在运行的状态，静态是没有运行的状态。

（3）状态产生的动作。在每个稳定的状态下，可能有相应的动作。动作的表示方法如图 5-3 所示。

图 5-1　状态的
图形符号

图 5-2　开始状态
的图形符号

图 5-3　状态产生
动作的表示

图 5-4 转移符号

问 3 转移的概念是什么？转移的条件是什么？

答：某状态到另一个状态的变化，用转移概念，可用一个有向线段来表示转移的方向。两个状态之间的有向线段上再用一段横线表示这一转移。转移的符号如图 5-4 所示。

当转移条件成立时，称转移允许。该转移若能使状态发生转移，则称为触发。转移有触发必须满足：状态为动状态及转移使能。转移条件是指使系统从一个状态向另一个状态转移的必要条件，通常用文字、逻辑方程及符号来表示。

问 4 S7-200 系列 PLC 功能图的绘制要求是什么？

答：功能图的绘制必须满足下面的要求。

（1）状态与状态不能相连，必须用转移公开。

（2）转移与转移不能相连，必须用状态分开。

（3）状态与转移、转移与状态之间的连接采用有向线段，从上向下画时，可以省略箭头；当有向线段从下向上画时，必须画上箭头，以表示方向。

（4）一个功能图至少要有一个初始状态。功能图就是由多个状态及连线组成的图形，可清晰地描述系统的工序要求，可将复杂问题简单化，且使 PLC 编程成为可能，编程的质量和效率也会大大提高。

问 5 S7-200 系列 PLC 顺序控制指令的功能是什么？有哪几种形式？

答：顺序控制指令是 PLC 厂家为用户提供的可使功能图编程简单化和规范化的指令。有 3 条顺序控制指令，它们的 STL 形式、LAD 形式和功能见表 5-1。

表 5-1　　　　　　　　　　顺序控制指令的形式和功能

STL	LAD	功能	操作对象
LSCR bit (Load Sequential Control Relay)	bit — [SCR]	顺序状态开始	S（位）
SCRT bit (Sequential Control Relay Transition)	bit —（SCRT）	顺序状态转移	S（位）
SCRE (Sequential Control Relay End)	—（SCRE）	顺序状态结束	无

STL	LAD	功能	操作对象
CSCRE (Conditional Sequence Control Relay End)		条件顺序状态结束	无

从表 5-1 可以看出，顺序控制指令的操作对象为顺序控制继电器（S），也称状态器，每个 S 位都表示功能图中的一种状态。S 的范围为 S0.0～S31.7。

从 LSCR 指令开始到 SCRE 指令结束的所有指令组成一个顺序控制继电器（SCR）段。LSCR 指令标记一个 SCR 段的开始，当该段的顺序控制继电器置位时，允许 SCR 段工作。必须用 SCRE 指令结束。当 SCRT 指令的输入端有效时，置位下一个 SCR 段的顺序控制继电器，以使下一个 SCR 段开始工作；同时使该段的顺序控制继电器复位，使该段停止工作。可以看出每个 SCR 段一般有以下 3 种功能。

（1）驱动处理，即在该段顺序控制继电器有效时要做什么工作，有时也可能不做任何工作。

（2）指定转移条件和目标，即满足什么条件后状态转移到何处。

（3）转移自动复位功能，状态发生转移后，置位下一个状态的同时，自动复位原状态。

注意：CSCRE 指令在 CPU V1.21 以上的版本中才有，而且只能进行 STL 形式编程。使用它可能结束正在执行的 SCR 段，使要件发生处和 SCRE 之间的指令不再执行。该指令不影响 S 位和堆栈。使用 CSCRE 指令后会改变正在进行的状态转移操作，所以要谨慎使用。

问6 功能图编程的过程是什么？

答：功能图编程时可先画出功能图，再画出梯形图。图 5-5 所示为顺序控制指令使用的一个简单例子，图 5-5（b）、图 5-5（c）为梯形图，两图均可以完成顺序控制指令。

初始化脉冲 SM0.1 用来置位 S0.0，即把 S0.0（状态 1）状态激活；在状态 1 的 SCR 段要做的工作是置位 Q0.0，T38 同时计时，2s 计时到后，状态生发转移，T38（状态转移条件）的常开触点将 S0.1（状态 2）置位（激活）的同时，自动使原状态 S0.0 复位。

在状态 2 的 SCR 段，要做的工作是输出 Q0.1，同时 T37 计时，20s 计时到后，状态从状态 2（S0.1）转移到状态 3（S0.2），同时状态 2 复位。

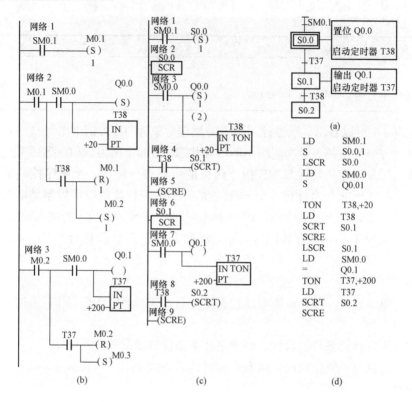

图 5-5　顺序控制指令使用示例

（a）功能图；（b）梯形图 1；（c）梯形图 2；（d）语句表

问7 功能图编程的特点是什么?

答:（1）顺序控制指令仅对元件 S 有效，顺序控制继电器（S）也具有一般继电器的功能，所以以对它能够使用其他指令。

（2）SCR 段程序是否工作要看顺序控制继电器（S）是否被置位，SCRE 与下一个 LSCR 之间的指令逻辑不影响下一个 SCR 段程序的执行。

（3）同一个 S 位不能用于不同程序中。

（4）在 SCR 段中不能使用 JMP 指令和 LBL 指令，但可以在 SCR 段附近使用跳转指令和标号指令。

（5）在 SCR 段中不能使用 FOR 指令、NEXT 指令和 END 指令。

（6）在状态发生转移后，SCR 段所有的元器件一般要复位，若想继续输出，可用 S/R 指令，如图 5-6 中的 Q0.4。

（7）状态器的编号可以不按顺序编排。

问 8　单流程的概念是什么？

答：单流程的动作是一个接一个地完成的，每个状态仅连接一个转移，每个转移也仅连接一个状态。图 5-6 所示为单流程的功能图、梯形图和语句表。

(a)　(b)

```
LD      SM0.1
S       S0.2,1
LSCR    S0.2
LD      SM0.0
=       Q0.1
LD      I0.2
SCRT    S0.1
SCRE
LSCR    S0.1
LD      SM0.0
=       Q0.0
LD      I0.1
SCRT    S0.0
SCRE
```

(c)

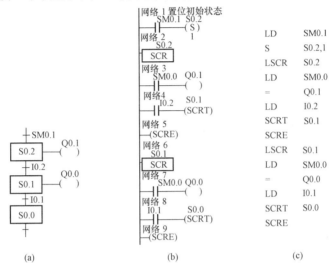

图 5-6　单流程示例

（a）功能图；（b）梯形图；（c）语句表

问 9　可选择的分支和连接的功能是什么？

答：在生产实际中，要进行流程选择或者分支选择。一个控制流可能产生多个，但不允许多路分支同时执行。到底进入哪一个分支，取决于控制流前面的转移条件哪一个为真。可选择的分支和连接的功能图、梯形图如图 5-7 所示。

问 10　并行分支和连接的功能是什么？

答：在某些工程中，一个顺序控制状态流必须分成两个或多个分支控制状态流，即并行分支或并发分支。当产生多个分支时，所有的分支控制状态流必须同时激活。当多个控制流产生的结果相同时，这些控制流合并成一个控制流，即并行分支的连接。合并控制流时，所有的分支控制流必须都完成。此时，在转移条件满足时才能转移到下一个状态。并发顺序一般用双水平线表示，同时结束若干个顺序也用双水平线表示。

图 5-8 所示为并行分支和连接的功能图和梯形图。并行分支连接时要同时使

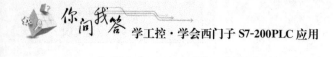

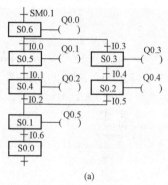

(a)

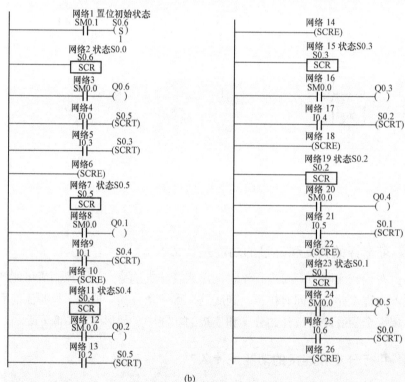

(b)

图 5-7 可选择的分支和连接示例

(a) 功能图；(b) 梯形图

状态转移到新的状态，完成新状态的启动。另外，在状态 S0.2 和 S0.4 的 SCR
程序段中，由于没有使用 SCRT 指令，所以 S0.2 和 S0.4 的复位不能自动进行，
最后要用复位指令对其进行复位。这种处理方法在并行分支的连接合并时会经常
用到，而且在并行分支连接合并前的最后一个状态往往是"等待"过渡状态。它

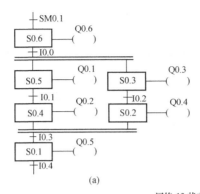

(a)

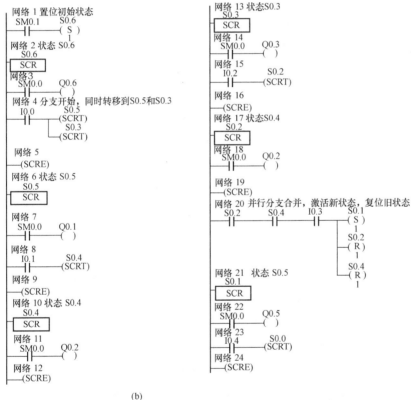

(b)

图 5-8　并行分支和连接示例

（a）功能图；（b）梯形图

们要等待所有并行分支都为"真"后一起转移到新的状态。这时的转移条件永远为"真"。而这些"等待"状态用复位指令进行复位。

问 11 跳转和循环的功能分别是什么？

答：前面介绍了单流程、并发、选择功能图的基本形式。有时这些情况会在一个程序中混合出现，跳转和循环是常用的形式。

利用功能图容易实现流程的循环重要操作。编程时可根据需要决定是单周期操作还是多周期循环，是跳转还是顺序执行。图 5-9 所示为跳转和循环的功能图、梯形图和语句表。

图中，I1.0 为 OFF 时进行局部循环操作，为 ON 时则正常顺序执行；I1.1 为 ON 时正向跳转，为 OFF 时则正常顺序执行，I1.2 为 OFF 时进行多周期循环操作，为 ON 时则进行单周期循环操作。

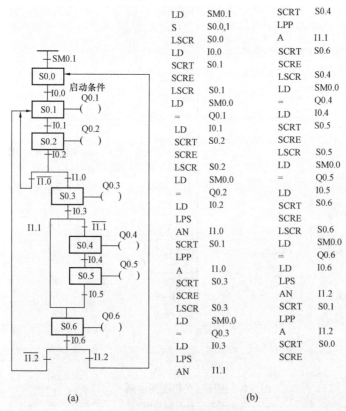

LD	SM0.1	SCRT	S0.4
S	S0.0,1	LPP	
LSCR	S0.0	A	I1.1
LD	I0.0	SCRT	S0.6
SCRT	S0.1	SCRE	
SCRE		LSCR	S0.4
LSCR	S0.1	LD	SM0.0
LD	SM0.0	=	Q0.4
=	Q0.1	LD	I0.4
LD	I0.1	SCRT	S0.5
SCRT	S0.2	SCRE	
SCRE		LSCR	S0.5
LSCR	S0.2	LD	SM0.0
LD	SM0.0	=	Q0.5
=	Q0.2	LD	I0.5
LD	I0.2	SCRT	S0.6
LPS		SCRE	
AN	I1.0	LSCR	S0.6
SCRT	S0.1	LD	SM0.0
LPP		=	Q0.6
A	I1.0	LD	I0.6
SCRT	S0.3	LPS	
SCRE		AN	I1.2
LSCR	S0.3	SCRT	S0.1
LD	SM0.0	LPP	
=	Q0.3	A	I1.2
LD	I0.3	SCRT	S0.0
LPS		SCRE	
AN	I1.1		

(a)   (b)

图 5-9 跳转和循环示例（一）

(a) 功能图；(b) 语句表

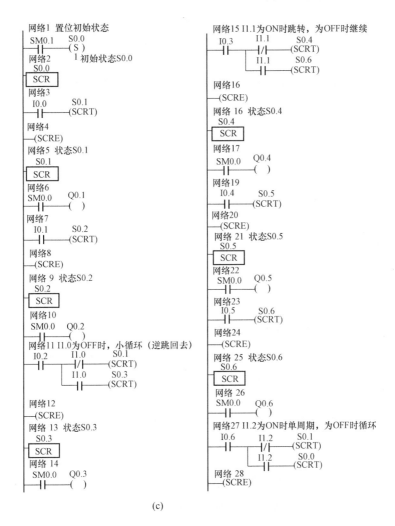

(c)

图 5-9　跳转和循环示例（二）

（c）梯形图

问 12　**单流程应如何应用？**

答：例如，某小车运动示意图如图 5-10 所示。设小车在初始位置时，左边限位开关 I0.0 为"1"状态，按下启动按钮 I0.2 后小车向右运动，碰到限位开关 I0.1 后，停在该处，5s 后开始左行，碰到 I0.0 后返回初步停止运动。编程功能图如图 5-11 所示，梯形图如图 5-12 所示，语句表如图 5-13 所示。

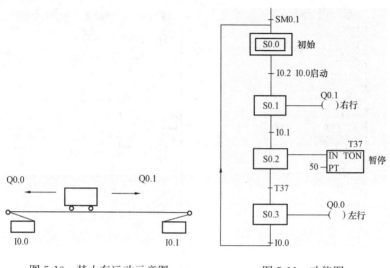

图 5-10　某小车运动示意图　　　　图 5-11　功能图

问 13　并行合并的功能图如何应用?

答:如图 5-14 所示,将 S0.0、S0.1、I0.1 常闭触点与 I0.3 常开触点组成的串并联电路,作为使 S0.2、S0.3 置位和使 S0.0、S0.1 复位的条件。

方法 1:梯形图如图 5-15 所示,语句表如图 5-16 所示。

方法 2:在编程中可使用技巧,如图 5-17 所示梯形图,语句表如图 5-18 所示。

问 14　可选分支、并行分支和连接应如何应用?

答:前面已经讲过,在某些工程中一个顺序控制状态流必须分成两个或多个不同分支控制状态流,即并行分支或并发分支。可能产生多个分支时,所有的分支控制状态流必须同时激活。当多个控制流产生的结果相同时,这些控制流合并成一个控制流,即并行分支的连接。合并控制流时,所有的分支控制流必须都完成。下面再举一程序实例,实例的功能图如图 5-19 所示,梯形图如图 5-20 所示,语句表如图 5-21 所示。

问 15　剪板机应用程序的编程方式是什么?

答:剪板机的工作示意图如图 5-22 所示。开始时压钳和剪刀在上限位置,限位开关 I0.0 和 I0.1 为 ON,按下启动按钮 I0.2 后的工作过程如下:首先板料

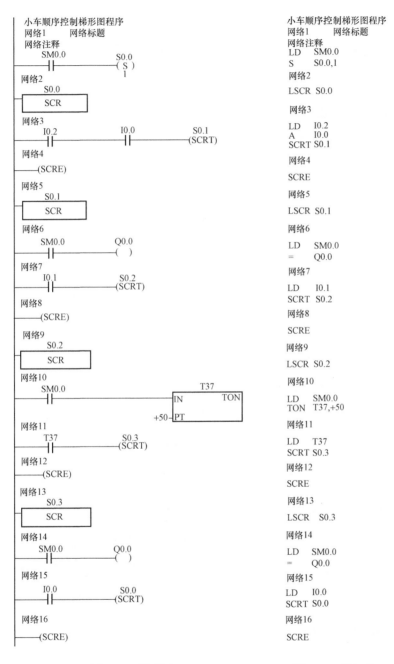

小车顺序控制梯形图程序
网络1   网络标题
网络注释

```
   SM0.0          S0.0
   ─┤├─          ─( S )
                    1
```
网络2
```
   S0.0
  ┌──────┐
  │ SCR  │
  └──────┘
```
网络3
```
   I0.2        I0.0        S0.1
   ─┤├──────────┤├────────(SCRT)
```
网络4
```
  ──(SCRE)
```
网络5
```
   S0.1
  ┌──────┐
  │ SCR  │
  └──────┘
```
网络6
```
   SM0.0        Q0.0
   ─┤├─        ─(  )
```
网络7
```
   I0.1        S0.2
   ─┤├─        (SCRT)
```
网络8
```
  ──(SCRE)
```
网络9
```
   S0.2
  ┌──────┐
  │ SCR  │
  └──────┘
```
网络10
```
   SM0.0                       T37
   ─┤├─                   ┌──────────┐
                          │IN     TON│
                   +50 ─ PT         │
                          └──────────┘
```
网络11
```
   T37         S0.3
   ─┤├─        (SCRT)
```
网络12
```
  ──(SCRE)
```
网络13
```
   S0.3
  ┌──────┐
  │ SCR  │
  └──────┘
```
网络14
```
   SM0.0        Q0.0
   ─┤├─        ─(  )
```
网络15
```
   I0.0        S0.0
   ─┤├─        (SCRT)
```
网络16
```
  ──(SCRE)
```

图 5-12　梯形图

小车顺序控制梯形图程序
网络1   网络标题
网络注释
```
LD   SM0.0
S    S0.0,1
```
网络2
```
LSCR S0.0
```
网络3
```
LD   I0.2
A    I0.0
SCRT S0.1
```
网络4
```
SCRE
```
网络5
```
LSCR S0.1
```
网络6
```
LD   SM0.0
=    Q0.0
```
网络7
```
LD   I0.1
SCRT S0.2
```
网络8
```
SCRE
```
网络9
```
LSCR S0.2
```
网络10
```
LD   SM0.0
TON  T37,+50
```
网络11
```
LD   T37
SCRT S0.3
```
网络12
```
SCRE
```
网络13
```
LSCR  S0.3
```
网络14
```
LD   SM0.0
=    Q0.0
```
网络15
```
LD   I0.0
SCRT S0.0
```
网络16
```
SCRE
```

图 5-13　语句表

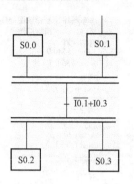

图 5-14　并行合并的功能图

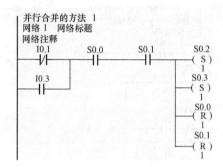

图 5-15　梯形图

并行合并的方法　1

网络 1　网络标题

网络注释

```
LDN    I0.1
O      I0.3
A      S0.0
A      S0.1
S      S0.2,1
S      S0.3,1
R      S0.0,1
R      S0.1,1
```

图 5-16　语句表

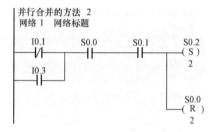

图 5-17　梯形图

并行合并的方法　2

网络 1　网络标题

```
LDN    I0.1
O      I0.3
A      S0.0
A      S0.1
S      S0.2,2
R      S0.0,2
```

图 5-18　语句表

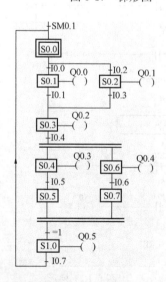

图 5-19　功能图

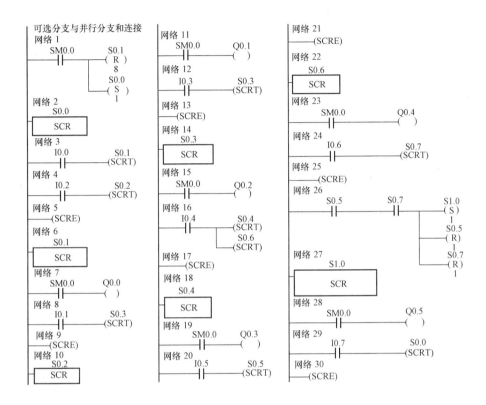

图 5-20 梯形图

右行 Q0.0 为 ON，至限位开关 I0.3 动作，然后压钳下行 Q0.1 为 ON 并保持。压紧板料后，压力继电器 I0.4 为 ON，压钳保持压紧，剪刀下行 Q0.2 为 ON。剪断板料后，I0.5 变为 ON，压钳和剪刀同时上行，Q0.3 和 I0.4 为 ON，Q0.1、Q0.2 为 OFF。它们分别碰到限位开关 I0.0 和 I0.1 后分别停止上行，都停后开始下一个周期的工作。剪完 5 块板料后停止工作并停在初始状态。用两种方法编程。

方法 1：用通用辅助继电器编程。

图 5-23 所示为剪板机通用辅助继电器流程图，梯形图如图 5-24 所示，语句表如图 5-25 所示。

方法 2：顺序控制指令功能图如图 5-26 所示，顺序控制梯形图如图 5-27 所示，语句表如图 5-28 所示。

可选分支与并行分支和连接

网络1

LD   SM0.0
R   S0.1,8
S   S0.0,1

网络2

LSCR S0.0

网络3

LD   I0.0
SCRT S0.1

网络4

LD   I0.2
SCRT S0.2

网络5

SCRE

网络6

LSCR S0.1

网络7

LD   SM0.0
=   Q0.0

网络8

LD   I0.1
SCRT S0.3

网络9

SCRE

网络10

LSCR S0.2

网络11

LD   SM0.0
=   Q0.0

网络12

LD   I0.3
SCRT S0.3

网络13

SCRE

网络14

LSCR S0.3

网络15

LD   SM0.0
=   Q0.2

网络16

LD   I0.4
SCRT S0.4
SCRT S0.6

网络17

SCRE

网络18

LSCR S0.4

网络19

LD   SM0.0
=   Q0.3

网络20

LD   I0.5
SCRT S0.5

网络21

SCRE

网络22

LSCR S0.6

网络23

LD   SM0.0
=   Q0.4

网络24

LD   I0.6
SCRT S0.7

网络25

SCRE

网络26

LD   S0.5
A   S0.7
S   S1.0,1
R   S0.5,1
R   S0.7,1

网络27

LSCR S1.0

网络28

LD   SM0.0
=   Q0.5

网络29

LD   I0.7
SCRT S0.0

网络30

SCRE

图 5-21 语句表

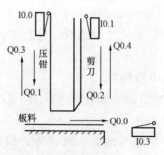

图 5-22 剪板机的工作示意图

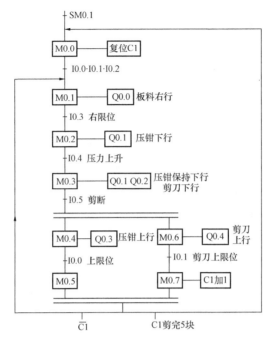

图 5-23　剪板机通用辅助继电器流程图

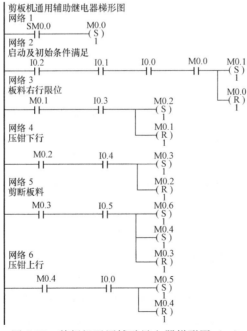

图 5-24　剪板机通用辅助继电器梯形图（一）

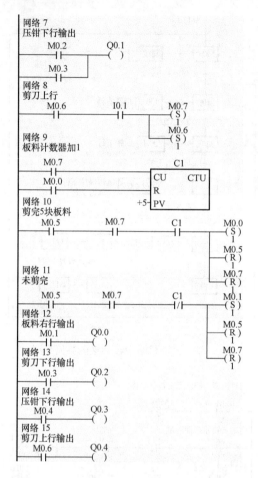

图 5-24 剪板机通用辅助继电器梯形图（二）

网络 1		A	C1
		S	M0.0,1
LD	SM0.0	R	M0.5,1
S	M0.0,1	R	M0.7,1

网络 2		网络 11	
启动及初始条件满足		**未剪完**	
LD	I0.2	LD	M0.5
A	I0.1	A	M0.7
A	I0.0	AN	C1
A	M0.0	S	M0.1,1
S	M0.1,1	R	M0.5,1
R	M0.0,1	R	M0.7,1

图 5-25 剪板机通用辅助继电器语句表（一）

网络 3
板料右行限位
LD   M0.1
A   I0.3
S   M0.2,1
R   M0.1,1

网络 4
压钳下行
LD   M0.2
A   I0.4
S   M0.3,1
R   M0.2,1

网络 5
剪断板料
LD   M0.3
A   M0.5
S   M0.6,1
S   M0.4,1
R   M0.3,1

网络 6
压钳上行
LD   M0.4
A   I0.0
S   M0.5,1
R   M0.4,1

网络 7
压钳下行输出
LD   M0.2
O   M0.3
=   Q0.1

网络 8
剪刀上行
LD   M0.6
A   I0.1
S   M0.7,1
R   M0.6,1

网络 9
板料计数器加1
LD   M0.7
LD   M0.0
CTU   C1,+5

网络 10
剪完5块板料
LD   M0.5
A   M0.7

网络 12
板料右行输出
LD   M0.1
=   Q0.0

网络 13
剪刀下行输出
LD   M0.3
=   Q0.2

网络 14
压钳下行输出
LD   M0.4
=   Q0.3

网络 15
剪刀上行输出
LD   M0.6
=   Q0.4

图 5-25　剪板机通用辅助继电器语句表（二）

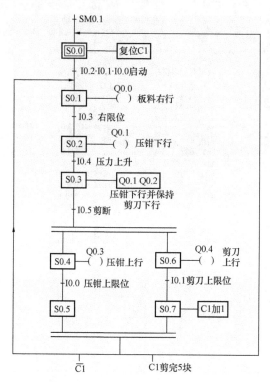

图 5-26 剪板机顺序控制功能图

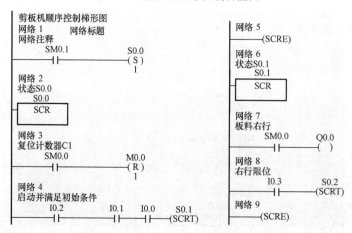

图 5-27 剪板机顺序控制梯形图（一）

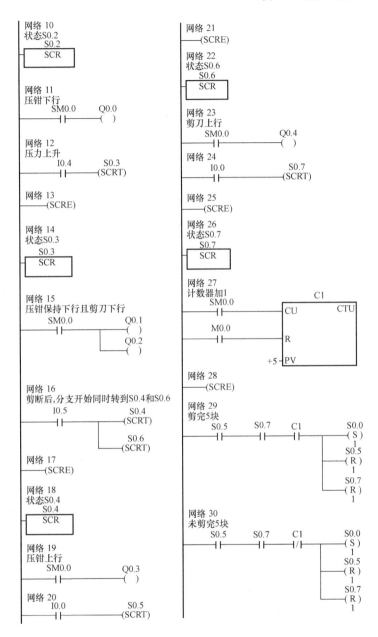

图 5-27 剪板机顺序控制梯形图（二）

网络1　网络标题

LD　　SM0.1
S　　　S0.0,1

网络2
状态S0.0
LSCR　S0.0

网络3
复位计数器C1
LD　　SM0.0
R　　　M0.0,1

网络4
启动并满足初始条件
LD　　I0.2
A　　　I0.1
A　　　I0.0
SCRT　S0.1

网络5

SCRE

网络6
状态S0.1
LSCR　S0.1

网络7
板料右行
LD　　SM0.0
=　　　Q0.0

网络8
右行限位
LD　　I0.3
SCRT　S0.2

网络9

SCRE

网络10
状态S0.2
LSCR　S0.2

网络11
压钳下行
LD　　SM0.0

=　　　Q0.1

网络12
压力上升
LD　　I0.4
SCRT　S0.3

网络13

SCRE

网络14
状态S0.3
LSCR　S0.3

网络15
压钳保持下且剪刀下行
LD　　SM0.0
=　　　Q0.1
=　　　Q0.2

网络16
剪完后分支开始同时转到S0.4
和S0.6
LD　　I0.5
SCRT　S0.4
SCRT　S0.6

网络17

SCRE

网络18
状态S0.4
LSCR　S0.4

网络19
压钳上行
LD　　SM0.0
=　　　Q0.3

网络20

LD　　I0.0
SCRT　S0.5

网络21

SCRE

网络22
状态S0.6
LSCR　S0.6

网络23
剪刀上行
LD　　SM0.0
=　　　Q0.4

网络24

LD　　I0.1
SCRT　S0.7

网络25

SCRE

网络26
状态S0.7
LSCR　S0.7

网络27
计数器加1
LD　　SM0.0
LD　　M0.0
CTU　C1,+5

网络28

SCRE

网络29
剪完5块
LD　　S0.5
A　　　S0.7
A　　　C1
S　　　S0.0,1
R　　　S0.5,1
R　　　S0.7,1

网络30
未剪完5块
LD　　S0.5
A　　　S0.7
AN　　C1
S　　　S0.0,1
R　　　S0.5,1
R　　　S0.7,1

图 5-28　顺序控制剪板机语句表

6

S7-200 系列 PLC 功能指令及应用

问 1 **数据处理指令包括哪些?**

答：数据处理主要包括传送、移位、字节交换、循环移位和填充等指令。

问 2 **数据传送类指令的作用是什么?**

答：数据传送类指令用来实现各存储单元之间数据的传送，可分为单个传送指令和块传送指令，又可分为字节、字、双字实数传送指令。

问 3 **单个传送（Move）指令的格式、功能及数据类型分别是什么?**

答：(1) 指令格式：LAD 和 STL 格式如图 6-1 (a) 所示。指令中"?"处可为 B、W、DW（LAD 中）、D（STL 中）或 R。

(2) 指令功能：使能 EN 输入有效时，将一个字节（字、双字或实数）数据由 IN 传送到 OUT 所指的存储单元。

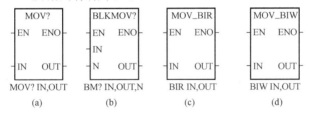

图 6-1　传送指令格式

(a) 单个传递；(b) 块传送；(c) 字节立即读指令；(d) 字节立即取指令

(3) 数据类型：IN 端和 OUT 端均为字节（字、双字或实数）。

问 4 **块传送（Block Move）的指令格式、功能及数据类型分别是什么?**

答：(1) 指令格式：LAD 及 STL 格式如图 6-1 (b) 所示。指令中"?"处可为 B、W、DW（LAD 中）、D（STL 中）或 R。

(2) 指令功能：将从 IN 开始的 N 个字节（字或双字）型数据传送到从 OUT 开始的 N 个字节（字或双字）存储单元。

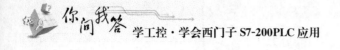

（3）数据类型：N 和 OUT 端均为字节（字或双字），N 为字节。

问5 字节立即传送（Move Byte Immediate）分为几种？

答： 字节立即传送和指令中的立即指令一样。字节立即传送指令分为字节立即读指令和字节立即写指令两种。

问6 字节立即读指令的指令格式、功能及操作数分别是什么？

答：（1）指令格式：LAD 及 STL 格式如图 6-1（c）所示。

（2）指令功能：将字节物理区数据立即读出，并传送到 OUT 所指的字节存储单元。对 IN 信号立即响应不受扫描周期影响。

（3）操作数：IN 端为 IB，OUT 端为字节。

问7 字节立即写指令的指令格式、功能及类型分别是什么？

答：（1）指令格式：LAD 及 STL 格式如图 6-1（d）所示。

（2）指令描述：将 N 单元的字节数据立即写到 OUT 所指的字节存储单元的物理区及映像区，把计算出的 Q 结果立即输出到负载，不受扫描周期影响。

（3）数据类型：IN 端为字节，OUT 端为 QB。

问8 传送指令应如何应用？

答： 传送指令应用实例如下。

```
LD      I0.0                //I0.0 有效时执行下面操作
MOVB    VB10, VB20          //字节 VB10 中的数据送到字节 VB20 中
MOVW    VW210, VW220        //字 VW210 中的数据送到字 VW220 中
MOVD    VD120, VD220        //双字 VD120 中的数据送到双字 VD220 中
BMB     VB230, VB130, 4     //双字节 VB230 开始的 4 个连续字节中的
                            //数据，送到 VB130 开始的 4 个连续字节存
                            //储单元中
BMW     VW240, VW140, 4     //字 VW240 开始的 4 个连续字中的数据送
                            //到字 VW140 开始的 4 个连续字存储单元中
BMD     VD250, VD150, 4     //双字 VD250 开始的 4 个连续双字中的数
                            //据送到双字 VD150 开始的 4 个连续双字存
                            //储单元中
BIR     IB1, VB220          //I0.0～I0.7 的物理输入状态立即送到
```

VB220 中，不受扫描周期的影响

BIW   VB200，QB0   //VB200 中的数据立即从 Q0.0～0.7 端子输出，不受扫描周期的影响

问 9   移位与循环指令各分为几种？

答：移位指令分为左移和右移，循环指令分为左循环和右循环。LAD 与 STL 指令格式中的缩写表示略有不同。

问 10   移位（Shift）指令的功能是什么？

答：移位指令有左移和右移两种，分为字节型、字型和双字型。移位数据存储单元的移出端与 SM1.1（溢出）相连，最后被移出的位被移至 SM1.1 位存储单元。移出位进入 SM1.1，另一端自动补 0。例如，右移时，移位数据的最右端的位移入 SM1.1，则左端补 0。SM1.1 存放最后一次被移出的位，移位次数与移位数据的长度有关，所需要移位次数大于移位数据的位数，超出次数无效。当字节左移时，若移位次数设定为 10，则指令实际执行结果只能移位 8 次，而超出的 2 次无效。若移位操作使数据变为 0，则零存储器标志位（SM1.0）自动置位。

注意：移位指令在使用 LAD 编程时，OUT 可以是和 IN 不同的存储单元，但在使用 STL 编程时，因为只写一个操作数，所以实际上 OUT 就是移位后的 IN。

问 11   右移指令的指令格式、功能及数据类型分别是什么？

答：（1）指令格式：LAD 及 STL 格式如图 6-2（a）所示。指令中"?"处可为 B、W、DW（LAD 中）或 D（STL 中）。

（2）指令功能：将字节型（字型或双字型）输入数据 IN 右移 N 位后，再将结果输出到 OUT 所指的字节（字或双字）存储单元。

（3）数据类型：IN 端和 OUT 端均为字节（字或双字），N 为字节型数据，可为 8、16、32。

问 12   左移指令的指令格式、功能及数据类型分别是什么？

答：（1）指令格式：LAD 及 STL 格式如图 6-2（b）所示。指令中"?"处可为 B、W、DW（LAD 中）或 D（STL 中）。

（2）指令功能：将字节型（字型或双字型）输入数据 IN 左移 N 位后，将结

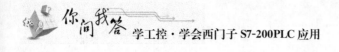

果输出到 OUT 所指的字节（字或双字）存储单元。最大实际可移位次数为 8 位（16 位或 32 位）。

（3）数据类型：IN 端和 OUT 端均为字节（字或双字），N 为字节型数据。

问 13　移位指令如何应用？

答：移位指令的应用示例如下：

LD	I0.0	//I0.0 有效时执行下面操作
MOVB	2#/00110101，VB0	//将字节 2#00110101 送到 VB0 中
SLB	VB0，4	//字节左移指令，则 VB0 内容为 2#01010000
MOVW	16#3535，VW10	//将字 16#3535 送到 VW1011 中
SRW	VW10，3	//字左移指令，则 VW10 内容为 16#06A6

问 14　循环移位（Rotate）指令的功能是什么？

答：循环移位指令有循环左移和循环右移两种，分为字节、字或双字。循环数据存储单元的移出端与另一端相连，同时与 SM1.1（溢出）相连，最后被移出的位移到另一端，同时移到 SM1.1 位。当循环右移时，移位数据从右端位移入最左端，同时进入 SM1.1。SM1.1 存放最后一次被移出的位。移位次数与移位数据的长度有关，移位次数设定值大于移位数据的位数，则在执行循环移位之前，系统先将设定值取以数据长度为底的模，用小于数据长度的结果作为实际循环移位的次数。

问 15　循环右移指令的指令格式、功能与数据类型分别是什么？

答：（1）指令格式：LAD 及 STL 格式如图 6-2（c）所示。指令中"?"处可为 B、W、DW（LAD 中）或 D（STL 中）。

（2）指令功能：将字节型（字型或双字型）输入数据 IN 循环右移 N 位后，再将结果输出到 OUT 所指的字节（字或双字）存储单元。实际移位次数为系统设定值取以 8（16 或 32）为底的模所提供的结果。

（3）数据类型：IN 端和 OUT 端均为字节（字或双字），N 为字节数据。

问 16　循环左移指令的指令格式、功能与数据类型分别是什么？

答：（1）指令格式：LAD 及 STL 格式如图 6-2（d）所示。指令中"?"处可为 B、W、DW（LAD中）或 D（STL 中）。

（2）指令功能：将字节型（字型或双字型）输入数据 IN 循环左移 N 位后，再将结果输出到 OUT 所指的字节（字或双字）存储单元。实际移位次数与循环右移指令相同。

（3）数据类型：与循环右移指令相同。

问 17 循环移位指令如何应用？

答：循环移位指令的应用如下。

```
LD        I0.0          //I0.0 有效地执行下面操作
MOVB      16♯FE, VB100  //将 16♯FE 送到 VB100 中
RLB       VB100，1       //循环左移，则 VB100 中为 16♯FD
```

问 18 寄存器移位（Shift Register）指令的指令格式、功能与数据类型分别是什么？

答：（1）指令格式：LAD 及 STL 格式如图 6-2（e）所示。

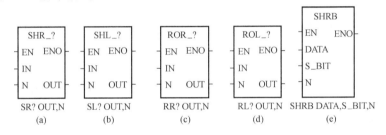

图 6-2 移位指令格式

（a）右移指令；（b）左移指令；（c）循环右移指令；
（d）循环左移指令；（e）寄存器移位指令

（2）指令功能：有 3 个数据输入端，DATA 为数值输入，将该位的值移入移位寄存器；S-BIF 为移位寄存器的最低位端；N 指定移位寄存器的长度。使能输入有效时，整个移位寄存器移动 1 位。要用边沿跳变指令来控制使能端的状态，否则该指令就失去了应用的意义。

移出端与 SM1.1（溢出）相连，最后被移出的位放在 SM1.1 位存储单元。移位时，移出位进入 SM1.1，另一端自动补上 DATA 移入位的值。

移位方向分为正向移位和反向移位。正向移位时长度 N 为正值，从最低字节的最低位（S-BIT）移入，从最高字节的最高位移出；反向移位时长度 N 为负值，从最高字节的最高位移入，从最低位字节的最低位（S-BIT）移出。正向移

117

位和反向位移的方向正好相反。

（3）数据类型：DATA 和 S-BIT 为布尔型，N 为字节型，移位寄存器最大长度为 64 位，正负均可以。

（4）最高位的计算方法：（N 的绝对值－1＋S-BIT 的位号）÷8，余数即是最高位的位号，商与 S-VBIT 的字节号之和即是最高位的字节号。

如果 S-BIT 是 V 33.4，N14，则（14－1＋4）÷8＝2 余 1。所以，最高位字节号算法是 33＋2＝35，位号为 1，最高位是 V35.1。

问 19 **寄存器移位指令如何应用？**

答：寄存器移位指令的应用实例如下。

LD   I0.0

EU   //在每个 I0.0 的上升沿移位 1 次

SHRB   I0.5，V20.0，5   //寄存器移位指令

SHRB 指令执行结果见表 6-1。

表 6-1   指令 SHRB 执行结果

移位次数	I0.5 值	单元内容	位 SM1.1	说　明
0	1	10110101	X	移位前，移位时从 VB20.4 移出
1	1	10101011	1	1 移入 SM1.1，I0.5 的值进入右端
2	0	10110110	0	0 移入 SM1.1，I0.5 的值进入右端
3	0	10101110	1	1 移入 SM1.1，I0.5 的值进入右端

问 20 **字节交换（Swap Bytes）指令的指令格式、功能及数据类型分别是什么？**

答：（1）指令格式：LAD 及 STL 格式如图 6-3（a）所示。

（2）指令功能：将字型输入数据 IN 的高字节和低字节进行交换。

（3）数据类型：IN 端为字。

问 21 **字节交换指令如何应用？**

答：字节交换指令的应用示例如下。

LD   I0.0   //I0.0 有效时执行下面操作

EU   //在 I0.0 的上升沿执行

MOVW   16＃C510，VW100   //将 16＃C510 送到 VW100 中

SWAP   VW100   //字节交换，则 VW100 中为 16♯10C5

问 22　填充（Memory Fill）指令的指令格式、功能及数据类型分别是什么？

答：（1）指令格式：LAD 及 STL 格式如图 6-3（b）所示。

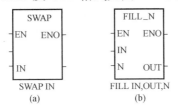

图 6-3　字节交换及填充指令格式

(a) 字节交换指令；(b) 填充指令

（2）指令功能：将字型输入数据 IN 填充到从 OUT 所指的单元开始的 N 个字存储单元。

（3）数据类型：IN 端和 OUT 端为字型，N 为字节型，可取 1～255 的整数。

问 23　填充指令如何应用？

答：填充指令的应用示例如下。

LD   SM0.1   //初始化操作
FILL   0, VW100, 12   //填充指令，将 0 填充到从 VW100 开始的 12 个
                                       存储单元，即//VW100～VW122

问 24　S7-200 系列 PLC 的算术运算指令在使用时应注意哪些方面？

答：在使用 S7-200 系列 PLC 的算术运算指令时要注意存储单元的分配。用 LAD 编程，IN1、IN2 和 OUT 可以使用不一样的存储单元，编出程序清晰易懂。而用 STL 编程，OUT 要和其中的一个操作数使用同一个存储单元，用起来较麻烦。两种语言编程转换结果略有不同，使用此类指令时首推 LAD 编程。

注意：运算指令 LAD 格式中的 IN1 和 STL 格式中的 IN1 不一定指的是同一个存储单元。

问 25　算术运算指令由哪几类指令构成？

答：算术运算指令由加、减、乘、除等组成，均是对有符号数进行操作，每

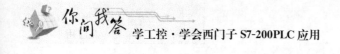

类指令又包括整数、双整数、实数的算术运算指令。数学函数指令有平方根、自然对数、指数、正弦、余弦、正切和增减指令等构成。

问 26 加法（**Add**）指令的指令格式、功能及数据类型分别是什么？

答：（1）指令格式：LAD 及 STL 格式如图 6-4（a）所示。指令中"?"处可为 I、DI（LAD 中）、D（STL 中）或 R。

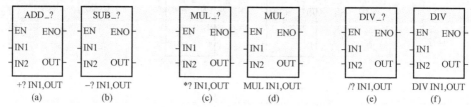

图 6-4　算术运算指令格式

（a）加法指令；（b）减法指令；（c）一般乘法指令；（d）完全整数乘法指令；
（e）一般除法指令；（f）完全整数指令

（2）指令功能：LAD 中，IN1＋IN2＝OUT；STL 中，IN1＋OUT＝OUT。

（3）数据类型：整数加法时，IN 端和 OUT 端均为 INT；双整数加法时，IN 端和 OUT 端均为 DINT；实数加法时，IN 端和 OUT 端均为 REAL。

问 27 减法（**Subtract**）指令的指令格式、功能及数据类型分别是什么？

答：（1）指令格式：LAD 及 STL 格式如图 6-4（b）所示。指令中"?"处可为 I、DI（LAD 中）、D（STL 中）或 R。

（2）指令功能：LAD 中，IN1－IN2＝OUT；STL 中，OUT－IN1＝OUT。

（3）数据类型：整数减法时，IN 端和 OUT 端均为 INT；双整数减法时，IN 端和 OUT 端均为 DINT；实数减法时，IN 端和 OUT 端均为 REAL。

问 28 乘法指令分为哪几种？其格式、功能及数据类型分别是什么？

答：（1）一般乘法（Multiply）指令。

1）指令格式：LAD 及 STL 格式如图 6-4（c）所示。指令中"?"处可为 I、DI（LAD 中）、D（STL 中）或 R。

2）指令功能：LAD 中，IN1×IN2＝OUT；STL 中，IN1×OUT＝OUT。

3）数据类型：整数乘法时，IN 端和 OUT 端均为 INT；双整数乘法时，IN 端和 OUT 端均为 DINT；实数乘法时，IN 端和 OUT 端均为 REAL。

（2）完全整数乘法（Multiply Integer to Double Integer）指令。将两个单字长（16 位）的符号整数 IN1 和 IN2 相乘，产生一个 32 位双整数结果 OUT。

1）指令格式：LAD 及 STL 格式如图 6-4（d）所示。

2）指令功能：LAD 中，IN1×IN2＝OUT；STL 中，IN1×OUT＝OUT，32 位运算结果存储单元的低 16 位在运算前用于存放被乘数。

3）数据类型：IN 端为 INT，OUT 端为 DINT。

问 29　**除法指令分为哪几种？其格式、功能及数据类型分别是什么？**

答：（1）一般除法（Divide）指令。

1）指令格式：LAD 及 STL 格式如图 6-4（e）所示。指令中"？"处可为 I、DI（LAD 中）、D（STL 中）或 R。

2）指令功能：LAD 中，IN1/IN2＝OUT；STL 中，OUT/IN1＝OUT，不保留余数。

3）数据类型：整数除法时，IN 端和 OUT 端均为 INT，双整数除法时，IN 端和 OUT 端均为 DINT；实数除法时，IN 端和 OUT 端均为 REAL。

（2）完全整数除法（Divide Integer to Double Integer）指令。将两个 16 位的符号整数相除，产生一个 32 位结果，其中低 16 位为商，高 16 位为余数。

指令格式：LAD 及 STL 格式如图 6-4（f）所示。

指令功能：LAD 中，IN1/IN2＝OUT；STL 中，OUT/IN1＝OUT，32 位结果存储单元的低 16 位在运算前被兼用存放被除数。除法运算结果，商放在 OUT 的低 16 位字中，余数放在 OUT 的高 16 位字中。

数据类型：IN 端为 INT，OUT 端为 DINT。

问 30　**算术运算指令应如何应用？**

答：综合示例 1，如图 6-5 所示。用 LAD 编程后转化为 STL 语言编程。算术运算先用 LAD 设计，再转换成 STL。

问 31　**算术运算指令还可以如何应用？**

答：综合示例 2，如图 6-6 所示。

本例先用 STL 后转化为 LAD 语言进行编程，大家可以比较其和图 6-5 的不同。算术运算先用 STL 设计，再转换成梯形图。

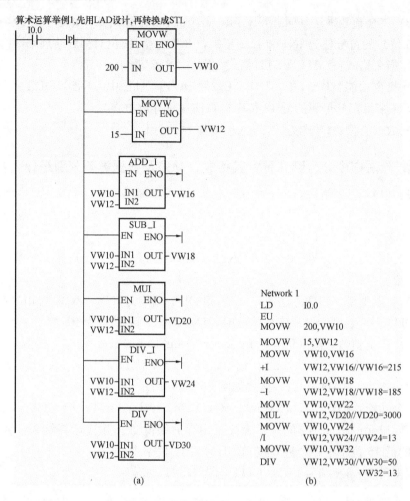

图 6-5 算术运算指令实例 1

(a) 梯形图；(b) 语句表

问 32 **数学函数指令包括哪些内容？**

答： S7-200 系列 PLC 的数学函数指令有平方根、自然对数、指数、正弦、余弦和正切。运算数据类型 IN 端和 OUT 端均为实数，即 32 位二进制数，运算结果超出 32 位时产生溢出。

问 33 **平方根（Square Root）指令的指令格式与功能分别是什么？**

答：（1）指令格式：LAD 及 STL 格式如图 6-7（a）所示。

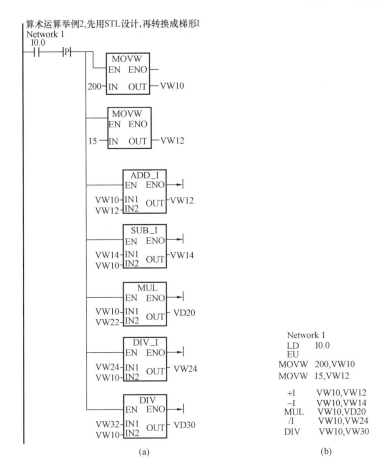

图 6-6　算术运算指令实例 2

(a) 梯形图；(b) 语句表

（2）指令功能：将一个双字长（32 位）的实数 IN 开平方，得到 32 位的实数结果并送到 OUT。

问 34　自然对数（Natural Logarithm）指令的指令格式与功能分别是什么？

答：（1）指令格式：LAD 及 STL 格式如图 6-7（b）所示。

（2）指信功能：将一个双字长（32 位）的实数 IN 取自然对数，得到 32 位的实数结果并送到 OUT。

当求解以 10 为底的常用对数时，可以用（/R）DIV-R 指令将自然对数除以

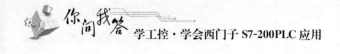

2.302 585 即可（LN10 的值约为 2.302 585）。

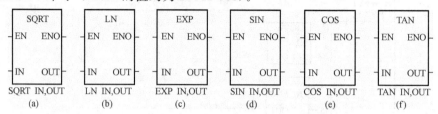

图 6-7 数学函数指令格式

（a）平方根指令；（b）自然对数指令；（c）指数指令；（d）正弦指令；（e）余弦指令；（f）正切指令

问 35 指数指令（Natural Exponential）的指令格式与功能分别是什么？

答：（1）指令格式：LAD 及 STL 格式如图 6-7（c）所示。

（2）指令功能：将一个双字长（32 位）的实数 IN 取以 e 为底的指数，得到 32 位的实数结果并送到 OUT。

可以用指数指令和自然对数指令相配合来完成以任意常数为底和以任意常数为指数的计算。

例如：18 的 6 次方＝186＝EXP(6 ∗ LN(18))，125 的 3 次方根＝125(1/3)＝EXP(1/3 ∗ LN(125))＝5。

问 36 正弦（sine）、余弦（cosine）和正切（tan）指令的指令格式与功能分别是什么？

答：（1）指令格式：LAD 及 STL 格式如图 6-7（d）～（f）所示。

（2）指令功能：将一个双字长（32 位）的实数弧度值 IN 分别取正弦、余弦、正切，各得到 32 位的实数结果送到 OUT。

如果已知输入值为角度，要先将角度值转化为弧度值，方法是使用（∗R）MUL-R 指令把角度值乘以 π/180°即可。

问 37 对数函数指令如何应用？

答：例如，求以 10 为底的 100 存于 VD10 的常用对数，结果放到 AC2 运算程序。程序如图 6-8 所示。

问 38 正弦、余弦指令如何应用？

答：例如，求 sin120°＋cos10°的值。三角函数指令应用实例如图 6-9 所示。

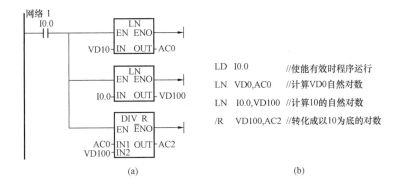

图 6-8 对数函数指令应用示例

（a）梯形图；（b）语句表

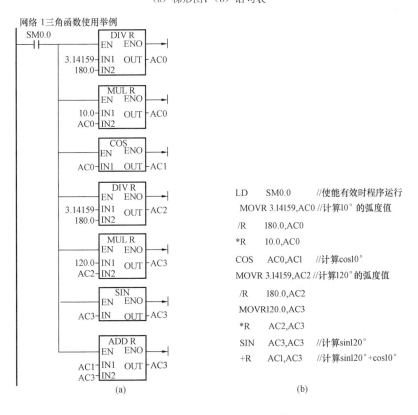

图 6-9 三角函数指令应用实例

（a）梯形图；（b）语句表

问 39 增/减指令的概念是什么？

答： 增/减指令又称加 1 和减 1 指令。增/减指令包括字节增/减、字增/减、双字增/减。使用时应注意，每种指令 IN 和 OUT 的数据类型应保持一致，如 IN 为字节，OUT 也为字节。对无符号字节或有符号整数字或双字进行自动加 1 或减 1 的操作，数据长度可以是字节、字或双字。

问 40 增指令（Increment）的指令格式与功能分别是什么？

答：（1）指令格式：LAD 及 STL 格式如图 6-10（a）所示。指令中可为 B、W、DW（LA 算术 D 中）或 D（STL 中）。

（2）指令功能：LAD 中，IN＋1＝OUT；STL 中，OUT＋1＝OUT，即 IN 和 OUT 使用同一个存储单元。

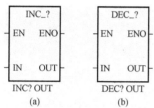

图 6-10　增指令和减指令的 LAD 及 STL 格式

（a）增指令；（b）减指令

问 41 减指令（Decrement）的指令格式与功能分别是什么？

答：（1）指令格式：LAD 及 STL 格式如图 6-10（b）所示，指令中"?"处可为 B、W、DW（LAD 中）或 D（STL 中）。

（2）指令功能：LAD 中，IN－1＝OUT；STL 中，OUT－1＝OUT，即 IN 和 OUT 使用同一个存储单元。

问 42 增/减指令如何应用？

答： 增指令应用示例的梯形图如图 6-11（a）所示。图 6-11（b）为 LAD 对应的 STL 形式。请体会使用 LAD 和 STL 编程的不同。

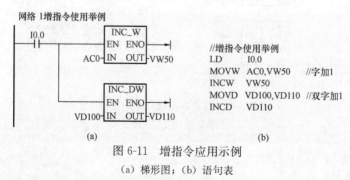

图 6-11　增指令应用示例

（a）梯形图；（b）语句表

问 43 逻辑运算指令的功能是什么？

答：逻辑运算对无符号数进行处理，分逻辑与、逻辑或、逻辑异或和逻辑取反等。每种指令都包括字节、字、双字的逻辑运算。参与运算的操作数可以是字节、字或双字。但应注意 IN 端和 OUT 端的数据类型应一致，如 IN 端为字，则OUT 端也为字。

问 44 逻辑与（Logic And）运算指令的指令格式与功能分别是什么？

答：（1）指令格式：LAD 及 STL 格式如图 6-12（a）所示。指令中"?"处可为 B、W、DW（LAD 中）或 D（STL 中）。

（2）指令功能：把两个一个字节（字或双字）长的输入逻辑数按位相与，得到一个字节（字或双字）的逻辑数并输出到 OUT。在 STL 中 OUT 和 IN2 使用同一个存储单元，可理解为和"1"与值不变，和"0"与值为"0"。

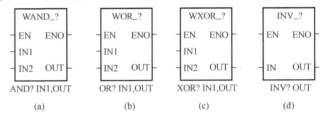

图 6-12 逻辑运算指令格式

（a）逻辑与指令；（b）逻辑或指令；（c）逻辑异或指令；（d）逻辑取反指令

问 45 逻辑或（Logic Or）运算指令的指令格式与功能分别是什么？

答：（1）指令格式：LAD 及 STL 格式如图 6-12（b）所示。指令中"?"处可为 B、W、DW（LAD 中）或 D（STL 中）。

（2）指令功能：把两个一个字节（字或双字）长的输入逻辑数按位相或，得到一个字节（字或双字）的逻辑数并输出到 OUT。在 STL 中 OUT 和 IN2 使用同一个存储单元，可理解为和"1"或值为"1"，和"0"或值不变。

问 46 逻辑异或（Logic Exclusive Or）运算指令的指令格式与功能分别是什么？

答：（1）指令格式：LAD 及 STL 格式如图 6-12（c）所示。指令中"?"处可为 B、W、DW（LAD 中）或 D（STL 中）。

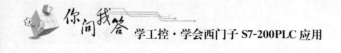

（2）指令功能：把两个一个字节（字或双字）长的输入逻辑数按位相异或，得到一个字节（字或双字）的逻辑数并输出到 OUT。在 STL 中 OUT 和 IN2 使用同一个存储单元，可理解为和"0"异或值不变，和"1"异或值取反，即相同为"0"，相异为"1"。

问 47 逻辑取反（Logic Invert）指令的指令格式与功能分别是什么？

答：（1）指令格式：LAD 及 STL 格式如图 6-12（d）所示。指令中"?"处可为 B、W、DW（LAD 中）或 D（STL 中）。

（2）指令功能：把两个一个字节（字或双字）长的输入逻辑数按位取反，得到一个字节（字或双字）的逻辑数并输出到 OUT。在 STL 中 OUT 和 IN 使用同一个存储单元。

问 48 逻辑运算指令如何应用？

答：使用示例如下。

LD	I0.0	
EU		//I0.0 上升沿时执行下面操作
MOVB	2#01010011，VB0	//2#01010011 送到 VB0 中
MOVB	2#11110001，AC1	//2#11110001 送到 AC 中
ANDB	VB0，AC1	//字节逻辑与，结果 2#01010001 送到 AC1 中
ORB	VB0，AC0	//字节逻辑或，结果 2#01110111 送到 AC0 中
XORB	VB0，AC2	//字节逻辑异或结果 2#10001001 送到 AC2 中
MOVB	2#01010011，VB1011	//将 2#01010011 送到 VB10 中
INVB	VB10	//字节逻辑取反，结果 2#10101100 送到 VB10 中

问 49 表功能指令的功能是什么？

答：表功能指令用来建立和存取数据类型为字的数据表。数据表格式见表 6-2。一个表由表地址（表的首地址）指明。表地址和第二个字地址所对应的单元分别存放两个表参数（最大填表数 T 和实际填表数 EC），之后是最多 100 个填表数据。

表 6-2   数 据 表 格 式

单元地址	单元内容	说 明
VW10	0006	TL=6 最多可填 6 个数，VW10 为表地址
VW12	0004	EC=4 实际在表中存有 4 个数据
VW14	2345	数据 0（D0）
VW16	2356	数据 1（D1）
VW18	1089	数据 2（D2）
VW20	1001	数据 3（D3）
VW22	＊＊＊＊	无效数据
VW24	＊＊＊＊	无效数据

问 50 表存数（Add to Table）指令的指令格式、功能及数据类型分别是什么？

答：（1）指令格式：LAD 及 STL 指令格式如图 6-13（a）所示。

（2）指令功能：梯形图中有两个数据输入端，即 DATA 为数值输入，指出将被存储的字型数据；TBL 为表格的首地址，用以指明被访问的表格。当使能输入有效时，将输入字型数据添加到指定的表格中。

表存数时，新存的数据添加在表中最后一个数据的后面。每向表中存一个数据，实际填表数 EC 会自动加 1。

（3）数据类型：DATA 端为 INT，TBL 端为字。

问 51 表存数指令如何应用？

答：对表 6-3 执行程序：ATT VW200，VW10

若指令执行前 VW200 中的内容为 222，则指令执行结果见表 6-3。

表 6-3   ATT 指令执行结果

操作数	单元地址	执行前内容	执行后单元内容	说 明
DATA	VW200	222	222	被填表数据地址
TBL	VW10	0006	0006	TL=6，最大填表数为 6，不变化
	VW12	0004	0005	EC 实际存表数由 4 加 1 变为 5
	VW14	2345	2345	数据 0（D0）
	VW16	2356	2356	数据 1（D1）
	VW18	1089	1089	数据 2（D2）
	VW20	1001	1001	数据 3（D3）
	VW22	＊＊＊＊	222	将 VW200 中的数据填入表中
	VW24	＊＊＊＊	＊＊＊＊	无效数据

问 52 表取数指令分为哪几种？功能是什么？

答：表取数指令分为先进先出式和后进先出式两种。从表中取出一个数据之后，表的实际填表数 EC 值减少 1。两种方式的指令在梯形图中有两个数据端，输入端 TBL 为表格的首地址，用以指明访问的表格；输出端 DATA 指明数值取出后要存放的目标单元。从空表中取出一个数值，则特殊寄存器位 SM1.5 置位。

问 53 先进先出（First-In-First-Out）指令的指令格式、功能及数据类型分别是什么？

答：（1）指令格式：LAD 及 STL 格式如图 6-13（b）所示。

（2）指令功能：从 TBL 指定的表中移出第一个字型数据，将其输出到 DA-TA 所指定的存储单元。其余数据则依次上移一个字单元位置，同时实际填表数会自动减 1。

（3）数据类型：DATA 端为 INT，TBL 端为字。

问 54 先进先出指令如何应用？

答：对表 6-3 执行程序：FIFO

指令执行结果见表 6-4。

表 6-4   FIFO 指令执行结果

操作数	单元地址	执行前内容	执行后内容	说　明
DATA	AC0	任意数	2345	从表中取走的数据输出到 AC0
TBL	VW10	0006	0006	TL＝6，最大填表数为 6，不变化
	VW12	0004	0003	EC 实际存表数由 4 减 1 变为 3
	VW14	2345	2356	数据 0（0），剩余数据依次上移一格
	VW16	2356	1089	数据 1（1）
	VW18	1089	1001	数据 2（2）
	VW20	1001	＊＊＊＊	无效数据
	VW22	＊＊＊＊	＊＊＊＊	无效数据
	VW24	＊＊＊＊	＊＊＊＊	无效数据

问 55 后进先出（Last-In-First-Put）指令的指令格式、功能及数据类型分别是什么？

答：（1）指令格式：LAD 格式如图 6-13（c）所示。

（2）指令功能：从 TBL 指定的表中取出最后一个字型数据，将其输出到 DATA 所指定的字存储单元。其余数据位置保持不变，实际填表数 EC 会自动减 1。

（3）数据类型：DATA 端为字，TBL 端为 INT。

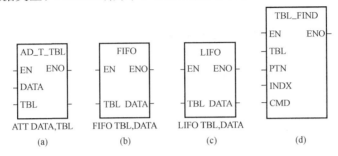

图 6-13　表功能指令格式

（a）表存数指令；（b）先进先出指令；（c）后进先出指令；（d）表查找指令

问 56　后进先出指令如何应用？

答：对表 6-3 执行程序：LIFO VE300，AC2

指令执行结果见表 6-5。

表 6-5　　　　　　　　　　　　　　　LIFO 指令执行结果

操作数	单元地址	执行前内容	执行后内容	说　　明
DATA	AC0	任意数	1001	从表中取走的数据输出到 AC0
TBL	VW10	0006	0006	TL=6，最大填表数为 6，不变化
	VW12	0004	0003	EC 实际存表数由 4 减 1 变为 3
	VW14	2345	2345	数据（D0），剩余数据不移动
	VW16	2356	2356	数据 D1
	VW18	1089	1089	数据 D2
	VW20	1001	＊＊＊＊	无效数据
	VW22	＊＊＊＊	＊＊＊＊	无效数据
	VW24	＊＊＊＊	＊＊＊＊	无效数据

问 57　表查找（Table Find）指令的指令格式、功能及数据类型分别是什么？

答：表查找指令可从数据表中找出符合条件数据的表中地址编号，编号范围为 0~99。

(1) 指令格式：LAD 格式如图 6-13（d）所示，STL 格式如下。

FND＝   TBL，PTN，INDX（查找条件：＝PTN）

FND＜＞   TBL，PTN，INDX（查找条件：＜＞PTN）

FND＜   TBL，PTN，INDX（查找条件：＜PTN）

FND＞   TBL，PTN，INDX（查找条件：＞PTN）

(2) 指令功能。梯形图中有 4 个数据输入端：TBL 为表格的首地址，用以指明被访问的表格；PTN 是用来描述查表条件时进行比较的数据；CMD 是比较运算符的编码，是一个 1~4 的数值，分别代表运算符＝、＜＞、＜或＞；INDX 用来存放表中符合查找条件的数据所在位置。

由 PTN 和 CMD 就可决定表的查找条件。例如，PTN 为 16♯2323。CMD 为 4，则查找条件为 16♯2323。

应先对 INDX 的内容清 0。当使能输入有效时，从 INDX 开始查找表 TBL，查找符合条件的数据，若没有发现符合条件的数据，则 INDX 的值等于 EC。若找到一个符合条件的数据，则将该数据的表中地址装入 INDX。

若想继续向下查找，必须先对 INDX 加 1，然后重新激活表查找指令。从表中符合条件数据的下一数开始查找。

(3) 数据类型：TBL 端、INDX 端为字，PTN 端为 INT，CMD 端为字节型常数。

问 58 表查找指令如何应用？

答：对表 6-3 执行程序：FND＝VW10，VW200，AC0

指令的执行结果见表 6-6。

表 6-6   表查找指令执行结果

操作数	单元地址	执行前内容	执行后内容	说　　明
PTN	VW200	1089	1089	用来比较的数据
INDX	AC0	0	2	符合查表条件的单元地址
CMD	无	4	4	4 表示为＞
TBL	VW10	0006	0006	TL＝6，最大填表数，不变化
	VW12	0004	0004	EC 实际存表数，不变化
	VW14	2345	2345	数据 D0
	VW16	2356	2356	数据 D1
	VW18	1089	1289	数据 D2
	VW20	1001	1001	数据 D3
	VW22	＊＊＊＊	＊＊＊＊	无效数据
	VW24	＊＊＊＊	＊＊＊＊	无效数据

问 59　数据类型转换指令的功能是什么？分为几种数据类型？

答：PLC 的操作对不同数据类型的要求是不同的，这样在使用某些指令时要进行相应类型的转换，以此来满足指令的要求，这就需要转换指令。转换指令是指对操作数的类型进行转换，并送到 OUT 的目标地址，包括数据的类型转换、码的类型转换以及数据和码之间的类型转换。

PLC 的主要数据类型包括字节、整数、双整数和实数，主要的码制有 BCD 码、ASCII 码、十进制和十六进制等。

问 60　字节转换为整数（Byte to Integer）的指令格式、功能及数据类型分别是什么？

答：(1) 指令格式：LAD 及 STL 格式如图 6-14（a）所示。

(2) 指令功能：当 EN 有效时，将字节型输入数据 IN 转换成整数类型，并将结果送到 OUT 输出。

(3) 数据类型：IN 端为字节，OUT 端为 INT。

问 61　整数转换为字节（Integer to Byte）的指令格式、功能及数据类型分别是什么？

答：(1) 指令格式：LAD 及 STL 格式如图 6-14（b）所示。

(2) 指令功能：当 EN 有效时，将整数输入数据 IN 转换成字节类型，并将结果送到 OUT 输出。输入数据超出字节范围（0~255）时产生溢出。

(3) 数据类型：IN 端为 INT，OUT 端为字节。

问 62　双整数转换为整数（Double Integer to Integer）的指令格式、功能及数据类型分别是什么？

答：(1) 指令格式：LAD 及 STL 格式如图 6-14（c）所示。

(2) 指令功能：将双整数输入数据 IN 转换成整数类型，并将结果送到 OUT 输出。输出数据超出整数范围则产生溢出。

(3) 数据类型：IN 端为 DINT，OUT 端为 INT。

问 63　整数转换为双整数（Integer to Double Integer）的指令格式、功能及数据类型分别是什么？

答：(1) 指令格式：LAD 及 STL 格式如图 6-14（d）所示。

（2）指令功能：将整数输入数据 IN 转换成双整数类型（符号进行扩展），并将结果送到 OUT 输出。

（3）数据类型：IN 端为 INT，OUT 端为 DINT。

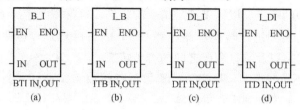

图 6-14　数据类型转换指令格式
（a）字节转换为整数指令；（b）整数转换为字节指令；
（c）双整数转换为整数指令；（d）整数转换为双整数指令

问 64　实数转换为双整数（Real to Double Integer）的指令格式、功能及数据类型分别是什么？

答：实数转换为双整数的指令有两条：ROUND 和 TRUNC。

（1）指令格式：LAD 及 STL 格式如图 6-15（a）和（b）所示。

（2）指令功能：将实型输入数据 IN 转换成双整数类型，并将结果送到 OUT 输出。两条指令的区别：前者小数部分四舍五入，如 9.9cm 执行 ROUND 后为 10cm；后者小数部分直舍不入，如 9.9cm 执行 TRUNC 后为 9cm。二者的精度不同。

（3）数据类型：IN 端为 REAL，OUT 端为 DINT。

问 65　双整数转换为实数（Double Integer to Real）的指令格式、功能及数据类型分别是什么？

答：（1）指令格式：LAD 及 STL 格式如图 6-15（c）所示。

（2）指令功能：将双整数输入数据 IN 转换成实数，并将结果送到 OUT 输出。

（3）数据类型：IN 端为 DINT，OUT 端为 REAL。

问 66　整数转换为实数（Integer to Real）的指令格式是什么？

答：没有直接的整数到实数转换指令。转换时，先使用 I-DI（整数到双整数）指令，然后再使用 DTR（双整数到实数）指令即可。

问 67 **BCD 码转换为整数（BCD to Integer）的指令格式、功能及数据类型分别是什么？**

答：（1）指令格式：LAD 及 STL 格式如图 6-15（d）所示。

（2）指令功能：将 BCD 码输入数据 IN 转换成整数类型，并将结果送到 OUT 输出。输入数据 IN 的范围为 0～9999。

（3）数据类型：IN 端和 OUT 端均为字。

问 68 **整数转换为 BCD 码（Integer to BCD）的指令格式、功能及数据类型分别是什么？**

答：（1）指令格式：LAD 及 STL 格式如图 6-15（e）所示。

（2）指令功能：将整数输入数据 IN 转换成 BCD 码类型，并将结果送到 OUT 输出。输入数据 IN 的范围为 0～9999。这两条指令在 STL 中，IN 和 OUT 使用相同的存储单元。

（3）数据类型：IN 端和 OUT 端均为字。

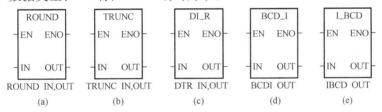

图 6-15 数据类型转换类指令格式

（a）实数转换为双整数指令 1；（b）实数转换为双整数指令 2；

（c）双整数转换为实数指令；（d）BCD 码转换为整数指令；（e）整数转换为 BCD 码指令

问 69 **转换指令如何应用？**

答：例如，网络 1：将英寸长度转化成厘米长度。VW100 存放英寸长度 101，VD4 存放转换系统 2.54。网络 2：BCD 码与整数转换示例。程序如图 6-16 所示。

问 70 **编码指令（Encode）的指令格式、功能及数据类型分别是什么？**

答：（1）指令格式：LAD 及 STL 格式如图 6-17（a）所示。

（2）指令功能：将字型输入数据 IN 的最低有效位（值为 1 的位）的位号输

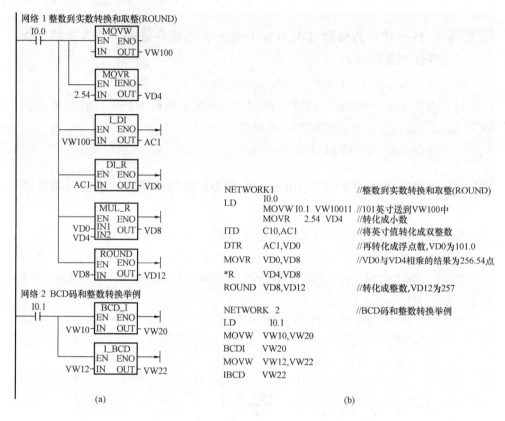

图 6-16　数据类型转化指令应用示例

(a) 梯形图；(b) 语句表

出到 OUT 所指定的字节单元的低 4 位，即用半个字节来对一个字型数据 16 位中的"1"位有效位进行编码。

（3）数据类型：IN 端为字，OUT 端为字节。

问 71　编码指令如何应用？

答：执行程序：

MOVW 16♯2A40，VW10　　//将 16♯2A40 送到 VW10 中

ENCO VW0，VB10　　　　//将 VW 中内容 D6 位执行编码指令，则 VB0 的内容为 06

问 72　译码指令（Decode）的指令格式、功能及数据类型分别是什么？

答：（1）指令格式：LAD 及 STL 格式如图 6-17（b）所示。

（2）指令功能：将字节型输入数据 IN 的低 4 位所表示的位号对 OUT 所指定的字单元的对应位置 1，其他位置 0。即对半个字的编码进行译码，以选择一个字型数据 16 位中的"1"位。

（3）数据类型：IN 端为字节，OUT 端为字。

问 73 译码指令如何应用？

答：执行程序：

MOVB 2♯00000111，VB0	//将 2♯00000111 送 VB0
DECO VB0，VW10	//将 VB0 中内容 D7 位执行译码指令，则
	VW10 中为 2♯0000000010000000

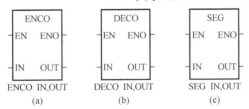

图 6-17 编码、译码及七段码指令格式

（a）编码指令；（b）译码指令；（c）段码指令

问 74 段码指令（Segment）的指令格式、功能及数据类型分别是什么？

答：（1）指令格式：LAD 及 STL 格式如图 6-17（c）所示。

（2）指令功能：（Segment）将字节型输入数据 IN 的低 4 位有效数字产生相应的七段码，并将其输出到 OUT 所指定的字节单元。七段码编码见表 6-7。段为"1"时发光，段为"0"时灭。

表 6-7　　　　　　　　　　　七段码编码表

段显示	—gfedcba	段显示	—gfedcba	图　　示
0	00111111	8	01111111	
1	00000110	9	01100111	
2	01011011	a	01110111	
3	01001111	b	01111100	
4	01100110	c	00111001	
5	01101101	d	01011110	
6	01111101	e	01111001	
7	00000111	f	01110001	

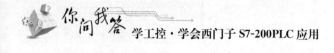

（3）数据类型：IN 端和 OUT 端均为字节。

问 75　段码指令如何应用？

答：执行程序：

SEG　　VB0，QB0　　　//段码指令 QB0 = 01111101

MOVB　06，VB0　　　//将 07 送到 VB0 中

若设 VB10 = 04，则执行上述指令后，在 Q0.0～Q0.7 上可以输出 01101101。

问 76　ASCII 码转换指令与各数据类型的转换结果是什么？

答：将标准字符 ASCII 编码与十六进制数、整数、双整数及实数之间进行转换。例如，要转换 ASCII 码 30～39 和 41～46，对应的十六进制数为 0～9 和 A～F。

问 77　ASCII 码转换为十六进制（ASCII to HEX）的指令格式、功能及数据类型分别是什么？

答：（1）指令格式：LAD 及 STL 格式如图 6-18（a）所示。

（2）指令功能：从 IN 开始的长度为 LEN 的 ASCII 码转换为十六进制数，并将结果送到 OUT 开始的字节进行输出。LEN 的长度最大为 255。

（3）数据类型：IN 端、LEN 端和 OUT 端均为字节类型。

问 78　ASCII 码转换为十六进制指令如何应用？

答：执行程序：ATH VB30，VB40，3

经过 ATH 后，结果如下。

ASCII 码表示：　　　　　　　　　　　　　　　　　'2' 'E' 'A'

十六进制数表示：

32	45	41	ATH	2E	AX
VB30	VB31	VB32		VB40	VB41

注意：X 表示 VB41 的低 4 位（半个字节）未发生变化。

问 79　十六进制转换为 ASCII 码（HEX to ASCII）的指令格式、功能及数据类型分别是什么？

答：（1）指令格式：LAD 及 STL 格式如图 6-18（b）所示。

（2）指令功能：从 IN 开始的长度为 LEN 的十六进制数转换为 ASCII 码，并将结果送到 OUT 开始的字节进行输出。LEN 的长度最大为 255。

（3）数据类型：IN 端、LEN 端和 OUT 端均为字节类型。

问 80 **十六进制转换为 ASCII 码指令如何应用？**

答：执行程序：HTA VB10，VB20，4

经过 HTA 后，结果如下。

ASCII 码表示：   '2' '4' 'A' 'E'

十六进制数表示：

| 24 | AE | HTA | 32 | 34 | 41 | 45 |

VB10 VB11   VB20 VB21 VB22 VB23

问 81 **整数转换为 ASCII 码（Integer to ASCII）的指令格式、功能及数据类型分别是什么？**

答：（1）指令格式：LAD 及 STL 格式如图 6-18（c）所示。

（2）指令功能：把一个整数 IN 转换成一个 ASCII 码字符串。格式 FMT 指定小数点右侧的转换精度和小数点使用逗号还是点号。转换结果放在 OUT 指定的 8 个连续的字节中。

（3）数据类型：IN 端为 INT FMT 端和 OUT 端均为字节类型。

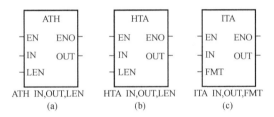

图 6-18 ASCII 码转换指令 1

（a）ASCII 码转换为十六进制指令；（b）十六进制转换为

ASCII 码指令；（c）整数转换为 ASCII 码指令

FMT 操作数格式如图 6-19 所示。nnn 指定输出缓冲区中小数点右侧的位数，其有效范围是 0～5，如果 nnn＝0，则没有小数；如果 nnn＞5，则用 ASCII 码的空格填充整个缓冲区。C 指定用逗号（c＝1）还是点号（c＝0）作为整数和小数部分的分隔符。FMT 的高 4 位必须为 0。表 6-8 给出了一个数值的例子，其格式位 c＝0，nnn＝011。

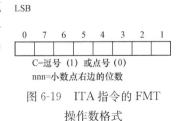

图 6-19 ITA 指令的 FMT

操作数格式

表 6-8　　　　　　　　　　ITA 指令的 FMT 操作数示例

	Out	Out+1	Out+2	Out+3	Out+4	Out+5	Out+6	Out+7
In=12				0	.	0	1	2
In=−123			—	0	.	1	2	3
In=1234				1	.	2	3	4
In=−12345		—	1	2	.	3	4	5

输出缓冲区的格式应符合下面的规则。

1）正数写入 OUT 时没有符号。

2）负数写入 OUT 时带负号。

3）小数点左侧的 0（除去靠近小数点的那个 0）被隐藏。

4）OUT 中的数字右对齐。

问 82　整数转换为 ASCII 码指令如何应用？

答：执行程序：ITA VW10，VB20，16♯0B

16♯0B 表示用逗号作为小数点，保留 3 位小数。在本例给定的输入条件下，则经过 ITA 后，结果如下。

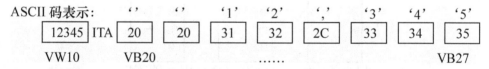

ASCII 码表示：　　　　' '　　' '　　'1'　'2'　','　'3'　'4'　'5'

| 12345 | ITA | 20 | 20 | 31 | 32 | 2C | 33 | 34 | 35 |

VW10　　　　VB20　　　　　　……　　　　　　　　VB27

问 83　双整数转换为 ASCII 码（Double Integer to ASCII）的指令格式、功能及数据类型分别是什么？

答：（1）指令格式：LAD 及 STL 格式如图 6-20（a）所示。

（2）指令功能：把一个双整数 IN 转换成一个 ASCII 码字符串。格式 FMT 指定小数点右侧的转换精度和小数点使用逗号还是点号。转换结果放在 OUT 指定的连续 12 个字节中。

（3）数据类型：IN 为双整数、FMT 和 OUT 均为字节类型。

DTA 指令的 OUT 比 ITA 指令多 4 个字节，其余都和 ITA 指令一样。

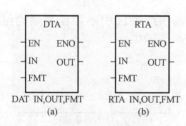

图 6-20　ASCII 码转换指令 2

（a）双整数转换为 ASCII 码指令；

（b）实数转换为 ASCII 码指令

问 84 实数转换为 ASCII 码（Real to ASCII）的指令格式、功能以及数据类型分别是什么？

答：（1）指令格式：LAD 及 STL 格式如图 6-20（6）所示。

（2）指令功能：把一个实数 IN 转换成一个 ASCII 码字符串。格式 FMT 指定小数点右侧的转换精度和小数点使用逗号还是点号。转换结果放在 OUT 开始的 3~15 个字节中。

（3）数据类型：IN 端为实数，FMT 端和 OUT 端均为字节类型。

FMT 的格式操作数如图 6-21 所示。ssss 指定 OUT 的大小，范围是 3~15。nnn 指定输出缓冲区中小数点右侧的位数，其有效范围是 0~5。如果 nnn=0，则没有小数；如果 nnn>5 或缓冲区过小，无法容纳转换数值，则用 ASCII 码的空格填充整个缓冲区。C 指定用逗号（c=1）还是点号（c=0）作为整数和小数部分的分隔符。表 6-9 给出了一个例子，其 ssss=1000，nnn=001，c=1。

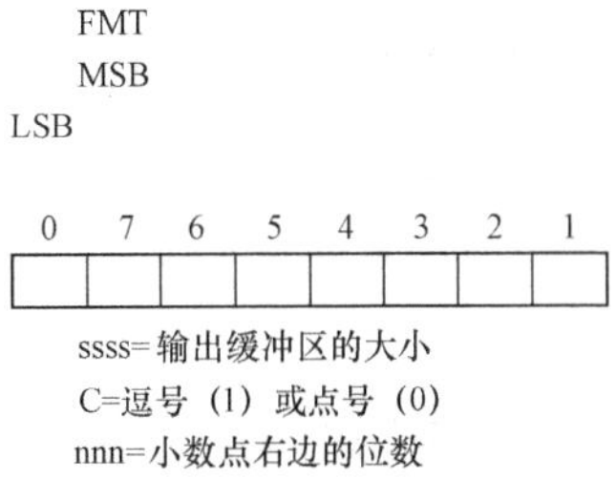

FMT
MSB
LSB

```
 0  7  6  5  4  3  2  1
[  |  |  |  |  |  |  |  ]
```
ssss= 输出缓冲区的大小
C=逗号（1）或点号（0）
nnn=小数点右边的位数

图 6-21 RTA 指令的
FMT 操作数格式

表 6-9　　　　　　　　　RTA 指令的 FMT 操作数示例

	Out	Out+1	Out+2	Out+3	Out+4	Out+5	Out+6	Out+7
In=1234.5			1	2	3	4	,	5
In=−1.23					—	1	,	2
In=5.67						5	,	7
In=−1234.5	—	1	2	3	4	5	,	1

除了 ITA 指令的 4 条规则外，RTA 指令输出缓冲区的格式还要符合下面的规则。

1）小数部分的位数如果大于 nnn 指定的位数，则进行四舍五入，去掉多余的小数位。

2）缓冲式的字节数应大于 3，且要大于小数部分的位数。

问 85 实数转换为 ASCII 码如何应用？

答：执行程序：RTA VW10，VB20，16♯A3

16♯A3 表示 OUT 的大小为 10 个字节，用点号作为小数点，保留 3 位小数。在本例给定的输入条件下，经过 RTA 后，结果如下。

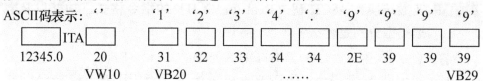

ASCII码表示：' ' '1' '2' '3' '4' '.' '9' '9' '9' '9'

注意：转换后的结果应为 12345.000，但因为有转换精度的影响，有时会有误差，所以实际结果是 12344.999。大家可以进行实验验证。

问 86 字符串指令包括哪几种？

答：字符串指令包括字符串长度指令、字符串复制指令、字符串连接指令、从字符串中复制字符串指令、字符串搜索指令、字符搜索指令。

问 87 字符串长度（String Length）指令的指令格式、功能分别是什么？

答：（1）指令格式：LAD 及 STL 格式如图 6-22（a）所示。
（2）指令功能：把 IN 中指定的字符串的长度值送到 OUT 中。

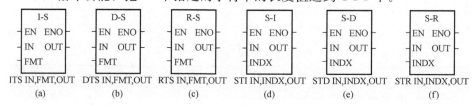

图 6-22　字符串指令格式

（a）字符串长度指令；（b）字符串复制指令；（c）字符串连接指令；
（d）从字符串中复制字符串指令；（e）字符串搜索指令；（f）字符搜索指令

问 88 字符串复制（Copy String）指令的指令格式、功能分别是什么？

答：（1）指令格式：LAD 及 STL 格式如图 6-22（b）所示。
（2）指令功能：把 IN 中指定的字符串复制到 OUT 中。

问 89 字符串连接（Concatenate String）指令的指令格式、功能分别是什么？

答：（1）指令格式：LAD 及 STL 格式如图 6-22（c）所示。
（2）指令功能：把 IN 中指定的字符串连接到 OUT 中指定的字符串的后面。

问90 从字符串中复制字符串（Copy Substring from String）指令的指令格式、功能分别是什么？

答：（1）指令格式：LAD 及 STL 格式如图 6-22（d）所示。

（2）指令功能：从 INDX 指定的字符号开始，把 IN 中存储串中的 N 个字符复制到 OUT 中。

问91 从字符串中复制字符串指令如何应用？

答：执行程序：

LD	I0.0
EU	
SCAT	VB20，VB0
SCPY	VB0，VB100
SLEN	VB100，AC0
SSCPY	VB0，7，5，VB30

本例给定的输入条件 CV0 和 CV20 为

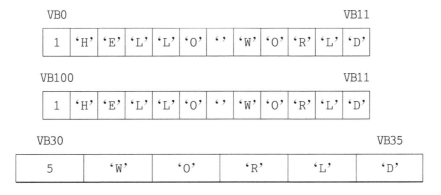

当 I0.0 有效时，程序执行结果如下。

问92 字符串搜索指令（Find String within String）的指令格式、功能分别是什么？

答：（1）指令格式：LAD 及 STL 格式如图 6-22（e）所示。

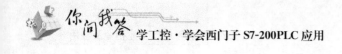

（2）指令功能：在 IN1 字符串中寻找 IN2 字符串。由 OUT 指定搜索的起始位置。如果找到了相匹配的字符串，则 OUT 中会存入这段字符中首个字符的位置；如果没有找到，OUT 被清零。

问 93 字符搜索指令（**Find First Character within String**）的指令格式、功能分别是什么？

答：（1）指令格式：LAD 及 STL 格式如图 6-22（f）所示。

（2）指令功能：在 IN1 字符串中寻找 IN2 字符串中的任意字符。由 OUT 指定搜索的起始位置。如果找到了相匹配的字符，则 OUT 中会存入相匹配的首个字符的位置；如果没有找到，OUT 被清零。

问 94 字符搜索指令如何应用？

答：执行程序：

```
LD          I0.0
EU
MOVB        1, AC0
MOVB        1, AC1
SFND        VB0, VB10, AC0
CFND        VB0, VB30, AC1
STR         VB0, AC1, VD100
```

本例给定的输入条件 VB0、VB10 和 VB30 为

VB0   VB14

14	'T'	'e'	'm'	'p'	' '	' '	'9'	'8'	'.'	'6'	'F'	' '	'o'	'k'

VB10   VB12   VB30   VB42

	'O'	'K'	2	'1'	'2'	'3'	'4'	'5'	'6'	'7'	'8'	'9'	'0'	'+'	'−'	

当 I0.0 有效时，程序执行结果如下。

AC0＝13；

AC1＝7；

VD100＝98.6。

问 95 字符串的概念是什么?

答: 字符串是指全部合法的 ASCII 码字符串。

问 96 数值转换为字符串的操作方法有哪几种?

答: (1) 整数转换为字符串 (Convert Integer to String) 指令。LAD 及 STL 格式如图 6-23 (a) 所示。与 ITA 指令基本上相同,区别是转换结果放在从 OUT 开始的 9 个连续字节中,(OUT+0) 字节中的值为字符串的长度。

(2) 双整数转换为字符串 (Convert Real to String) 指令。LAD 及 STL 格式如图 6-23 (b) 所示。与 DTA 指令基本上相同,区别是转换结果放在从 OUT 开始的 13 个连续字节中,(OUT+0) 字节中的值为字符串的长度。

(3) 实数转换为字符串 (Convert Real to String) 指令。LAD 及 STL 格式如图 6-23 (c) 所示。与 RTA 指令基本上相同,区别是输出数据类型为字符串型字节,转换结果存放单元的第一个字节 (OUT+0) 中的值为字符串的长度,所以它的转换结果单元是从 OUT 开始的 ssss+1 个连续字节。

问 97 字符串转换为数值的操作方法有哪几种?

答: 字符串转换为数值包括 3 条指令:字符串转换为整数 (Convert Substring to Integer) 指令、字符串转换为双整数 (Convert Substring to Double Integer) 指令和字符串转换为实数 (Convert Substring to Real) 指令。

(1) 指令格式:LAD 及 STL 格式如图 6-23 (d) ~ (f) 所示。

(2) 指令功能:该类指令将一个字符串 IN 从偏移量 INDX 开始,分别转换为整数、双整数和实数值,结果存放在 OUT 中。

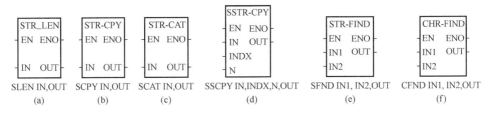

图 6-23 字符串转换指令格式

(a) 整数转换为字符串指令;(b) 双整数转换为字符串指令;(c) 实数转换为字符串指令;
(d) 字符串转换为整数指令;(e) 字符串转换为双整数指令;(f) 字符串转换为实数指令

(3) **数据类型:** 该类指令的 IN 均为字符串型字节,INDX 均为字节,STL

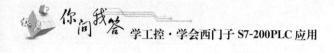

的 OUT 为 INT 型，STD 的 OUT 为 DINT 型，STR 的 OUT 为 REAL 型。

说明：

1) STL 和 STD 将字符串转换为以下格式：［空格］［＋或－］［数字 0～9］。STR 将字符串转换为以下格式：［空格］［＋或－］［数字 0～9］［＋或－］［数字 0～9］。

2) INDX 的值通常设置为 1，表示从第一个字符开始转换。INDX 也可以设置为其他值，从字符串的不同位置进行转换，可以被用于字符串中包含非数值字符的情况。例如，输入字符串为 "Temperature：77.8"，如果 INDX 设置为 13，可以跳过字符串开头的 "Temperature："。

3) STR 指令不能用于转换以科学计数法或以指数形式表示的实数的字符串。指令不会产生溢出错误（SM1.1），但是它会将字符串转换到指数之前，然后停止转换。例如，字符串 "1.234E6" 转换为实数值为 1.234，但不会有错误提示。

4) 非法字符是指任意非数字（0～9）字符。当到达字符串的结尾或第一个非法字符时，转换指令结束。

5) 当转换产生的数值过大或过小以致输出值无法表示时，溢出标志（SM1.1）会置位。例如，使用 STL 时，若输出字符串产生的数值大于 32 767 或者小于－23 768 时，SM1.1 就会置位。

6) 当输入字符串中不包含可以转换的合法数值时，SM1.1 也会置位。例如，字符串为空串或者诸如 "A123" 等。

问 98 字符串转换成数值如何应用？

答：执行程序：

```
LD          I0.0
STI         VB0, 8, VW100
STD         VB0, 8, VD120
STR         VB0, 8, VD130
```

本例给定的输入条件 VB0 为

VB0													VB13
13	'W'	'e'	'i'	'g'	'h'	't'	' '	'5'	'8'	'.'	'8'	'k'	'g'

当 I0.0 有效时，程序执行结果如下：

VW100（整数）＝58；

VD120（双整数）＝58；

VD130（实数）＝58.8。

问 99 时钟指令的作用是什么？可以分为几种？

答：时钟指令可调用系统实时时钟或者根据生产需要设定时钟，对于实现控制系统的运行监视、运行记录以及所有和实时时间有关的控制等十分方便。时钟指令有两种：读实时时钟指令和设定实时时钟指令。

问 100 读实时时钟（Read Real-Time Clock）指令的指令格式、功能分别是什么？

答：（1）指令格式：LAD 及 STL 格式如图 6-24（a）所示。

（2）指令功能：读取当前时间和日期，并把它装入一个 8 字节的缓冲区。操作数 T 用来指定 8 个字节缓冲区的起始地址。

问 101 设定实时时钟（Set Real-Time Clock）指令的指令格式、功能分别是什么？

答：（1）指令格式：LAD 及 STL 格式如图 6-24（b）所示。

（2）指令功能：当前时间和日期的一个 8 字节的缓冲区装入 PLC 的时钟中。操作数 T 用来指定 8 字节缓冲区的起始地址。

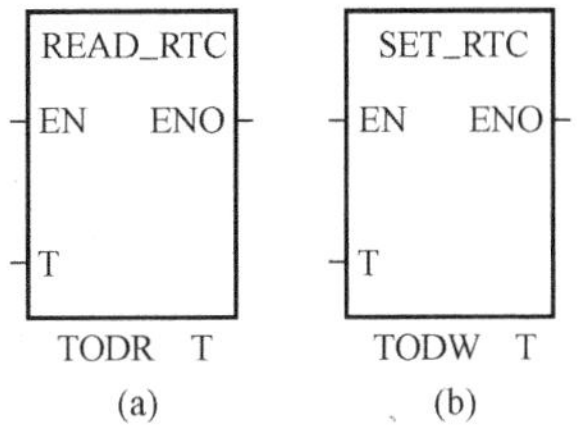

图 6-24 时钟指令格式

（a）读实时时钟指令；

（b）设定实时时钟指令

时钟缓冲区的格式见表 6-10。

表 6-10   时钟缓冲区

字节	T	T+1	T+2	T+3	T+4	T+5	T+6	T+7
含义	年	月	日	小时	分钟	秒	0	星期
范围	00～99	01～12	01～31	00～23	00～59	00～59		00～07

注意：

1）所有日期和时间的值均要用 BCD 码表示。例如，对于年，16♯07 表示（20）07 年；对于小时，16♯22 表示晚上 10 点。星期的表示范围是 1～7，1 表示星期日，依次类推，7 表示星期六，0 表示禁用星期。

2）系统不检查、不核实时钟各值的正确与否，所以必须确保输入的设定数据是正确的。例如，2 月 31 日虽为无效日期，但可以被系统接受。

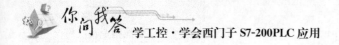

3）不能同时在主程序和中断程序中使用读写时钟指令，否则将产生非致命错误，中断程序中的实时时钟指令将不被执行。

问 102 时钟指令按如下要求应如何应用？

要求：实现读写实时时钟，并以 BCD 码显示日。时钟缓冲区从 CV200 开始。该例程序如图 6-25 所示。

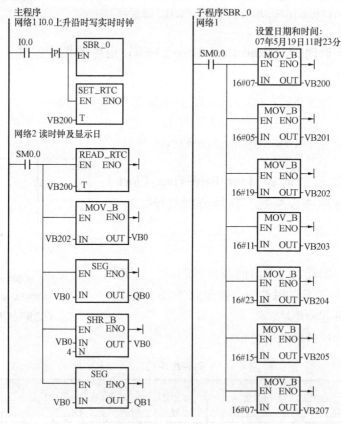

图 6-25　读写时钟程序

答：整个程序由主程序和子程序组成。主程序完成实时时钟的读取，且进行日的显示。子程序完成时钟和日期的设置，可在需要的时候调用子程序，具体的时间可根据实际情况设置。日期和时间的设定数值也可以集中放到参数块中，从而简化程序设计。

程序中使用 MOVB、VB202，VB0 一次性将 VB0 中的日送到 VB0 中，再经段码指令。为了防止 VB0 中的内容发生变化而使显示不准，在实际中要考虑这个问题。

问 103 中断的概念是什么？

答：先举一例子，当人们看书的时候，电话响了，这时就暂停看书而去接电话，接完电话，又从刚才被打断的地方继续往下看，在这个过程中，被打断的一次称为中断。中断技术属于 PLC 的高级应用技术，中断在实时控制、通信和网络、高速处理中非常重要。中断是由设备或其他非预期的急需处理的事件引起的，它使系统暂时中断正在执行的程序，而转到中断服务程序去处理这些事件，处理完毕后再返回原程序执行。中断事件的发生具有随机性。PLC 引起中断的原因（即中断的来源）称为中断源，如敲门声、闹铃声、电话声。

问 104 中断源的概念是什么？分为哪几种？

答：中断源即中断事件向 CPU 发出中断请求的来源。S7-200 系列 PLC 最多可有 34 个中断源，每个中断源都分配一个编号加以识别，称为中断事件号。中断源可分为三大类：通信中断、I/O 中断和时基中断。

问 105 通信中断的功能是什么？

答：在 PLC 自由通信口模式中，用户可以通过编程来设置波特率、奇偶校验和通信协议等参数。

问 106 I/O 中断的功能是什么？

答：I/O 中断包括外输入中断、高速计数器中断和脉冲串输出中断。外输入中断是利用 I0.0～I0.3 的上升沿或下降沿产生中断，该输入点可连接某些一旦出现故障就必须引起注意的外部事件；高速计数器中断可以响应当前值等于预设值、改变计数方向、计数器外部复位等事件引起的中断；脉冲串输出中断用来响应一定数量的脉冲输出完成所引起的中断。

问 107 时基中断的功能是什么？

答：时基中断包括定时中断和定时器中断。定时中断可用来响应一个周期性的活动，周期时间以 1ms 为计量单位，周期时间为 1～255ms。定时中断 0，将周期时间值写入 SMB34；对于定时中断 1，将周期时间值写入 SMB35。当达到定时时间，相关定时器溢出，执行中断处理程序。定时中断用来以固定的时间间隔作为采样周期来模拟量输入进行采样，也可以用来执行一个 PID 控制回路。

当某个中断程序连接到一个定时中断事件上，如果该定时中断被允许，就开始计时。当中断重新连接时，定时中断能清除前一次连接时的任何累计值，并用新值重新开始计时。理解这一点非常重要。

定时器中断就是利用定时器来对一个指定的时间段产生中断。此中断只能使用 ms 级分辨率定时器 T32 和 T96 来实现。定时器的当前值等于预设值时，在主机正常的定时刷新中执行中断程序。

问 108 中断优先级的顺序是什么？

答：在中断系统中，如果多种中断源同时到来怎么办？同时处理是不可能的，只能一一处理。通常人们会按轻重缓急来处理，这个按轻重缓急的过程是中断优先级。这样在多个中断源同时请求处理的情况下，就可按优先级，先对优先级最高的中断源做出响应。中断优先级由高到低依次是通信中断、I/O 中断、时基中断。每种中断中的不同中断事件又有不同的优先权。所有中断事件及优先级见表 6-11。

表 6-11 中断事件及优先级

组优先级	组内类型	中断事件号	中断事件描述	组内优先级
通信中断 （最高级）	通信口 0	8	通信口 0，接收字符	0
		9	通信口 0，发送完成	0
		23	通信口 0，接收信息完成	0
	通信口 1	24	通信口 1，接收信息完成	1
		25	通信口 1，接收字符	1
		26	通信口 1，发送完成	1
I/O 中断 （次高级）	脉冲输出	19	PTO0 脉冲串输出完成中断	0
		20	PTO1 脉冲串输出完成中断	1
	外部输入	0	I0.0 上升沿中断	2
		2	I0.1 上升沿中断	3
		4	I0.2 上升沿中断	4
		6	I0.3 上升沿中断	5
		1	I0.0 下降沿中断	6
		3	I0.1 下降沿中断	7
		5	I0.2 下降沿中断	8
		7	I0.3 下降沿中断	9

组优先级	组内类型	中断事件号	中断事件描述	组内优先级
I/O 中断 （次高级）	高速计数器	12	HSC0 前当值等于预设值中断	10
		27	HSC0 输入方向中断	11
		28	HSC0 外部复位中断	12
		13	HSC1 当前值等于预设值中断	13
		14	HSC1 输入方向改变中断	14
		15	HSC1 外部复位中断	15
		16	HSC2 当前值等于预设值中断	16
		17	HSC2 输入方向改变中断	17
		18	HSC2 外部复位中断	18
		32	HSC3 当前值等于预设值中断	19
		29	HSC4 当前值等于预设值中断	20
		30	HSC4 输入方向改变中断	21
		31	HSC4 外部复位中断	22
		33	HSC5 当前值等于预设值中断	23
时基中断 （最低级）	定时	10	定时中断 0	0
		11	定时中断 1	1
	定时器	21	T32 当前值等于预设值中断	2
		22	T96 当前值等于预设值中断	3

CPU 按先来先服务的原则响应中断请求，中断程序一旦执行，就一直执行到结束为止，都不能被其他甚至高优先级的中断程序所打断。在任 CPU 只执行一个中断程序。PLC 的中断不允许嵌套，这是和单片机（计算机）的区别。当中断程序被执行时，新出现的中断请求按优先级排队等候处理。若超过队列容量，则会产生溢出，某些特殊标志存储器位被置位。中断队列、溢出位及队列容量见表 6-12。

表 6-12　　　　　　　　各主机的中断队列最大中断数

中断队列种类	中断队列溢出标志位	CPU221	CPU222	CPU224	CPU 226/CPU 226XM
通信中断队列	SM4.0	4 个	4 个	4 个	8 个
I/O 中断队列	SM4.1	16 个	16 个	16 个	16 个
时基中断队列	SM4.2	8 个	8 个	8 个	8 个

问 109　中断指令的功能是什么？

答：中断调用即调用中断程序，使 CPU 对特殊的中断事件做出响应。CPU 响应中断时自动保护现场，即自动保存逻辑堆栈、累加器和某些特殊标志存储器位，中断处理结束又要恢复现场，即自动恢复被保护单元的原来状态。

问 110　中断连接（Attach Interrupt）指令的指令格式、功能及数据类型分别是什么？

答：（1）指令格式：LAD 及 STL 格式如图 6-26（a）所示。

（2）指令功能：当 EN 有效时，把一个中断事件和一个中断程序连接起来，并允许中断该事件。

（3）数据类型：中断程序号 INT 和中断事件号 EVNT 均为字节型常数。

不同 PLC 的 EVNT 取值范围不同，见表 6-13。

表 6-13　　　　　　　　　　　　　　EVNT 取值范围

CPU 型号	CPU 221	CPU 222	CPU 224	CPU 226/CPU 226XM
EVNT 取值范围	0～12，19～23，27～33	0～12，19～23，27～33	0～23，27～33	0～33

CPU 222 的 PLC、EVNT 取值不能为 13～18，因是 HSC1、HSC2 的中断；也不能为 24～26，因是通信口 1 的中断，该 CPU 无此功能。

问 111　中断分离（Detach Interrupt）指令的指令格式、功能及数据类型分别是什么？

答：（1）指令格式：LAD 及 STL 格式如图 6-26（b）所示。

（2）指令功能：禁止一个中断事件和所有程序的联系，使该事件的中断回到不激活或无效状态，因而禁止了该中断事件。

（3）数据类型：中断事件号 EVNT 为字节型常数。

问 112　开中断（Enable Interrupt）指令及关中断（Disable Interrupt）指令的指令格式是什么？

指令格式：LAD 及 STL 格式如图 6-26（c）所示。

ENI：开中断指令（中断允许指令）。全局开放（或允许）所有中断事件。梯形图中以线圈形式编程，无操作数。

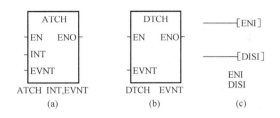

图 6-26 中断指令格式

（a）中断连接指令；（b）中断分离指令；（c）开中断指令及关中断指令

DISI：关中断指令（中断禁止指令）。全局关闭（或禁止）所有中断事件。梯形图中以线圈形式编程，无操作数。

注意：

（1）多个事件可以调用同一个中断程序，但同一个中断事件不能同时指定多个中断服务程序。否则，在中断允许时，若某个中断事件发生，系统默认只执行为该事件指定的最后一个中断程序。

（2）当系统由其他模式切换到 RUN 模式时，就自动关闭了所有的中断。

（3）可以 RUN 模式时，用使能输入执行 ENI 指令来开放所有的中断，以实现对中断事件的处理。DISI 使所有中断程序不能被激活，但允许发生的中断事件等候，直到使用 ENI 指令重新允许中断。

问 113 中断指令按以下要求如何应用？

要求： 编写一段程序完成一个数据采集任务，要求每 100ms 采集一个数。

答： 本程序如图 6-27 所示。

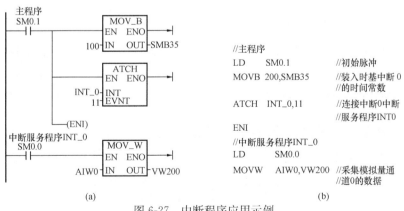

图 6-27 中断程序应用示例

（a）梯形图；（b）语句表

问 114 中断程序的概念是什么？

答：中断程序也称中断服务程序，是用户为处理中断事件而事先编制的程序，编程时可以用中断程序入口处的中断程序标号来区分每个中断程序，且中断程序中不允许使用 ENI、HDEF、LSCR、END 指令。

问 115 中断程序由哪几部分构成？

答：中断程序由三部分构成：中断程序标号、中断程序指令和无条件返回指令。中断程序标号即中断程序的名称，在建立中断程序时生成；中断程序指令是中断程序的实际有效部分，对中断事件的处理就是由这些指令组合完成的，在中断程序中可以调用嵌套子程序；中断返回指令用于退出中断程序回到主程序。中断程序有两条返回指令：一是无条件中断返回指令 RETI，程序编译时由软件自动在程序结尾加上 RETI 指令，不必由编程人员手动输入；另一条是条件中断返回指令 CRETI，在中断程序内部用它可以提前退出中断程序。

问 116 中断程序编写的要求是什么？

答：中断程序的编写要做到：短小简洁、执行时间短。应优化中断程序，否则意外条件可能会导致由主程序控制的设备出现异常操作。

问 117 中断程序的编程方法是什么？

答：在"编辑"菜单下的"插入"命令中选择"中断"命令，则自动生成一个新的中断程序编号，进入该中断程序的编辑区，在此即可编写中断程序。

问 118 高速计数器的概念是什么？功能是什么？

答：高速计数器（HSC）一般和编码器配合使用，在现代自动控制中实现精确位和测量长度。它可用来累计比 PLC 的扫描频率高得多的脉冲输入，利用产生的中断事件完成预定的操作。

问 119 高速计数器的数量及编号分别是什么？

答：不同型号的 PLC 主机，高速计数器的数量也不同。高速计数器在程序中使用的地址编号用 HCn 来表示（在非程序中一般用 HSCn 表示），HC 表示编程元件名称为高速计数器，n 为编号。CPU 222 有 4 个高速计数器：HC0、HC3、HC4、HC5。

问 120 **中断事件类型分为几种类型？**

答： 高速计数器的工作采用中断方式进行，高速计数器的中断事件大致分为 3 类：当前值等于预设值中断、输入方向改变中断和外部复位中断。所有高速计数器都支持当前值等于预设值中断。但所有的高速计数器不一定支持 3 种方式。产生的中断事件有 14 个，每个高速数器的 3 种中断的优先级由高到低，不同高速计数器之间的优先级又按编号顺序由高到低。具体对应关系见表 6-10。

问 121 **高速计数器的工作模式及输入点分别是什么？**

答： 高速计数器有 4 种类型：带有内部方向控制的单相计数器、带有外部方向控制的单相计数器、带有增减计数时钟的双相计数器和 A/B 相正交计数器。

每个高速计数器有多种模式，以完成不同的功能。高速计数器的工作模式与中断事件紧密相连。使用高速计数器时，要用 HDEF 指令定义高速计数器在某种工作模式，HSC0、HSC4 有模式 0，1，4，5，6，7，9，10，共 8 种模式，HSC1、HSC2 有模式 0，1，2，3，4，5，6，7，8，9，10，11，可达 12 种模式。HSC3、HSC5 只有模式 0 一种。

定义某个高速计数器工作在某种模式下，高速计数器使用的输入端不是任意选择的，不能改变，必须按系统指定的输入点输入信号。例如，HSC4 在模式 4 下工作，就必须使 I0.3 为时钟输入端，I0.4 为增减方向输入端，I0.5 为外部复位输入端。

同一个输入点只能用作一种功能，如使用了高速计数器，则高速灵敏器的这种工作模式下指定的输入点只能被高速计数器使用。只有当高速计数器不用的输入点才可用作输入/输出中断或一般数字量输入点。例如，HSC4 工作在模式 0，只用 I0.0 作时钟输入，而 I0.1 和 I0.2 未被高速计数器使用，可作他用。

高速计数器的输入点和工作模式见表 6-14。

表 6-14 **高速计数器的输入点和工作模式**

模式	描述	输入点		
	HSC0	I0.0	I0.1	I0.2	
	HSC1	I0.6	I0.7	I0.2	I1.1
	HSC2	I1.2	I1.3	I1.1	I1.2
	HSC3	I0.1			
	HSC4	I0.3	I0.4	I0.5	
	HSC5	I0.4			

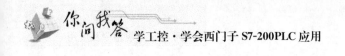

续表

模式	描述	输入点			
0	带有内部方向控制的单相计数器	时钟			
1		时钟		复位	
2		时钟		复位	启动
3	带有外部方向控制的单相计数器	时钟	方向		
4		时钟	方向	复位	
5		时钟	方向	复位	启动
6	带有增减计数时钟的双相计数器	增时钟	减时钟		
7		增时钟	减时钟	复位	
8		增时钟	减时钟	复位	启动
9	A/B 相正交计数器	时钟 A	时钟 B		
10		时钟 A	时钟 B	复位	
11		时钟 A	时钟 B	复位	启动

问 122 高速计数器的复位和启动有哪些规定?

答:(1)当复位输入端有效时,计数器清除当前值并一直保持到得位端失效。

(2)当启动输入端有效时,计数器计数;当启动端无效时,计数器的当前值保持为常数,并且忽略时钟事件。

(3)若启动输入端无效的同时,复位信号有效,则忽略复位信号,当前值保持不变;若复位信号有效的同时,启动输入端有效,则当前值被清除。

问 123 定义高速计数器(High-Speed Counter Definition)指令的指令格式、功能及数据类型分别是什么?

答:(1)指令格式:LAD 及 STL 格式如图 6-28 (a) 所示。

(2)指令功能:当 EN 有效时,定义高速计数器工作模式,在使用高速计数器之前必须使用 HDEF 指令,且只能使用一次。

(3)数据类型:HSC 代表高速计数器编号,为 0~5 的常数,属字节型;

MODE 代表工作模式，为 0~11 的常数，属于字节型。

问 124 高速计数器指令（High-Speed Counter）的指令格式、功能及数据类型分别是什么？

答：（1）指令格式：LAD 及 STL 格式如图 6-28（b）所示。

（2）指令功能：当 EN 有效时，根据高速计数器特殊存储器位的状态，并按照 HDEF 指令指定的工作模式，设置高速计数器并工作。

（3）数据类型：N 表示高速计数器编号，为 0~5 的常数，属于字型。

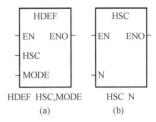

图 6-28 高速计数器指令格式
(a) 定义高速计数器指令；
(b) 高速计数器指令

问 125 高速计数器如何使用？

答：每个高速计数器都有固定的特殊存储器相配合。用户通过对特殊存储器的设置来完成高速计数功能。具体对应关系见表 6-15。

表 6-15   HSC 使用的特殊标志寄存器

高速计数器编号	状态字节	控制字节	当前值（双字）	预设值（双字）
HSC0	SMB36	SMB37	SMD38	SMD42
HSC1	SMB46	SMB47	SMD48	SMD52
HSC2	SMB56	SMB57	SMD58	SMD62
HSC3	SMB136	SMB137	SMD138	SMD142
HSC4	SMB146	SMB147	SMD148	SMD152
HSC5	SMB156	SMB157	SMD158	SMD162

问 126 状态字节的功能是什么？

答：每个高速计数器都有一个状态字节，程序运行时根据运行状况自动使某些位置位，可以通过程序来读取相关位的状态，用作判断条件，实现相应的操作。状态字节中各状态位的功能见表 6-16。若使用 HSC0，表中的状态字节 SM××6 为 SMB36；若使用 HSC1，表中的状态字节 SM××6 为 SMB46，依次类推。

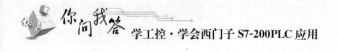

表 6-16 各状态位的功能

状态位	SM××6.0~SM××6.4	SM××6.5	SM××6.6	SM××6.7
功能描述	不用	当前计数方向 0减，1增	当前值＝预设值 0不等，1等	当前值＞预设值 0＜＝，1＞

问 127 控制字节的功能是什么？

答：每个高速计数器都有一个控制字节。用户根据要求来设置控制字节中各控制位的状态，如复位与启动输入信号的有效状态、计数速率、计数方向、允许更新双字值和允许执行 HSC 指令等，实现对高速计数器的控制，控制字节中各控制位的功能见表 6-17。若使用 HSC0，表中的控制字节 SM××7 SMB37；若使用 HSC1，表中的控制字节 SM××7 为 SMB47。

表 6-17 控制位含义

控制位	功能描述	适用的计数器 HCn
SM××7.0	复位有效电平控制位：0，高电位有效；1，低电位有效	0，1，2，4
SM××7.1	启动有效电平控制位：0，高电位有效；1，低电位有效	1，2
SM××7.2	正交计数速率选择位：0，4x计数速率；1，1x计数速度	0，1，2，4
SM××7.3	计数方向控制位：0，减计数；1，增计数	0，1，2，3，4，5
SM××7.4	写计数方向允许控制：0，不更新计数方向；1，更新计数方向	0，1，2，3，4，5
SM××7.5	写入预设值允许控制：0，不更新；1，更新预设值	0，1，2，3，4，5
SM××7.6	写入当前值允许控制：0，不更新；1，更新当前值	0，1，2，3，4，5
SM××7.7	HSC 指令执行允许控制：0，禁止 HSC；1，允许 HSC	0，1，2，3，4，5

表中的前 3 位（D0、D1、D2）只有在 HDEF 指令执行时进行设置，在程序中其他位置更改（默认值：启动和复位为高电位有效，正交计数速度为 4x，即 4 倍输入时钟频率）。D3、D4 在工作模式 0、1 和 2 下直接更改，以单独改变计数方向。D5、D6、D7 可在任何模式下并在程序中更改，以单独改变计数器的当前值、预设值或对 HSC 禁止计数。

问 128 使用高速计数器及选择工作模式的步骤是什么？

答：选择高速计数器及工作模式包括两方面工作，根据 PLC 型号和控制要求，一是选用高速计数器；二是定义高速计数器的工作模式。

问 129 如何选择高速计数器？

答： 例如，要对一高速脉冲信号进行增/减计数，计数当前值达到 1200 产生中断，计数方向用一个外部信号控制，所用的主机型号为 CPU 224。

分析：要求是带外部方向控制的单相增/减计数，可选择的高速计数器可以是 HSC0、HSC1、HSC2 或 HSC4 中的任何一个。若使用 HSC0 因不要求外部复位，所以应选择工作模式 3。同时也确定了各个输入点：I0.0 为计数脉冲的时钟输入；I0.1 为外部方向控制（I0.1＝0 时为减计数，I0.1＝1 时为增计数）。

问 130 如何设置控制字节？

答： 在选择用 HSC0 的工作模式 3 之后，对应的控制字节为 SMB37。使用指令 MOVB16♯F8，SMB37，则对 HSC0 的功能设置为复位与启动输入信号都是高电位有效，4 倍计数频率，计数方向为增计数，允许更新双字值和允许执行 HSC 指令。

问 131 如何执行 HDEF 指令？

答： 执行 HDEF 指令时，HSC 的输入值为 0，MODE 的输入值为 3，指令如下。

```
HDEF 0，3
```

问 132 如何设定当前值和预设值？

答： 每个高速计数器都有一个双字长的当前值和一个双字长的预设值，均为有符号整数。当前值随计数脉冲的输入而不断变化，运行时当前值可以由程序直接读取 HCn 得到。

使用指令 MOVD0，SMD38 和 MOVD1200，SMD42，则当前值和预设值 1200 分别存放到 SMD38 和 SMD42 中。

问 133 如何设置中断事件并全局开中断？

答： 用 HSC0 进行计数，要求在当前值等于预设值时产生中断。因此，中断事件是当前值等于预设值，中断事件号为 12。使用指令 ATCH INT _ 0，12ENI 用中断调用 ATCH 指令将中断事件号 12 和中断程序（假设中断子程序编号为 INT _ 0）连接起来，并全局开中断。指令如下：

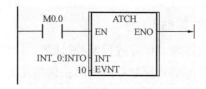

在 INT＿0 程序中，可完成 HSC0 当前值等于设定值时计划要做的工作。

问 134 **如何执行 HSC 指令？**

答： 当高速计数器初始化后，可用主程序程序段来实现，也可用子程序来实现。高速计数器在投入运行之前，必须执行一次初始化程序段或初始化子程序。

问 135 **高速计数器应如何应用？**

要求： 采用测频的方法测量电动机的转速。

答： 分析：所谓用测频法测量电动机的转速是指在单位时间内采集编码脉冲的个数，可以选用高速计数器对转速脉冲信号进行计数，用时基来完成定时。再经过一系列的计算就可得知电动机的转速。下面介绍 HSC 部分程序。

步骤：

（1）选择高速计数器 HSC0，工作方式 0。采用初始化子程序，用初始化脉冲 SM0.1 调用子程序。

（2）用 MOVB 16＃F8，SM37，使 MSB37＝16＃F8。其功能如下：计数方向为增；允许更新计数方向；允许写入新当前值；允许写入新设定值；允许执行HSC 指令。

（3）执行 HDEF 指令，HDEF0，0，使输入端 HSC 为 0，MODE 为 0，即高速计数器工作方式为 0。

（4）装入当前值，用 MOVD0，SMD38，使 SMD38＝0。

（5）装入时基定时设定值，用 MOVB200，SMB35，使 SMB35＝150。

（6）执行中断连接 ATCH 指令，ATCH INT＿0，11，使中断程序为INT＿0，EVNT 为 11。执行中断允许指令 ENI，重新启动时基定时器，清除高速计数器的当前值。

（7）执行指令 HSC，HSC0，对高速计数器编程并投入运行，输入值 IN为 0。

主程序、初始化子程序和中断程序的梯形图如图 6-29 所示。

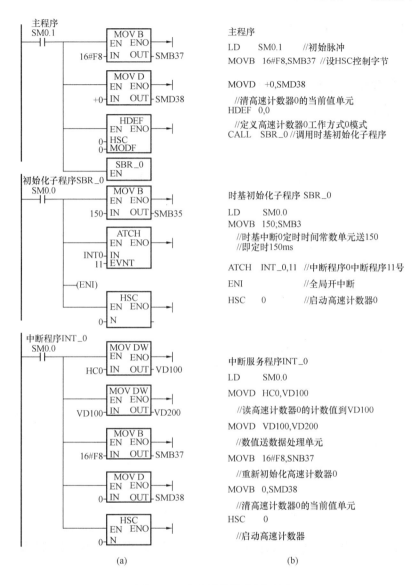

图 6-29 高速计数器应用示例

（a）梯形图 ；（b）语句表

问 136 高速脉冲输出的概念及功能分别是什么?

答：高速脉冲输出是指在 PLC 的某些输出端产生高速脉冲，用来驱动负载，实现精确控制，应用广泛。使用高速脉冲输出时，PLC 主机应选用晶体管输出

型，以满足高速输出的频率要求；不能选用继电器输出型，因不能实现高频输出。

问 137 高速脉冲输出的方式有哪几种？

答： 高速脉冲输出有高速脉冲串输出（PTO）和脉冲宽度调制（PWM）输出两种方式。

PTO 输出一串脉冲（占空比为 50%），用户可以控制脉冲的周期和个数，如图 6-30（a）所示。PWM 输出一串占空比可调的脉冲，用户可以控制脉冲的周期和脉冲宽度，如图 6-30（b）所示。

图 6-30　高速脉冲的输出方式

（a）高速脉冲串输出；（b）宽度可调脉冲输出

问 138 输出端子如何确定？

答： PLC 主机可提供两个高速脉冲输出。高速脉冲的输出端不可随意选择，由 Q0.0 和 Q0.1 来选择，也可以是以上两种方式的任意组合。

PLC 的同一个输出点只能用作一种功能，若 Q0.0 和 Q0.1 用作高速脉冲输出端，则通用功能被自动禁止，输出刷新、输出强制、立即输出等指令都无效。只有高速脉冲输出不用的输出点才可能作为普通数字量输出点使用。

Q0.0 和 Q0.1 用作高速脉冲输出，但未执行脉冲输出指令时，可以用普通位操作指令设置这两个输出位。高速脉冲输出指令和高速计数器输入点的使用方法相同。

问 139 脉冲输出（**Pulse Output**）指令的指令格式、功能及数据类型分别是什么？

答：（1）指令格式：LAD 及 STL 格式如图 6-31 所示。

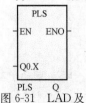

图 6-31　LAD 及 STL 格式

（2）指令功能：检测用程序设置的特殊寄存器位，激活由控制位定义的脉冲操作，从 Q0.0 或 Q0.1 输出高速脉冲。

（3）数据类型：数据输入 Q 属于字型，只能是 0 或 1 的常数。

说明：PTO 和 PWM 都由 PLS 指令激活输出。

问 140　特殊寄存器的功能是什么？

答： 每个 PTO/PWM 一定数量的特殊寄存器包括控制字节寄存器、状态字节寄存器和参数数值寄存器。用来控制高速脉冲的输出形式、反映输出状态和参数值的各特殊寄存器的功能见表 6-18。

表 6-18　　　　　　　　　　　特殊寄存器功能表

Q0.0 的寄存器	Q0.1 的寄存器	名称及功能表
SMB66	SMB76	状态字节，在 PTO 方式下，跟踪脉冲串的输出状态
SMB67	SMB77	控制字节，控制 PTO/PWM 脉冲输出的基本功能
SMB68	SMW78	周期值，属于字型，PTO/PWM 的周期值，范围是 2～65 535
SMB70	SMW80	脉宽值，属于字型，PWM 的脉宽值，范围是 0～65 535
SMB72	SMD82	脉冲数，属于双字型，PTO 的脉冲数，范围是 1～4 294 967 295
SMB166	SMB176	段号，多段管线 PTO 进行中的段的编号
SMB168	SMW178	多段管线 PTO 包络表起始字节的地址

问 141　状态字节的功能是什么？

答： 状态字节用于 PTO 方式。PTO 输出都有一个状态字节，根据运行状态使某些位自动置位。可通过程序来读取相关位的状态，用此状态作为判断条件，实现相应的操作。状态字节中各状态位的功能见表 6-19。若使用 Q0.0 作为 PTO，则表中的 SM×6 应为 SMB66。若使用 Q0.1 作为 PTO，则表中的 SM×6 应为 SMB76。

表 6-19　　　　　　　　　　　　状态字节表

状态位	SM×6.0～SM×6.3	SM×6.4	SM×6.5	SM×6.6	SM×6.7
功能描述	不用	PTO 包络因增量计算错误终止	PTO 包络因用户命令终止：0，无错；1，终止	PTO 管线溢出：0，无溢出；1，溢出	PTO 空闲：0，执行中；1，空闲

问 142 控制字节的功能是什么？

答：PTO/PWM 都有一个控制字节，对控制字节指定位的编程，如脉冲输出允许、PTO/PWM 模式选择、PTO 单段/多段选择、更新方式、时间基准和允许更新等。控制字节中各控制位的功能见表 6-20。

表 6-20 控制位的功能

Q0.0 控制位	Q0.1 控制位	功能描述
SM67.0	SM77.0	PTO/PWM 更新周期值：0，不更新；1，允许更新
SM67.1	SM77.1	PWM 更新脉冲宽度值：0，不更新，1，允许更新
SM67.2	SM77.2	PTO 更新输出脉冲数：0，不更新，1，允许更新
SM67.3	SM77.3	PTO/PWM 时间基准选择：0，μs 单位时基；1，ms 单位时基
SM67.4	SM77.4	PWM 更新方式：0，异步更新；1，同步更新
SM67.5	SM77.5	PTO 单/多段方式：0，单段管线；1，多段管线
SM67.6	SM77.6	PTO/PWM 模式选择：0，选用 PTO 模式；1，选用 PWM 模式
SM67.7	SM77.7	PTO/PWM 脉冲输出：0，禁止；1，允许

如果用 Q0.1 作为 PTO，则对应的控制字节为 SMB77。若用指令 MOVB16♯A8SM77，则对 HSC1 的功能设置如下：允许脉冲输出，多段 PTO 脉冲串输出，时基为 ms，不允许更新周期值和脉冲数。

问 143 PTO 的功能是什么？

答：PTO 状态字节中的最高位 SMB67.7 和 SMB77.7 用来指示脉冲串输出是否完成。脉冲串输出完成的同时，PTO0 可产生 19 号中断事件号，PTO1 可产生 20 号中断事件号，因而可以调用中断程序完成指定操作。

问 144 周期和脉冲数的概念分别是什么？

答：（1）周期：单位可以是 μs 或 ms，为 16 位无符号数据，周期变化范围是 $50 \sim 65\ 535 \mu s$ 或 $2 \sim 65\ 535 ms$。若编程时设定周期单位小于最小值（$50 \mu s$），系统默认按最小值（两个时间单位）进行设置。

（2）脉冲数：用双字无符号数表示，脉冲数取值范围是 $1 \sim 4\ 294\ 967\ 295$。如果编程时指定脉冲数为 0，则系统默认脉冲数为 1 个。

问 145 PTO 可以分为几种？

答：PTO 方式中，可输出多个脉冲串，并允许脉冲串排队，以形成管线。

PTO 可分为两种：单段管线和多段管线。

问 146　单段管线的功能是什么？

答： 管线中只存放一个脉冲的控制参数（即入口），一旦启动了一个脉冲串进行输出时，就需要用指令立即为下一个脉冲串更新特殊寄存器，并两次执行脉冲串输出指令。当前脉冲串输出完成之后，自动输出下一个脉冲串。重复操作可实现多个脉冲串的输出。

单段管线中的各脉冲段可以采用不同的时间基准。

问 147　多段管线的功能是什么？

答： 多段管线是指在变量 V 存储区建立一个包络表。包络表中存储各个脉冲串的参数，相当于有多个脉冲串的入口。多段管线可以用 PLS 指令启动，运行时，CPU 自动从包络表中按顺序读出每个脉冲串的参数进行输出。

编程时必须装入包络表的起始变量（V 存储区）的偏移地址，运行时只使用特殊存储区的控制字节和状态字节即可。包络表的首地址代表该包络表，它放在 SMW168 或 SMW178 中。PTO 当前进行中的段的编号放在 SMB166 或 SMB176 中。

包络表格式由包络段数和各段构成。整个包络表的段数（1～255）放在包络表首字节中（8 位），接下来的每段设定占用 8 个字节，包括脉冲初始周期值（16 位）、周期增量值（16 位）和脉冲计数值（32 位）。以包络 3 段的包络表为例，若 VBn 为包络表起始字节地址，则包络表的结构见表 6-21。表中周期单位为 ms。

表 6-21　　　　　　　　　　　　　　3 段包络表的结构

字节偏移地址	名称	描　　述
VBn	段	段数，为 1～255，数 0 将产生非致命性错误，不产生 PTO 输出
VBn+1	段 1	初始周期，取值范围为 2～65 535
VBn+3		每个脉冲的周期增量，符号整数，取值范围为 −32 768～+32 767
VBn+5		输出脉冲数（1～4 294 967 295）
VBn+9	段 2	初始周期，取值范围为 2～65 535
VBn+11		每个脉冲的周期增量，符号整数，取值范围为 −32 678～+32 767
VBn+13		输出脉冲数（1～4 294 967 295）
VBn+17	段 3	初始周期，取值范围为 2～65 535
VBn+19		每个脉冲的周期增量，符号整数，取值范围为 −32 678～+32 767
VBn+20		输出脉冲数（1～4 294 967 295）

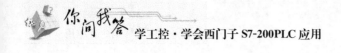

多段管线编程非常简单，而且具有按照周期增量区的数值自动增减周期的功能，这在步进电动机的加速和减速控制时非常方便。多段管线使用时的局限性是在包络表中的所有脉冲串的周期必须采用同一个基准。

问 148　PTO 的使用步骤是什么？

答：PTO 的使用分为以下步骤。

（1）确定脉冲发生器及工作模式。一是选用高速脉冲串输出端（发生器）；二是选择工作模式为 PTO，并且确定多段或单段工作模式。

（2）设置控制字节。按控制要求将控制字节写入 SMB67 和 MSB77 的特殊寄存器。

（3）写入周期值、周期增量值和脉冲数。如果是单段脉冲，对以上各值分别设置；如果是多段脉冲，则需要建立多段脉冲的包络表，并对各段参数分别设置。

（4）装入包络表的首地址。只在多段脉冲输出中需要。

（5）设置中断事件并全局开中断。PTO 可利用中断方式对高速事件进行精确控制。中断事件是高速脉冲输出完成，中断事件号为 19 或 20。用中断调用（ATCH）指令把中断事件号 19 或 20 与中断子程序（假设中断子程序编号为 INT _ 0）连接起来，并全局开中断，程序如下。

```
ATCH      INT _ 0, 20
ENI
```

（6）执行 PLS 指令。经以上设置并执行指令后，即可用 PLS 指令启动高速脉冲串，并由 Q0.0 或 Q0.1 输出。

以上步骤称高速脉冲串的初始化子程序。高速脉冲串在运行之前，必须执行一次初始化程序段或初始化子程序。

问 149　PTO 如何应用？

答：例：（1）控制要求。步进电动机运行控制过程中，要从 A 点加速到 B 点后恒速运行，又从 C 点开始减速到 D 点，过程执行后用指示灯显示。电动机的转动受脉冲控制，A 点和 D 点的脉冲频率为 2kHz，B 点和 C 点的脉冲频率为 10kHz，加速过程的脉冲数为 400 个，恒速转动的脉冲数为 4000 个，减速过程脉冲数为 200 个，工作过程如图 6-32 所示。

（2）分析。

1）确定脉冲发生器及工作模式。用 PTO 输出的多段管线方式选择如下：选用高速脉冲串发生器为 Q0.1，并且确定 PTO 为 0 段脉冲管线（AB、BC 和 CD 段）。

2）设置控制字节。最高脉冲频率为 10kHz，对应的周期值为 100μs，因此时基选择为 μs 级。用指令 MOVB16♯A0，SMB77。功能为允许脉冲输出，多段 PTO 输出，时基为 μs 级，不允许更新周期值和脉冲数。

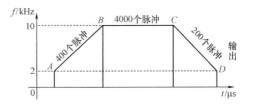

图 6-32　步进电动机工作过程

3）写入周期值、周期增量值和脉冲数。由于是 3 段脉冲，则需要建立 3 段脉冲的包络表，并对各段参数分别设置。包络表中各脉冲都是以周期为时间参数，所以必须先把频率换算为周期值（倒数计算即可）。给定段的周期增量按下式计算。

$$给定段的周期增量＝（TEC－TIC）/Q$$

式中：TEC 为该段结束周期时间；TIC 为该段初始周期时间；Q 为该段的脉冲数量。周期增量为 "－" 则说明加速，为 "＋" 说明减速，为 "0" 说明是恒速。

包络表的结构见表 6-22。

表 6-22　　　　　　　　　　　　包络表的结构

V 变量存储器地址	各块名称	实际功能	参数名称	参数值
VB100	段数	决定输出脉冲串数	总包络段数	3
VW101	段 1	电动机加速阶段	初始周期	500μs
VW103			周期增量	－1μs
VD105			输出脉冲数	400
VW109	段 2	电动机恒速运行阶段	初始周期	100μs
VW111			周期增量	0μs
VD113			输出脉冲数	4000
VW17	段 3	电动机减速阶段	初始周期	100μs
VW19			周期增量	2μs
VD21			输出脉冲数	200

4）装入包络表首地址。用指令 MOVW100，SMW168，将包络表的起始变量 V 存储器地址装入 SMW168 中。

5）中断调用。高速输出完成时，调用中断程序，则信号灯变亮（本例中 Q0.2＝1）。用 ATCH INT0，20ENI，使中断调用（ATCH）指令将中断事件 19 与中断子程序 INT＿0 连接起来，并全局开中断。

6）执行 PLS 指令 PLS1。经以上设置并执行指令后，即可用 PLS 指令启动多段脉冲串，并由 Q0.1 输出。

本系统主程序、初始化子程序、包络表子程序和中断程序如图 6-33 所示。

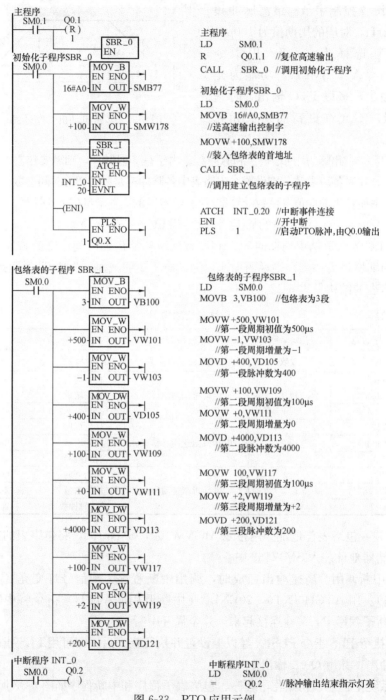

图 6-33　PTO 应用示例

该程序只是对步进电动机脉冲进行编程，但对步进机驱动时还应考虑其他方面，如正反转控制、自由状态等。

问 150 PWM 的功能是什么？

答：PWM 用来输出占空比可调的高速脉冲。用户可以控制脉冲的周期和脉冲宽度，完成特定的控制任务。

问 151 脉冲宽度的概念是什么？

答：脉冲宽度的单位可以是 μs 或 ms，为 16 位无符号数据，脉冲宽度的变化范围是 $0\sim65\,535\mu s$ 或 $0\sim65\,535ms$。

如果设定脉宽等于周期（使占空比为 100%），则输出连续接通；如果设定脉宽等于 0（使占空比为 0%），则输出断开。

问 152 PWM 的更新方式有几种？

答：有两种方式可改变 PWM 波形的特性：同步更新和异步更新。

同步更新：波形的变化发生在周期的边缘，形成平滑转换。在不需要改变时间基准的情况下，可以采用同步更新。

异步更新：在改变脉冲发生器的时间基准的情况下，必须采用异步更新。异步更新有时会引起脉冲输出功能被瞬时禁止，或波形不同步，引发被控制设备的振动。

要尽可能采用 PWM 同步更新。

问 153 PWM 的使用步骤是什么？

答：PWM 的使用分为以下步骤。

（1）确定脉冲发生器。一是选用高速脉冲串输出端（发生器）；二是选择工作模式为 PWM。

（2）设置控制字节。按控制要求设置 SMB67 或 SMB77 特殊寄存器。

（3）写入周期值和脉冲宽度值。按控制要求将脉冲周期值写入 SMW68 或 SMW78 的特殊寄存器，将脉宽值写入 SMW70 或 SMW80 特殊寄存器。

（4）执行 PLS 指令。经以上设置并执行指令后，即可用 PLS 指令启动 PWM，并由 Q0.0 或 Q0.1 输出。

以上步骤称高速计数器的初始化程序，脉冲输出之前，必须执行一次初始化程序段或初始化子程序。

问 154 PWM 如何应用？

答： 例如，设计一段 PWM 应用程序，从 PLC 的 Q0.1 输出一串脉冲。脉冲脉宽的初始值为 0.5s，周期固定为 5s，脉宽每周期递增 0.5s，当脉宽达到设定的 4.5s 时，脉宽改为每周期递减 0.5s，直到脉宽减为 0 为止。以上过程重复执行。

分析： 因每个周期都有要求的操作，需要把 Q0.1 接到 I0.1，采用输入中断的方法完成控制任务。另外还要设置一个标志，来决定什么时候脉冲递增，什么时候脉冲递减。控制字设定为 16♯DA，即 11011010，把它放到 SMB77 中，它表示输出端 Q0.0 为 PWM 方式，不允许更新周期，允许更新脉宽，时间基准单位为 ms 量级，同步更新，且允许 PWM 输出。

梯形图如图 6-34 所示，包括主程序、子程序和中断程序。

问 155 PID 回路的概念是什么？

答： 模拟量的控制系统中，经常用到 PID 运算（比例、积分、分数构成）来执行 PID 回路的功能。若一个 PID 回路的输出 M 是时间 t 的函数，则可以看作比例项、积分项和微分项 3 个总值之和，即

$$M(t) = K_c \cdot e + K_c \int_0^i edt + M_0 + K_c \cdot de/dt$$

第一项为比例项，最后一项为微分项，中间两项为积分项。其中 e 是给定值与被控制变量之差，即回路偏差；K_c 为回路的增益。用计算机处理这样的控制算式，即连续的算式必须周期性地采样并进行离散化，同时各信号也要离散化，公式如下

$$M_n = K_c \cdot (SP_n - PV_n) + K_c \cdot (T_s/T_i) \cdot (SP_n - PV_n) +$$
$$M_X + K_c \cdot (T_d/T_s) \cdot (PV_{n-1} - PV_n)$$

公式中包含 9 个用来控制和监视 PID 运算的参数，在 PID 指令使用时要构成回路表，回路表的格式见表 6-23。

表 6-23 PID 回路表

参数	地址偏移量	数据格式	I/O 类型	描　述
过程变量当前值 PV_n	0	双字，实数	I	过程变量，0.0～1.0
给定值 SP_n	4	双字，实数	I	给定值，0.0～1.0
输出值 M_n	8	双字，实数	I/O	输出值，0.0～1.0
增益 K_c	12	双字，实数	I	比例常数，正、负
采样时间 T_s	16	双字，实数	I	单位 s，正数
积分时间 T_i	20	双字，实数	I	单位为分钟，正数

续表

参数	地址偏移量	数据格式	I/O 类型	描　述
微分时间 T_d	24	双字，实数	I	单位为分钟，正数
积分项前值 M_X	28	双字，实数	I/O	积分项前值，0.0～1.0
过程变量前值 PV_{n-1}	32	双字，实数	I/O	前一次 PID 变量值

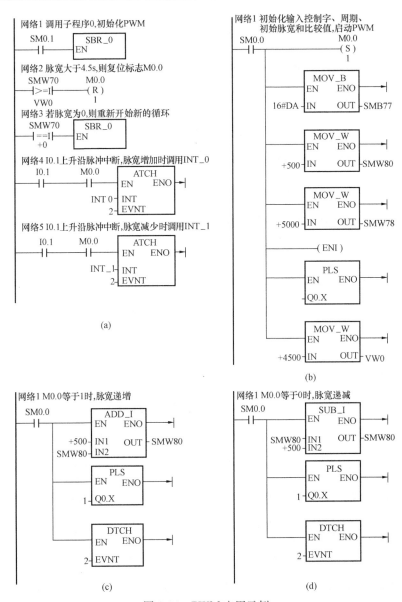

图 6-34　PWM 应用示例

171

问 156 **PID 回路（Proportional Integral Derivative Loop）指令的指令格式、功能及数据类型分别是什么？**

答：（1）指令格式：LAD 及 STL 格式如图 6-35 所示。

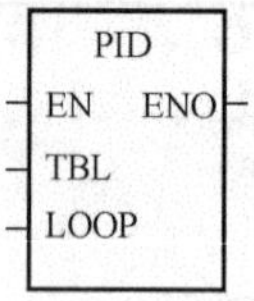

（2）指令功能：当 EN 有效时，利用回路表中的输入信息和组态信息进行 PID 运算。

（3）数据类型：回路表的起始地址 TBL 为 VB 指定的字节型数据；回路号 LOOP 是 0～7 的常数。

图 6-35　PID 回路
指令格式

问 157 **PID 回路号有几种？**

答：最多可有 8 条 PID 回路，不同的 PID 回路指令不能使用相同的回路号，否则会产生意外的后果。

问 158 **PID 指令的使用步骤是什么？**

答：使用 PID 指令的关键是对采集到的数值和计算出来的 PID 控制结果数据进行转换及标准化，步骤如下。

（1）回路输入量的转换及归一化。给定值和过程变量都是实际的工程量，其幅度、范围和测量单位都会不同，用 PLC 控制 PID 回路时，将实际测量输入量、设定值和回路表中的其他输入参数进行标准化处理，即用程序把它们转化为 PLC 能够识别和处理的数据，或把它们转化为无量纲的归一化纯量、浮点数的格式。

第一步，将工程实际值由 16 位整数转化为实数，程序如下。

```
XORD    ACO, ACO        //清累加器 ACO
ITD     AIWO, ACO       //把整数转化为双整数（设采集数据通道地址
                        //为 AIWO）
DTR     ACO, ACO        //把双整数转化为实数
```

第二步，将实数格式的工程实际值转化为 [0.0，1.0] 之间的无量纲相对值，用下式来完成这一过程。

$$RNorm = (RRan/Span) + Offset$$

式中：RRan 为工程实际值的归一化值；RRaW 为工程实际值的实数形式值，未归一化处理。标准化实数又分为双极性（围绕 0.5 上下变化）和单极性（以 0.0 为起点在 0.0 和 1.0 之间变化）两种。对于双极性，Offset 为 0.5；对于单极性，Offset 为 0。Span 表示值域的大小，通常单极性时取 32 000，双极性时

取 64 000。

以下程序段用于将 AC0 中的双极性模拟量进行归一化处理（可紧接上面的程序）。

/R	64000.0，AC0	//将 AC0 中的双极性模拟量值进行归一化
+R	0.5，AC0	//Offset 处理（双极性时）
MOVR	AC0，VD200	//将归一化结果存入 TABLE 中（设 TABLE 表地址为 VD200）

可这样简单理解：

1）将实际值由 16 位整数转化为实数，如 $-32\ 768 \sim +32\ 767$ 近似认为是 $-32\ 000 \sim +32\ 000$。

2）将实数转化为无量纲相对值，如 $-32\ 000 \sim +32\ 000$ 除以 64 000，得到 $-0.5 \sim +0.5$，然后加上 0.5，最后得到 $0 \sim 1$。

以上两步将实际值的模拟量转化成了无量纲归一化纯量。

（2）回路控制输出转换为按工程量标定的整数值。程序执行时把各个标准化实数量用离散化 PID 算式进行处理，产生一个标准化实数运算结果。这一结果同样要用程序将其转化为相应的 16 位整数，然后周期性地将其传送到指定的 AQW 输出，用以能驱动模拟量的负载，实现模拟量的控制。这一转换实际上是归一化过程的逆过程。

第一步，用下式将回路输出转换为按工程量标定的实数格式。

$$Rscal = (Mn - Offset) \cdot Span$$

式中：Rscal 为已按工程量标定的实数格式的回路输出；Mn 为归一化实数格式的回路输出。程序如下。

MOVR	VD208，AC0	//将回路输出结果（设 TABLE 表地址为 VD200）放入 AC0
-R	0.5，AC0	//双极性场合时减去 0.5
*R	64000，AC0	//将 AC0 中的值按工程量标定

第二步，将已标定的实数格式的回路输出转化为 16 位的整数格式，并输出。

TRUNC	AC0，AC0	//取整数
DTI	AC0，AC0	//以整数转换为整数
MOVW	AC0，AQW0	//把整数值传送到模拟量输出通道（设为 AQW0）

这个过程理解与上面相反。

问 159　PID 回路类型有哪几种？

答： 在大部分模拟量的控制中，使用的回路控制类型并不是比例、积分和微分三者俱全。例如，只需要比例回路或只需要比例积分回路。通过对常量参数的设置，可以关闭不需要的控制类型。

关闭积分回路：把积分时间 T_i 设置为无穷大，此时虽然由于有初值 M_x 使积分项不为零，但积分作用可以忽略。

关闭微分回路：把微分时间 T_d 设置为 0，微分作用即可关闭。

关闭比例回路：把比例增益 K_c 设置为 0，则只保留积分和微分项。

实际工作中，使用最多的是 PI 调节器。

说明：实际使用 PID 指令时，还有变量范围、控制方式等许多问题要具体考虑，所以更详细的内容请参考系统使用手册。

问 160　PID 指令如何应用？

答： （1）控制要求。某水箱有一条进水管和一条出水管，进水管的水流量随时间不断变化，要求控制出水管阀门的开度，使水箱内的液位始终保持在水满时液位的一半。系统使用比例、积分及微分控制，假设采用下列控制参数值：K_c 为 0.4，T_s 为 0.2s，T_i 为 30min，T_d 为 15min。

（2）解题分析。可采用单极性方案，系统的输入来自液位计的液位测量采样：设定值是液位的 50%，输出是单极性模拟量，用以控制阀门的开度，可以在 0%～100% 变化。

（3）程序实现。程序只是模拟量控制系统的 PID 程序主干，对于现场实际问题，还要考虑诸多方面影响因素。

本程序的主程序、回路表初始化子程序 SBR-0、初始化子程序 SBR-1 和中断程序 INT 如图 6-36 所示。

本例中模拟量输入通道为 AIW，模拟量输出通道为 AQW1。I0.5 是手动/自动转换关信号，I0.5 为 1 时，为系统自动运行状态。

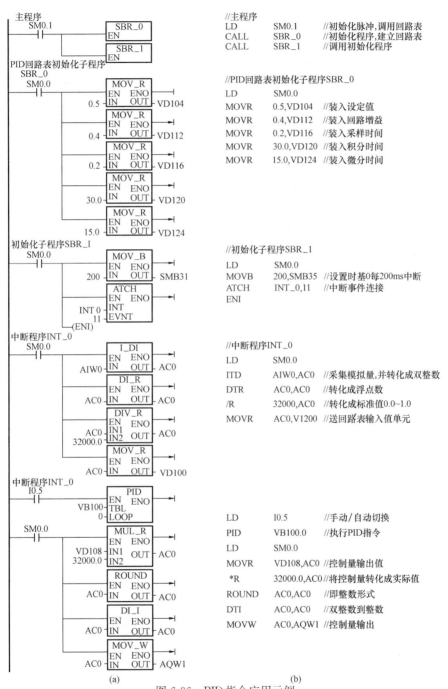

图 6-36　PID 指令应用示例

（a）梯形图；（b）语句表

PLC 应用实例

问 1 **PLC 的设计流程是什么?**

答： 学习了 PLC 的硬件系统、指令系统和程序方法以后，在设计一个较大的 PLC 控制系统时，要全面考虑多种因素。不管所设计的控制系统的大小，都要按图 7-1 所示的设计步骤进行系统设计。

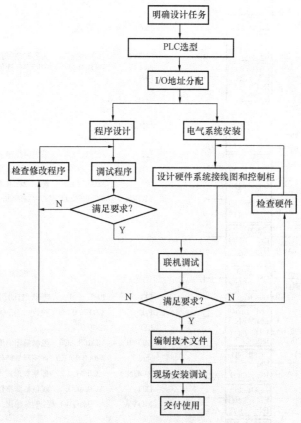

图 7-1 PLC 控制系统设计步骤

问2　PLC 的设计任务是什么？

答： 现在 PLC 几乎可以完成工业控制领域的所有任务，但 PLC 还是有它最适合的应用场合。所以在接到一个控制任务后，要分析被控对象的控制过程和要求，决定用什么控制装备（PLC、单片机、DCS 或 IPC）来完成该任务最合适。例如，仪器及仪表装置、家电的控制器要用单片机来做；大型的过程控制系统大部分要用 DCS 来完成。而 PLC 最适合的控制对象是工业环境较差而对安全性和可靠性要求较高、系统工艺复杂、I/O 以开关量为主的工业自控系统或装置。其实，现在的 PLC 可以处理开关量，对模拟量的处理能力也很强。也可将工业控制计算机（IPC）作为主控制器，来完成复杂的工业自动控制任务。

问3　PLC 如何选型？

答： 当决定某一个控制由 PLC 来完成后，选择 PLC 就成为最重要的事情。首先决定选择多大容量的 PLC，其次决定选择什么公司的 PLC 及外设。

对于第一个问题，要对控制任务进行详细的分析，把所有的 I/O 点找出来，包括开关量 I/O 和模拟量 I/O，以及这些 I/O 点的性质。I/O 点的性质主要指它们是直流信号还是交流信号，工作的电源电压，以及输出类型是用继电器型还是晶体管或可控硅型。控制系统输出点的类型非常关键，它们之中既有交流 220V 的接触器、电磁阀，又有直流 24V 的指示灯，则最后选用的 PLC 的输出点数有可能大于实际点数。因为 PLC 的输出点一般是几个一组采用一个公共端，这一组输出只能有一种电源的种类和等级。一旦它们是交流 220V 的负载使用，则直流的负载只能使用其他组的输出端了，有可能造成输出点数的浪费，增加成本。所以要尽可能选择相同等级和种类的负载，如使用交流 220V 的指示灯等。一般情况下继电器输出的 PLC 使用最多，但对于要求高速输出的情况，如运动控制时的高速脉冲输出，就要使用无触点的晶体管输出的 PLC 了。知道这些以后，就可以定下选用多少点和 I/O 是什么类型的 PLC 了。

对于第二个问题，则有以下几个方面要考虑。

（1）功能方面。所有 PLC 都具有常规的功能，但对某些特殊要求，就要知道所选用的 PLC 是否有能力完成控制任务。例如，对 PLC 与 PLC、PLC 与智能仪表及上位机之间有灵活方便的通信要求，或对 PLC 的计算速度、用户 PLC 的位置控制有特殊要求等。这就要求用户对市场上流行的 PLC 的品种有一个详细的了解，以便做出正确的选择。

（2）价格方面。不同厂家的 PLC 产品价格相差很大，有些功能类似、质量

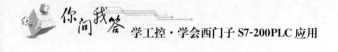

相当、I/O 点数相当的 PLC 的价格能相差 40% 以上。使用 PLC 较多的情况下，这样的差价当然是必须考虑的因素。

（3）个人喜好方面。部分工程技术人员对某种品牌的 PLC 熟悉，所以比较喜欢使用这种产品。另外，甚至一些政治因素或个人情感有时也会成为选择的理由。

PLC 主机选定后，如果控制系统需要，则相应的配套模块也就选定了。如果模拟量单元、显示设定单元、位置控制单元或热电偶单元等。

问 4 PLC 的 I/O 地址如何分配？

答： 输入/输出信号在 PLC 接线端的地址分配是进行 PLC 控制系统设计的基础。对软件设计来说，I/O 地址分配以后才可进行编程；对控制柜及 PLC 的外围接线来说，只有 I/O 地址确定以后，才可以绘制电气接线图、装配图，让装配人员根据线路图和安装图安装控制柜。分配输出点地址时，要注意负载类型的问题。

在进行 I/O 地址分析时最好把 I/O 点的名称、代码和地址以表格的形式列写出来。

问 5 PLC 的系统设计包括什么内容？

答： 系统设计包括硬件系统设计和软件系统设计。硬件系统设计主要包括 PLC 及外围线路的设计、电气线路的设计和抗干扰措施的设计等。软件系统设计主要指编制 PLC 控制程序。

选定 PLC 及其扩展模块（如需要的话）和分配完 I/O 地址后，硬件设计的主要内容就是电气控制系统原理图的设计、电气控制元器件的选择和控制柜的设计。电气控制系统原理图包括主电路和控制电路。控制电路包括 PLC 的 I/O 接线和自动部分、手动部分的详细连接等，有时还要在电气原理图中标上器件代号或另外配上安装图、端子接线图等，以方便控制柜的安装。电气元器件的选择主要根据控制要求选择按钮、开关、传感器、保护电器、接触器、指示类和电磁阀等。

控制系统软件设计的难易程度因控制任务而异，也因人而异。对经验丰富的工程技术人员来说，在长时间的专业工作中，受到过各种各样的磨炼，积累了许多经验，除了一般的编程方法外，更有自己的编程技巧和方法。但不管怎么说，平时多注意积累和总结是很重要的。

在程序设计时，除 I/O 地址列表外，有时还要把在程序中用到的中间继电器（M）、定时器（T）、计数器（C）和存储单元（V）以及它们的作用或功能列写出来，以便编写程序和阅读程序。

问 6　PLC 的编程语言应用注意事项有哪些?

答：在编程语言的选择上，用梯形图编程还是用语句表编程或使用功能图编程，主要取决于以下几点。

（1）有些 PLC 使用梯形图编程不方便（如书写不便），则可用语句表编程。但梯形图总比语句表直观。

（2）经验丰富的人员可用语句表直接编程，就像使用汇编语言一样。

（3）如果是清晰的单顺序、选择顺序或并发顺序的控制任务，则最好用功能图来设计程序。

软件设计和硬件安装可同时进行，这样做可以缩短工期。

问 7　PLC 的系统调试包括哪些内容?

答：系统调试分模拟调试和联机调试。

硬件部分的模拟调试主要在断开主电路的情况下试一试手动控制部分是否正确。

软件部分的模拟调试可借助于模拟开关和 PLC 输出端的输出指示灯进行。需要模拟量信号 I/O 时，可用电位器和万用表配合进行。调试时，可利用上述外围设备模拟各种现场开关和传感器状态，然后观察 PLC 的输出逻辑是否正确。如果有错误则修改后反复调试。现在 PLC 的主流产品都可在 PC 上编程，并可在计算机上直接进行模拟调试。

联机调试时，可把编制好的程序下载到现场的 PLC 中。有时 PLC 只有这一台，这就要把 PLC 安装到控制柜相应的位置上。调试时一定要先将主电路断电，只对控制电路进行联调即可。通过现场联调信号的接入常常会发现软硬件中的问题，有时厂家还要对某些控制功能进行改进，因此要经过反复测试系统后，才能最后交付使用。

系统完成后一定要及时整理技术材料并存档，否则日后会需要数倍的精力来做这件事，这也是工程技术人员良好的习惯之一。

问 8　PLC 的安装有哪些注意事项?

答：可以利用 S7-200 模块上的安装孔把模块固定在控制柜背板上，也可以利用模块上的 DIN 夹子把模块固定在一个标准的 DIN 道轨上。这样既可以水平

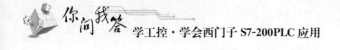

安装，也可以垂直安装。但安装到控制柜中时，应注意以下两个问题。

（1）为了防止高电子噪声对模块的干扰，应尽可能将 S7-200 模块与产生高电子噪声的设备（如变频器）分隔开。

（2）S7-200 模块是采用自然对流方式散热的，所以在安装时尽可能不与产生高热量的设备安装在一起。而且在安装 S7-200 模块时，模块的周围应留出一定的空间，以便于正常散热。一般情况下，模块的上方和下方至少留出 25mm 的空间，模块前面板与底板之间至少留出 75mm 的空间。

问9　PLC 电源的设计有哪些注意事项？

答：（1）供电电源。可编程控制器一般使用市电（220V，50Hz）。电网的冲击、频率的波动将直接影响到 PLC 系统实时控制的精度和可靠性，有时电网的冲击可给系统带来毁灭性的破坏；电网的瞬间变化也是经常发生的，由此产生的干扰也会传播到 PLC 系统中。为了提高系统的可靠性和抗干扰性能，在对 PLC 的供电系统中一般采用隔离变压器，这样可以隔离掉供电电源中的各种干扰信号，从而提高系统的抗干扰性能。

如果使用开关电源为 PLC 提供 24V 直流电源，一般情况下，对开关电源供电的交流电源也应采用隔离变压器与电源隔离。

另外，在一些实时控制系统中，系统的突然断电会造成严重的后果，此时可以在供电系统中增加 UPS（不间断电源）。当市电突然断电后，自动切换到 UPS 供电，并且按照工艺要求进行一定的处理，使生产设备处于安全状态。

（2）S7-200 系列 PLC 的 CPU 内部直流电源。每个 S7-200 系列 PLC 的 CPU 模块均提供一个 24V 直流传感器电源和一个 5V 直流电源。

24V 直流传感器电源可以作为 CPU 本机和数字量扩展模块的输入、扩展模块（如模拟量模块）的供电电源及外部传感器电源使用。如果容量不能满足所有需求，则必须增加外部 24V 直流电源，此时外部电源不能与模块的传感器并联使用，以防止两个电源电位的不平衡造成对电源的破坏，但为了加强电子噪声保护，这两个电源的公共端（M）应连接在一起。

当 S7-200 系列 PLC 的 CPU 与扩展模块连接时，CPU 模块为扩展模块提供 5V 直流电源。如果扩展模块的 5V 直流电源需求超出 CPU 模块 5V 直流电源的容量，则必须减少扩展模块的数量。

有关 S7-200 系列 PLC 内部直流电源容量的设计与计算请参阅《S7-200 PLC 系统手册》。

问 10 PLC 系统的接地有哪些注意事项？

答：在可编程控制器系统中，接地是抑制干扰、使系统可靠工作的主要方法。在设计与施工中，如果把接地与屏蔽正确结合起来，可以解决大部分的干扰问题。

接地有两个目的：一是消除各电流流经公共地线阻抗时所产生的噪声电压；二是避免磁场与电位差的影响。正确的接地是一个重要而复杂的问题，理想的情况是一个系统的所有接地点与大地之间的阻抗为零，但这是很难做到的。

在一般的接地过程中要求如下：①接地电阻应小于 4Ω；②具有足够的机械强度；③具有耐腐蚀及防腐处理；④PLC 系统单独接地。

在 PLC 系统中常见的地线如下。

（1）数字地线：也称逻辑地线，是各种开关量（数字量）信号的零电位。

（2）模拟地线：各种模拟量信号的零电位。

（3）信号地线：通常为传感器的地线。

（4）交流地线：交流供电电源的地线，这种地线是产生噪声的地线。

（5）直流地线：直流供电电源的地线。

（6）屏蔽地线：机壳地线，为防止静电感应和磁场感应而设置的地线。

问 11 PLC 的接地方法有哪几种？

答：不同的地线，处理的方法也不同。常用的方法有以下几种。

（1）一点接地和多点接地。一般情况下，低频电路应一点接地，高频电路应就近多点接地。在低频电路中，布线和元件间的电感并不是大问题，然而接地形成的环路的干扰影响很大，因此常以一点作为接地点。但一点接地不适合高频，因为高频时地线上具有电感，因而增大了地线阻抗，同时各地线之间又产生电感耦合。一般来说，频率在 1kHz 以下，可用一点接地；高于 10kHz 时，采用多点接地；在 1～10kHz 可用一点接地，也可采用多点接地。根据这些原则，PLC系统一般采用一点接地。

（2）交流地线与信号地线不能共用。由于在一段电源地线的两点之间会有数毫伏，甚至几伏的电压。因此对低电平信号来说，这是一个非常严重的干扰，必须进行隔离和防止，使设备可靠运行。

（3）浮地与接地。全机浮空即系统各个部分与大地浮置起来，这种方法简单，但整个系统与大地的绝缘电阻不能小于 50MΩ。这种方法具有一定的抗干扰能力，但一旦绝缘电阻下降就会带来干扰。还有一种方法是将机壳接地，其余部分浮空。这种方法抗干扰能力强，安全可靠，但实现起来比较复杂。由此可见，PLC 系统还是以接地为好。

（4）模拟地线。模拟地的接地方法十分重要，为了提高抗共模干扰能力，对于模拟信号可采用屏蔽浮地技术。

（5）屏蔽地线。在控制系统中为了减少信号中电容耦合噪声，准确检测和控制，对信号采用屏蔽措施是十分必要的。根据屏蔽目的不同，屏蔽地的接法也不一样。

问 12　PLC 电缆设计与铺设应注意哪些事项？

答：一般来说，工业现场的环境都比较恶劣。例如，现场的各种动力线会通过电磁耦合产生干扰；电焊机、火焰切割机和电动机会产生高频火花电流，造成干扰；高速电子开关的接通和关断将产生高次谐和波，从而形成高频干扰；大功率机械设备的启停、负载的变化将引起电网电压的波动，产生低频干扰，这些干扰都会通过与现场设备相连的电缆引入 PLC 系统中，影响系统的安全可靠工作。所以合理地设计、选择和铺设电缆在 PLC 系统中十分重要。

对 PLC 系统而言，电缆包括供电系统的动力电缆及各种开关量、模拟量、高速脉冲、远程通信等信号电缆。一般情况下，对供电系统的动力电缆、距离比较近的开关量信号使用的电缆无特殊要求；对模拟量信号、高速脉冲信号及开关量比较远时，为防止干扰信号，保证系统的控制精度，通常选用双层屏蔽电缆；对通信用的电缆一般采用厂家提供的专用电缆，也可采用带屏蔽的双绞线电缆。

传输线之间的相互干扰是数字控制系统中较难的。这些干扰主要来自传输导线间分布电容、电感引起的电磁耦合。防止这种干扰的有效方法：使信号线远离动力线或电网；将动力线、控制线和信号线严格分开，分别布线。无论是在PLC 控制柜中的接线，还是在控制柜与现场设备之间的接线，都必须防止动力线、控制线和信号线之间的干扰。

问 13　PLC 输出端的保护应注意哪些事项？

答：当 PLC 的输出负载为电感性负载时，为了防止负载关断产生的高电压对 PLC 输出点的损害，应对输出点加上保护电路。保护电路的主要作用是抑制高电压的产生。当负载为交流感性负载时，可在负载两端并联压敏电阻，或者并联阻容吸收电路，如图 7-2（a）所示。阻容吸收电路可选 0.5W、120Ω 的电阻和 0.1μF 的电容器。负载为直流感性负载时，可在负载两端并联续流二极管或稳压二极管加以抑制，如图 7-2（b）所示。续流二极管可选额定电流为 1A 左右的二极管。

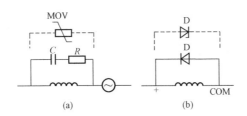

图 7-2 PLC 输出端的保护

（a）交流感性负载；（b）直流感性负载

问 14 PLC 在实际应用中扩展 I/O 点的方法有几种？

答：PLC 以优良的性能在工业控制中得到广泛的应用。但 PLC 每个 I/O 点的平均价格近百元，若有效地减少所用 I/O 点的数量，可大大降低控制系统的成本。下面介绍减少 I/O 点数的几种方法。

（1）减少输入点的方法。通常设计人员将所有输入点都接到 PLC 上，通过编程来实现联锁、互锁及保护等功能。其实，在很多情况下，可以将电路稍加改进，以减少 PLC 的输入点数。

1）分时分组输入。图 7-3（a）所示电路中有手动/自动转换功能，I0.1、I0.3、I0.5 是自动时的输入信号，I0.2、I0.4、I0.6 是手动时的输入点。手动和自动状态一般不会同时进行，可将手动和自动状态时的输入分成两组，如图 7-3（b）所示，I0.1、I0.2、I0.3 成为其共用输入点，在外部接 6 个二极管可实现与图 7-3（a）相同的控制功能，同时减少了 3 个输入点，图 7-3（b）中的二极管起隔离作用，防止产生寄生电流。

2）合并输入点。某些输入信号总是以"或与非"的组合形式出现在梯形图中，就可将对应的点在 PLC 个部串、并联后作一个整体信号输入 PLC。如图 7-4（a）所示，SB1、SB2、SB3 按钮分别控制 3 台电动机的起动，SB4、SB5、SB6 按钮分别控制 3 台电动机的停止，而且要求同时起动/停止。图 7-4（b）也可以达到要求。相比之下，图 7-4（b）中占用的输入点较少，二者的程序略有不同。

如图 7-5（a）所示，3 台电动机的起动按钮和超过负荷起保护作用热继电器的常闭点都直接引到 PLC 的输入板上，各占一个输入点。当 KM1（KM2、KM3）所控制的电动机超过负荷时，FR1（FR2、FR3）跳开，通过程序使得 Q0.0（Q0.1、Q0.2）停止输出，达到保护电动机的目的如图 7-5（b）所示，将 FR1（FR2、FR3）3 个信号点输入极改接到 KM1、KM2、KM3 的线圈电路中，当 3 台电动机中的某台超过负荷时，热继电器的接点直接断开线圈电路，也可以达到保护电动机的目的。

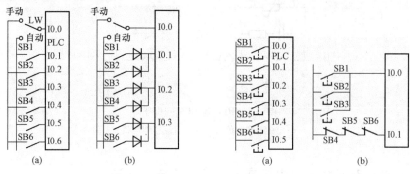

图 7-3　分时分组输入　　　　　图 7-4　合并输入点 1

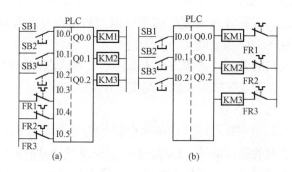

图 7-5　合并输入点 2

（2）减少点的方法。

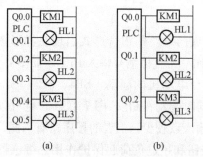

图 7-6　将动作电路和指示电路并联

1）将动作电路和指示电路并联。如图 7-6（a）所示，接触器 KM1、KM2、KM3 分别控制电动机 A、B、C，指示灯 HL1、HL2、HL3 分别指示 3 台电动机的工作状态，即 Q0.0 和 Q0.1、Q0.2 和 Q0.3、Q0.4 和 Q0.5 同时得到输出信号，图 7-6（b）减少了 3 个输出点。

2）输出点合并。如图 7-7（a）所示，某控制系统需要 KM1、KM2、KM3 所控制的 3 台电动机同时起动/停止，即图中的 Q0.0、Q0.1、Q0.2 同时得到输出信号。如图 7-7（b）所示，在控制电路中增加一个中间继电器 KA，由 Q0.0 控制

KA 的通电，再由 KA 的接点控制 KM1、KM2 和 KM3 同时动作，达到了减少输出点数的目的。

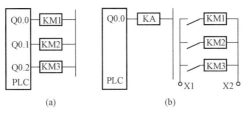

图 7-7　输出点合并

（3）相关点控制法。联锁可以通过编程，也可以通过硬件来实现。如图 7-8（a）所示，当按钮 SB1 按下后，要 KM1 吸合，KM3 断开，KM2 吸合，可以通过编程来实现。如图 7-8（b）所示，通过 KM1 的辅助点来达到控制 KM2、KM3 通断的目的，显然，图 7-8（b）所占用的输出点较少。

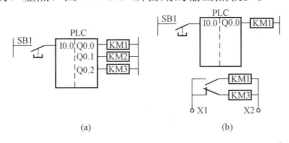

图 7-8　相关点控制

（4）其他方法。系统中某些相对独立或比较简单的功能可以通过继电器来实现，不必引到 PLC 的 I/O 上。

问 15　PLC 控制分拣大小球的机械装置的设计要求是什么？

答：图 7-9 所示为一台分拣大小球的机械装置，它的工作过程是：当机械臂处于原始位置时，即上限开关 LS1 和左限位开关 LS3 压下，抓球电磁铁处于失电状态。这时按动启动按钮 SB1 后，机械臂下行，碰到下限位开关 LS2 后停止下行，且电磁铁得电吸球。如果吸住的是小球，则大小球检测开关 SQ 为 ON；如果吸住的是大球，则 SQ 为 OFF。1s 后，机械臂上行，碰到上限位开关 LS1 后右行，它会根据大小球的不同，分别在 LS4（小球）和 LS5（大球）处停止右行，然后下行至下限位停止，电磁铁失电，机械臂把球放在小球箱或大球箱里，1s 后返回。如果不按停止按钮 SB2，则机械臂一直工作下去；如果按了停止按

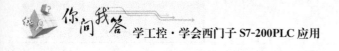

钮，则不管何时按，机械臂最终都要停止在原始位置。再次按动起动按钮后，系统可以再次从头开台循环工作。

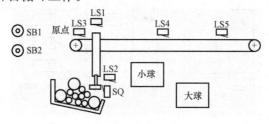

图 7-9　机械臂分拣装置示意

问 16　PLC 控制分拣大小球的机械装置的改造过程包括哪几个方面？

答：（1）I/O 点地址分配见表 7-1。

表 7-1　　　　　　PLC 控制分拣大小球的机械装置的 I/O 点地址分配

输入点	地址	输入点	地址
启动按钮 SB1	I0	原始位置指示灯 LH	Q0.0
停止按钮 SB2	I0.1	抓球电磁铁 K	Q0.1
上限位开关 LS1	I0.2	下行接触器 LM1	Q0.2
下限位开关 LS2	I0.3	上行接触器 LM2	Q0.3
左限位开关 LS3	I0.4	右行接触器 LM3	Q0.4
小球右限位开关 LS4	I0.5	左行接触器 LM4	Q0.5
大球右限位开关 LS5	I0.6		
大小球检测开关 SQ	I0.7		

（2）系统功能图如图 7-10 所示，梯形图如图 7-11 所示。

问 17　PLC 控制分拣大小球的机械装置的程序设计原由是什么？

答：（1）由于大小球的不同，所以使用了分支选择电路，使机械臂能够在右行后在不同的位置下行，把大小球分别放进各自的箱子里去。

（2）在机械手上、下、左、右行走的控制中，加上了一个软件联锁触点，替代了 SM0.0。

（3）图 7-10 中的 M0.0 是一个选择逻辑，其功能如图 7-11 中的网络 1 所示，它相当于一个开关，控制着系统是进行单周期操作还是循环操作。

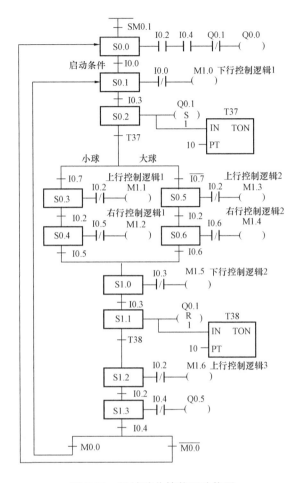

图 7-10　机械臂分拣装置功能图

（4）S7-200 系列 PLC 的顺控指令不支持直接输出（＝）的双线圈操作。如果在图 7-10 中的状态 S0.1 的 SCR 段有 Q0.2（下行）输出，在状态 S1.0 的 SCR 段也有 Q0.2 输出，则不管什么情况下，在前面的 Q0.2 永远不会有效。这是 S7-200 系列 PLC 顺序控制指令设计方面的缺陷，为用户的使用带来了极大的不便。所以在使用 S7-200 系列 PLC 的顺序控制指令时一定不要有双线圈输出。为解决这个问题，可采用本例的办法，用中间继电器逻辑过渡一下。例如，本例的机械手进行上行、下行和右行的控制逻辑设计，凡是有重复使用的相同输出驱动，在 SCR 段中先用中间继电器表示其分段的输出逻辑，在程序的最后再进行合并输出处理。这是解决这一缺陷的最佳方法。左行时只有在状态 S1.3 中用到了 Q0.5，所以就不用中间过渡处理了。

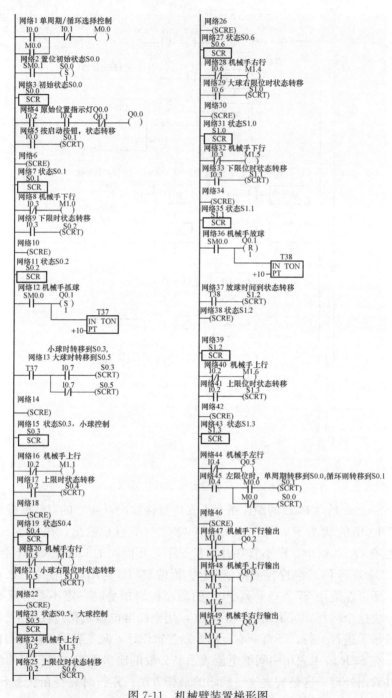

图 7-11 机械臂装置梯形图

注意：经作者验证，在 CPU V1.21 版本和 Micro/Win32 V3.2 版本中该系统软件缺陷仍存在。

问 18 PLC 控制化学反应过程的装置的设计要求是什么？

答： 某化学反应过程的装置由 4 个容器组成，容器之间用泵连接，以此来进行化学反应。每个容器都装有检测容器空满的传感器，2 号容器还带有加热器和温度传感器，3 号容器带有搅拌器。当1 号、2 号容器中的液体抽入 3 号容器时，起动搅拌器。3 号、4 号容器是 1号、2 号容器体积的 2 倍，可以由 1号、2 号容器的液体装满。化学反应过程如图 7-12 所示。

该化学反应过程的工作原理如下：按下启动按钮后，1 号、2 号容器分别用泵 P1、P2 从碱和聚合物库中将其抽

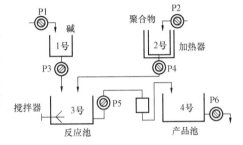

图 7-12　化学反应过程示意图

满。抽满后传感器发出信号，泵 P1、P2 关闭。当 2 号容器加热到 $60℃$ 时，温度传感器发出信号，关掉加热器。泵 P3、P4 分别将 1 号、2 号容器中的溶液送到3 号容器中，同时起动搅拌器，搅拌时间为 60s。一旦 3 号满或 1 号、2 号容器空，则泵 P3、P4 停止并等待。当搅拌时间到，泵 P5 将混合液抽到 4 号容器，直到 4 号容器满或 3 号容器空。成品用泵 P6 抽走，直到 4 号容器空。至此，整个过程结束，再次按下启动按钮，新的循环便开始。

问 19 PLC 控制化学反应过程的装置的改造过程分为几个方面？

答：（1）I/O 点地址分配见表 7-2。

表 7-2　　　　　PLC 控制化学反应过程的装置的 I/O 点地址分配

输入点	地址	输出点	地址
手动起动按钮	I0.0	泵 P1 接触器	Q0.0
1 号容器满	I0.1	泵 P2 接触器	Q0.1
1 号容器空	I0.2	泵 P3 接触器	Q0.2
2 号容器满	I0.3	泵 P4 接触器	Q0.3
2 号容器空	I0.4	泵 P5 接触器	Q0.4
3 号容器满	I0.5	泵 P6 接触器	Q0.5

续表

输入点	地址	输出点	地址
3号容器空	I0.6	加热器接触器	Q0.6
4号容器满	I0.7	搅拌器接触器	Q0.7
4号容器空	I1.0		
温度传感器	I1.1		

（2）根据系统控制要求绘制的功能图如图 7-13 所示。由功能图设计出的梯形图程序如图 7-14 所示。

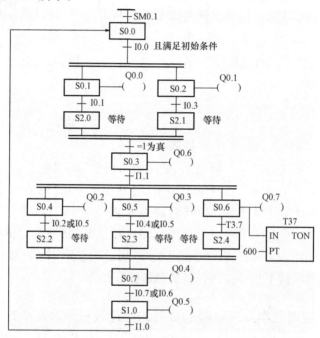

图 7-13　化学反应过程功能图

问 20　**PLC 控制化学反应过程的装置的程序设计原由是什么？**

答：（1）初始状态设为 P1、P2、P3、P4、P5、P6 停，加热器停和搅拌器停，并且 4 号容器空。在使用编程软件画梯形图时受宽度及教材排版的限制，所以用 M0.0 和 M0.1 进行了过渡。

（2）该例中的关键是进行并行分支的合并处理。在一些并行分支合并时，由于各分支不一定同时结束，所以设计一些等待状态是必需的，也是合理的。对这些等待状态的复位处理要使用复位指令。

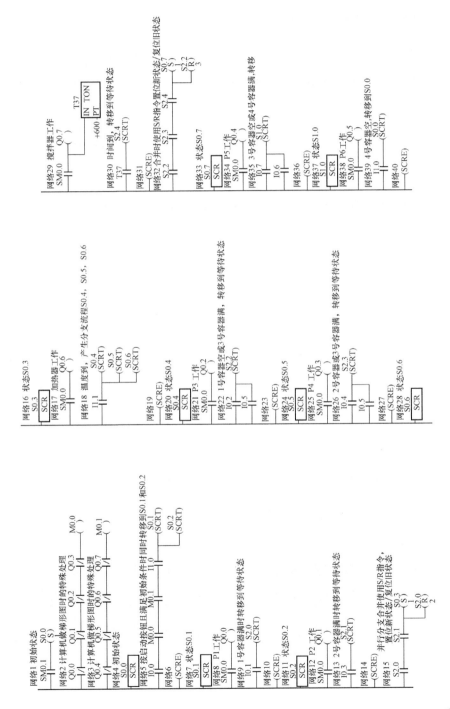

图 7-14 化学反应过程 PLC 控制系统梯形图程序

191

（3）并行分支合并后转移到新的状态可以有转移条件，但有时看不到转移条件，其实这时的转移条件就是永远为"真"。即只要所有合并的分支最后一个状态都为 ON 时就可以转移。永远为"真"的条件在功能图上可以写出来，也可以不写出来。在该例的功能图中，分支状态 S2.0、S2.1 往状态 S0.3 转移时，就标出了转移条件"=1"，即为"真"的条件；而在 S2.2、S2.3、S2.4 往状态 S0.7 转移时就没有标出转移条件。

（4）并行分支合并前的状态编号最好是连续的，如本例中的 S2.0、S2.1 和 S2.2、S2.3、S2.4，这样在最后对它们进行复位时只用一条复位指令即可，这是一个使用技巧。

问 21 **PLC 控制 3 台电动机起动顺序的设计要求是什么？**

答： 如图 7-15 所示，3 台电动机在按下起动按钮后，每隔一段时间自动顺序起动；起动完毕后，按下停止按钮，每隔一段时间自动反向顺序停止。在起动过程中，如果按下停止按钮，则立即中止起动过程，对已起动运行的电动机，马上进行反方向顺序停止，直到全部结束。

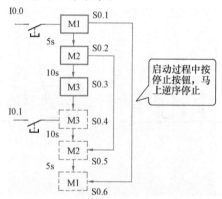

图 7-15　电动机顺序起动/停止控制示意图

问 22 **PLC 控制 3 台电动机起动顺序的改造过程是什么？**

答： 该例控制系统的功能图如图 7-16 所示，根据功能图设计的梯形图如图 7-17 所示。

PLC 的输入/输出地址分配如下。

起动按钮：I0.0。

停止按钮：I0.1。

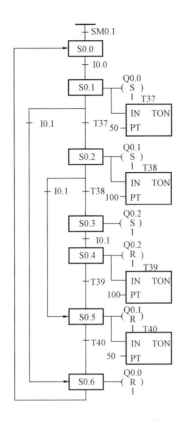

图 7-16　电动机顺序起动/停止
功能图

电动机 M1：Q0.0。

电动机 M2：Q0.1。

电动机 M3：Q0.2。

问 23　PLC 控制 3 台电动机起动顺序的程序设计原由是什么？

答：（1）在图 7-17 中加上了对所使用的顺序控制继电器（S）进行初始化的复位处理。在 S7-200 系列 PLC 中，S 不是掉电保持型的存储器，所以不对它进行初始化复位也是可以的。

（2）在起动过程中如果按下停止按钮，则马上转移到相应的状态，原状态随之复位，定时器 T37 或 T38 也会复位。

（3）在图 7-16 的最后一个状态 S0.6 后，要激活初始状态 S0.0，否则无法再次开始下一轮工作。按本例设计，则再次按下起动按钮后，系统又可继续

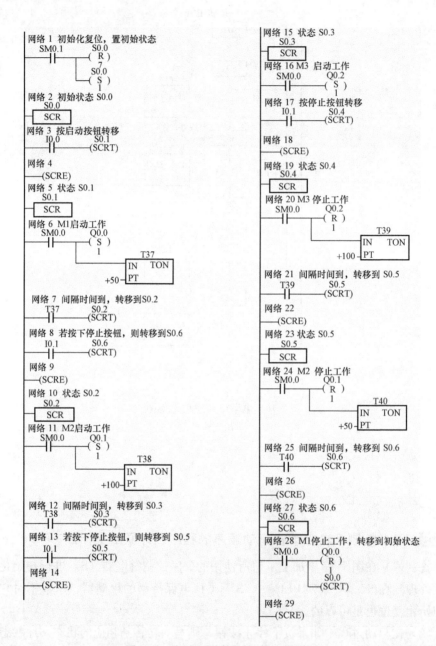

图 7-17 电动机顺序起动/停止梯形图

工作。

(4) 本例中最关键的是要设计好选择分支的条件和跳转的目标状态，处理好

194

结束状态的转移目标。

问 24 **恒压供水的原理是什么?**

答: 为保持网管中水压的基本恒定,通常采用具有 PID 调节功能的控制器。根据给定的压力信号和反馈的压力信号,控制变频器调节水泵的转速,实现网管恒压的目的。变频恒压供水的原理如图 7-18 所示。

变频恒压供水系统的工作过程是闭环调节的过程。压力传感器安装在网管上,将网管系统中的水压变换为 4~20mA 或 0~10mA 的标准电信号,送到 PID 调节器中。PID 调节器将反馈压力信号和给定压力信号相比较,经过 PID 运算处理后,

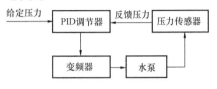

图 7-18　恒压供水系统原理图

仍以标准信号的形式送到变频器并作为变频器的调速给定信号。也可以将压力传感器的信号直接送到具有 PID 调节功能的变频器中进行运算处理,实现输出频率的改变。

问 25 **恒压供水的变频控制方式是什么?**

答: 恒压供水系统变频器拖动水泵控制方式可根据现场具体情况进行系统设计。为提高水泵的工作效率,节约用电量,通常采用一台变频器拖动多台水泵的控制方式。当用户用水量小时,采用一台水泵变频控制的方式。随着用户用水量的不断提高,当第一台水泵的频率达到上限时,将第一台水泵进行工频运行,同时投入第二台水泵进行变频运行。若两台水泵不能满足用户用水量的要求,按同样的原理逐台加入水泵。当用户用水量减少时,将运行的水泵切断,前一台水泵由工频变为变频运行。

问 26 **PID 调节方式有哪几种?**

答: (1) 变频器 PID。通常变频器的 PID 功能可以直接用来调节变频恒压供水的系统压力。单独采用变频器控制方式的系统成本降低了很多。但在系统的动态运行过程中,水泵往往会出现速度不稳定的现象,对系统构成影响。

(2) 单片机 PID 控制。单片机控制的可靠性、工作稳定性、寿命的持久性均比不上 PLC,同时单片机控制程序固定、无法更新。

(3) PLC 进行 PID 控制。PLC 具有多种数学运算功能,适用性强,控制程

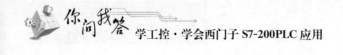

序改进方便，计算速度快，各种智能模块、I/O 模块齐全，易于扩展。

问 27 **PLC 控制恒压供水的改造过程包括哪些内容？**

答：（1）根据要求设计恒压供水的 PLC 控制线路梯形图程序并进行检查。

（2）安装与调试恒压供水的 PLC 控制线路。

1）设备、工具及材料准备见表 7-3。

表 7-3　　　　　　　　　　设备、工具及材料准备

序号	分类	名　称	型号规格	数量	单位	备注
1	工具	电工工具		1	套	
2	器材	万用表	MF47 型	1	块	
3		PLC	S7-300（CPU 314C-2DP）	1	台	
4		计算机	Pentium 4 或自选	1	台	
5		STEP 7 V5.4 编程软件	MP1	1	套	
6		安装绝缘板	600mm×900mm	1	块	
7		空气断路器	Mui9 C65N D20 或自选	1	只	
8		熔断器	RT28-32	5	只	
9		按钮	LA4-3H	2	只	
10		端子	D-20	1	排	
11		压力变送器	3051C 或自选	8	只	
12		接触器	NC3-09/220 或自选	6	只	
13	消耗材料	多股软铜线	BVR1/1.37mm²	10	m	主电路
14		多股软铜线	BVR1/1.13mm²	15	m	控制电路
15		软线	BVR7/0.75mm²	10	m	
16		紧固件	M4×20 螺钉	若干	只	
17			M4×12 螺钉	若干	只	
18			ϕ4mm 平垫圈	若干	只	
19			ϕ4mm 弹簧垫圈及 ϕ4mm 螺母	若干	只	
20		异型管		2	m	

2）操作步骤。

a）设计电路。采用 PLC 和变频器对如图 7-19 所示恒压供水系统进行控制。

b）当用水量较小时，KM1 得电闭合，起动变频器，KM2 得电闭合，水泵

电动机 M1 投入变频运行。

　　c）随着用水量的增加，当变频器的运行频率达到上限值时，KM2 失电断开，KM3 得电闭合，水泵电动机 M 投入工频运行；KM4 得电闭合，水泵电动机 M2 投入变频运行。

　　d）在水泵电动机 M2 变频运行 5s 后，当变频器的运行频率达到上限值时，KM4 失电断开，KM5 得电闭合，水泵电动机 M2 投入工频运行；KM6 得电闭合，水泵电动机 M3 投入变频运行。水泵电动机 M1 继续工频运行。

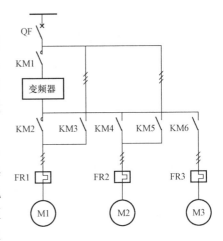

图 7-19　恒压供水主电路原理图

　　e）随着用水量的减小，在水泵电动机 M3 变频运行时，当变频器的运行频率达到下限值时，KM6 失电断开，水泵电动机 M3 停止运行；延时 5s 后，KM5 失电断开，KM4 得电闭合，水泵电动机 M2 投入变频运行，水泵电动机 M1 继续工频运行。

　　f）在水泵电动机 M2 变频运行时，当变频器的运行频率达到下限值时，KM4 失电断开，水泵电动机 M2 停止运行；延时 5s 后，KM3 失电断开，KM2 得电闭合，水泵电动机 M1 投入变频运行。

　　g）压力传感器将管网的压力变为 4mA 的电信号，经模拟量模块输入 PLC，PLC 根据设定值与检测值进行 PID 运算，输出控制信号经模拟量模块至变频器，调节水泵电动机的供电电压和频率。

　　3）选用元器件。恒压供水 PLC 控制的主要元器件及功能见表 7-4。

表 7-4　　　　　　　　恒压供水 PLC 控制的主要元器件及功能

代号	名称	用途	代号	名称	用途
SB1	按钮	启动按钮	KM4	接触器	M2 变频运行
KM1	接触器	变频器运行	KM5	接触器	M2 工频运行
KM2	接触器	M1 变频运行	KM6	接触器	M3 变频运行
KM3	接触器	M1 工频运行	SP	压力变压器	压力变送器

问 28 **PLC 控制恒压供水的程序设计过程是什么?**

答:(1)I/O 分配。首先要进行 I/O 点的分配,I/O 分配见表 7-5。

表 7-5 恒压供水 PLC 控制系统 I/O 分配

输 入			输 出		
元件代号	元件功能	输入继电器	元件代号	元件功能	输出继电器
SB1	启动按钮	I0.0	KM1	变频器运行	Q0.1
19、20 端	变频器下限频率	I0.1	KM2	MI 变频运行	Q0.2
21、22 端	变频器上限频率	I0.2	KM3	MI 工频运行	Q0.3
			KM4	M2 变频运行	Q0.4
			KM5	M2 工频运行	Q0.5
			KM6	M3 变频运行	Q0.6

(2)画出 I/O 接线图。用西门子 S7-200、S7-300 系列 PLC 和变频器实现恒压控制的 I/O 接线,如图 7-20 所示。

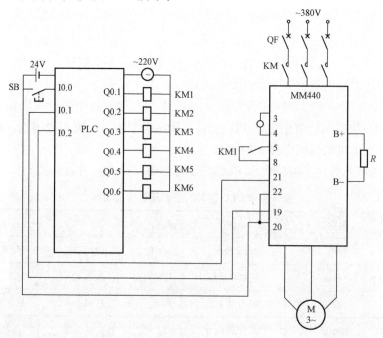

图 7-20 恒压供水控制变频调速系统原理图

(3)编写梯形图,如图 7-21 所示。

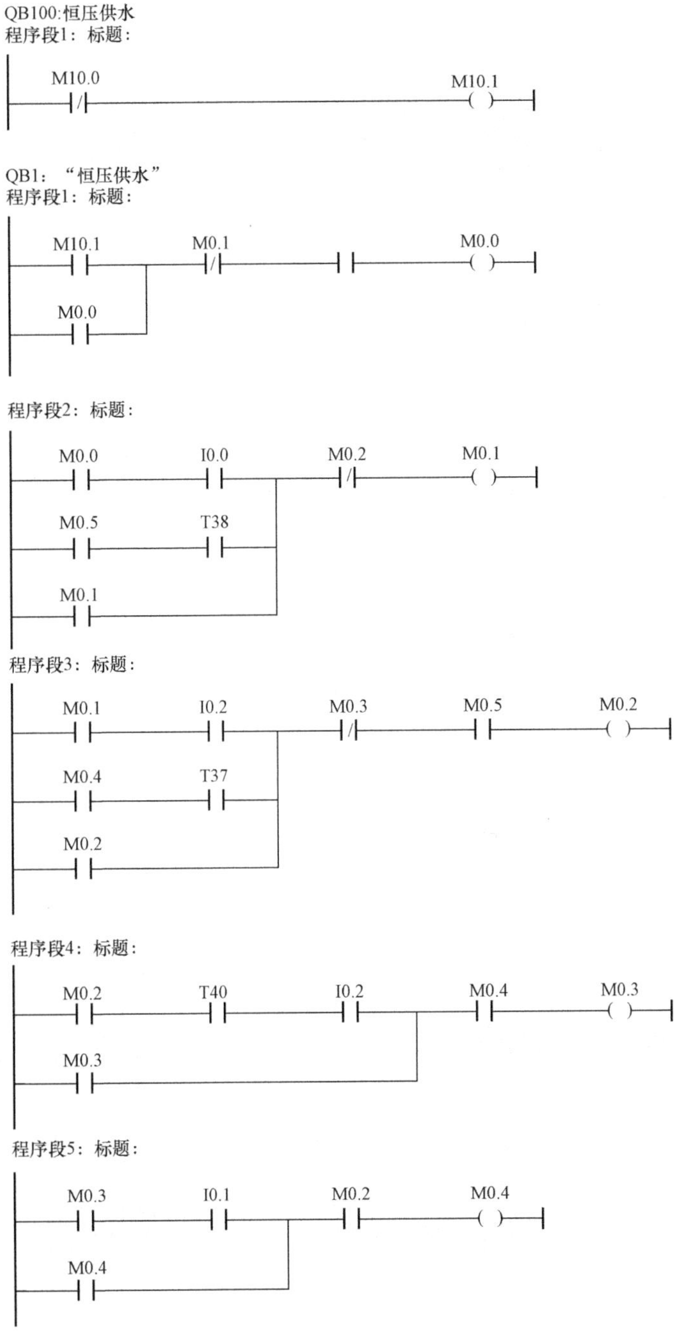

QB100:恒压供水
程序段1：标题：

```
    M10.0                                              M10.1
  ──┤/├──────────────────────────────────────────────( )──
```

QB1："恒压供水"
程序段1：标题：

```
    M10.1         M0.1              M0.0
  ───┤├────┬────┤/├──────┤├────────( )───
            │
    M0.0    │
  ───┤├─────┘
```

程序段2：标题：

```
    M0.0          I0.0         M0.2      M0.1
  ───┤├──────────┤├───────┬───┤/├──────( )───
                          │
    M0.5          T38     │
  ───┤├──────────┤├───────┤
                          │
    M0.1                  │
  ───┤├───────────────────┘
```

程序段3：标题：

```
    M0.1          I0.2         M0.3      M0.5      M0.2
  ───┤├──────────┤├───────┬───┤/├──────┤├───────( )───
                          │
    M0.4          T37     │
  ───┤├──────────┤├───────┤
                          │
    M0.2                  │
  ───┤├───────────────────┘
```

程序段4：标题：

```
    M0.2          T40          I0.2           M0.4      M0.3
  ───┤├──────────┤├───────┬───┤├────────────┤├───────( )───
                          │
    M0.3                  │
  ───┤├───────────────────┘
```

程序段5：标题：

```
    M0.3          I0.1         M0.2      M0.4
  ───┤├──────────┤├───────┬───┤├───────( )───
                          │
    M0.4                  │
  ───┤├───────────────────┘
```

图 7-21　恒压供水控制系统 PLC 参考程序（一）

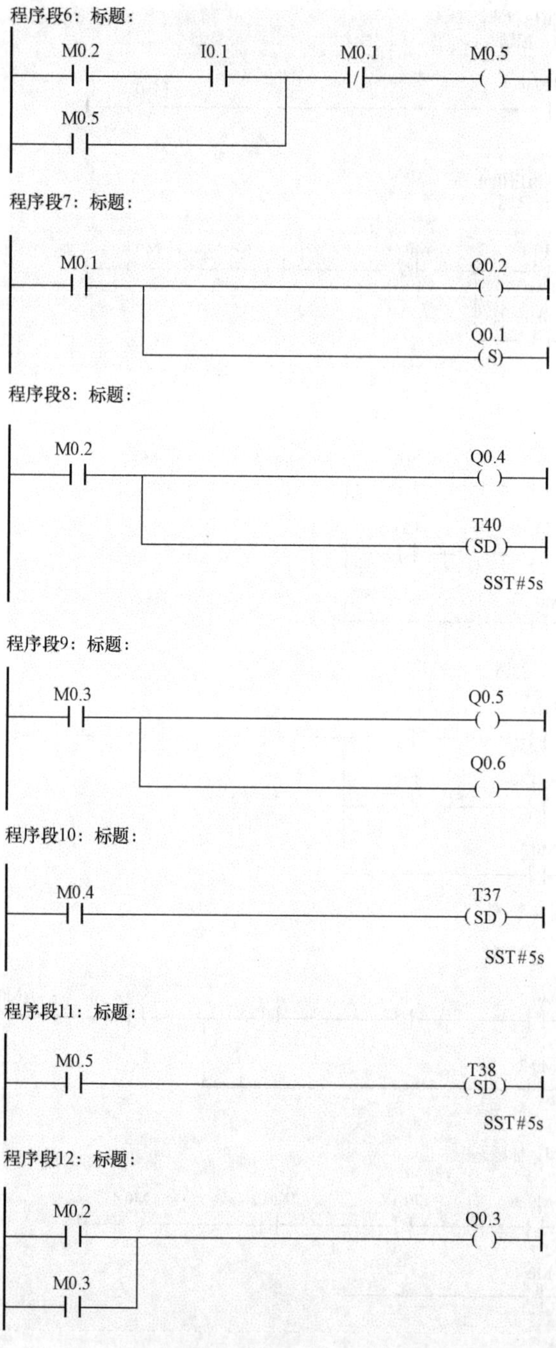

程序段6：标题：

```
    M0.2        I0.1         M0.1        M0.5
├───┤ ├───────┤ ├──────┬──┤/├────────( )───┤
│                       │
│   M0.5                │
├───┤ ├─────────────────┘
```

程序段7：标题：

```
    M0.1                               Q0.2
├───┤ ├──────────────┬───────────────( )───┤
│                    │
│                    │                Q0.1
│                    └───────────────( S )──┤
```

程序段8：标题：

```
    M0.2                               Q0.4
├───┤ ├──────────────┬───────────────( )───┤
│                    │
│                    │                T40
│                    └───────────────( SD )─┤
│                                    SST#5s
```

程序段9：标题：

```
    M0.3                               Q0.5
├───┤ ├──────────────┬───────────────( )───┤
│                    │
│                    │                Q0.6
│                    └───────────────( )───┤
```

程序段10：标题：

```
    M0.4                               T37
├───┤ ├──────────────────────────────( SD )─┤
                                     SST#5s
```

程序段11：标题：

```
    M0.5                               T38
├───┤ ├──────────────────────────────( SD )─┤
                                     SST#5s
```

程序段12：标题：

```
    M0.2                               Q0.3
├───┤ ├──────────────┬───────────────( )───┤
│                    │
│   M0.3             │
├───┤ ├──────────────┘
```

图 7-21　恒压供水控制系统 PLC 参考程序（二）

（4）恒压供水控制系统变频器参数设置，见表 7-6。

表 7-6　　　　　　　恒压供水控制系统 **MM440** 变频器参数设置

参数号	设定值	说明
P0003	3	用户访问所有参数
P0100	0	功率以 kW 表示，频率为 50Hz
P0300	1	电动机类型选择（异步电动机）
P0304	380	电动机额定电压（V）
P0305	3	电动机额定电流（A）
P0307	11	电动机额定功率（kW）
P0309	0.94	电动机额定效率（%）
P0310	50	电动机额定频率（Hz）
P0311	2950	电动机额定转速（r/min）
P0700	2	命令由端子排输入
P0701	1	端子 DIN1 功能为 ON 接通正转
P0725	1	端子输入高电平有效
P0731	53.2	已达到最低频率
P0732	52.A	已达到最高频率
P1000	1	频率设定由 BOP 设置
P1080	10	电动机运行的最低频率
P1082	50	电动机运行的最高频率
P1120	5	加速时间（s）
P1121	5	减速时间（s）
P2200	1	PID 控制功能有效
P2240	60	由面段设定目标参数（%）
P2253	2250	已激活的 PID 设定值
P2254	70	无 PID 微调信号源
P2255	100	PID 设定值的增益系数
P2256	0	PID 微调信号增益系数
P2257	1	PID 设定值的斜坡上升时间
P2258	1	PID 设定值的斜坡下降时间
P2261	0	PID 设定值无滤波
P2264	755.0	PID 反馈信号由 AIN＋设定
P2265	0	PID 反馈信号无滤波

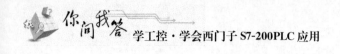

续表

参数号	设定值	说明
P2267	100	PID 反馈信号的上限值（%）
P2268	0	PID 反馈信号的下限值（%）
P2269	100	PID 反馈信号的增益（%）
P2270	0	不用 PID 反馈器的数学模型
P2271	0	PID 传感器的反馈形式为正常
P2280	15	PID 比例增益系数
P2285	10	PID 积分时间
P2291	100	PID 输出上限（%）
P2292	0	PID 输出下限（%）
P2293	1	PID 限幅的斜坡上升/下降时间（s）

（5）用编程器输入和传输程序。

（6）安装和调试。

1）首先将主、控回路按图 7-20 进行连线，并与实际操作情况相结合。

2）经检查无误后方可通电。

3）在通电后不要急于运行，应先检查各电气设备的连接是否正常，然后进行单一设备的逐个调试。

4）按照系统要求进行 PLC 程序的编写并传入 PLC 内，然后进行模拟运行调试，观察输入点和输出点是否和要求一致。

5）按照系统要求进行变频器参数的设置。

6）对整个系统进行统一调试，包括安全和运行情况的稳定性。

7）在系统正常情况下，按下合闸按钮，就开始按照控制要求运行调试。根据程序调节模拟量输入，从而调节变频器控制恒压供水控制系统电动机的转速，从而实现恒压供水的变频调速自动控制。

（7）注意事项。

1）线路必须检查清楚才能上电。

2）在系统运行调整中要有准确的实际记录，如温度变化范围是否正常，运行是否平稳，以及节能效果如何。

3）对运行中出现的故障现象进行准确的描述分析。

4）注意在恒压供水控制时不得长期超负荷运行，否则电动机和变频器将过载而停止运行。

5）在运行过程中要认真观测恒压供水控制系统的变频自动控制方式及特点。

问 29 **双恒压无塔供水控制系统的工艺过程是什么？**

答：随着社会的发展和进步，城市高层建筑的供水问题日益突出。一方面要求提高供水质量，不要因为压力的波动造成供水障碍；另一方面要求保证供水的可靠性和安全性，在发生火灾时能够可靠供水。针对这两方面的要求，新的供水方式和控制系统应运而生，这就是 PLC 控制的恒压无塔供水系统。恒压供水包括生活用水的恒压控制和消防用水的恒压控制，即双恒压系统。恒压供水保证了供水的质量，以 PLC 为主机的控制系统丰富了系统的控制功能，提高了系统的可靠性。

下面以一个三泵生活/消防双恒压无塔供水系统为例来说明其工艺过程（已做过简化）。如图 7-22 所示，市网来水用高低水位控制器 EQ 来控制注水阀 YV1，它们自动把水注满水池，只要水位低于高水位，则自动往水池中注水。水池的高/低水位信号也直接送给 PLC，作为低水位报警用。为了保证供水的连续性，水位上下限传感器高低距离相差不大。生活用水和消防用水共用 3 台泵，平时电磁阀 YV2 处于失电状态，关闭消防管网，3 台泵根据生活用水的多少按一定的控制逻辑运行，使生活供水在恒压状态（生活用水低恒压值）下进行；当有火灾发生时，电磁阀 YV2 得电，关闭生活用水管网，3 台泵供消防用水使用，并根据用水量的大小，使消防供水也在恒压状态（消防用水高恒压值）下进行。火灾结束后，3 台泵再改为生活供水使用。

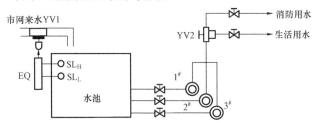

图 7-22　双恒压无塔供水系统工艺流程图

问 30 **双恒压无塔供水控制系统的控制要求是什么？**

答：对三泵生活/消防双恒压无塔供水系统的基本要求如下。

（1）生活供水时，系统应低恒压值运行，消防供水时系统应高恒压值运行。

（2）3 台泵根据恒压的需要，采取"先开先停"的原则接入和退出。

（3）在用水量小的情况下，如果一台泵连续运行时间超过 3h，则要切换到

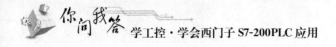

下一台，即系统具有"倒泵功能"，避免某一台泵工作时间过长。

（4）3 台泵在起动时要有软起动功能。

（5）要有完善的报警功能。

（6）对泵的操作要有手动控制功能，手动只在应急或检修时临时使用。

问 31 双恒压无塔供水控制系统的 I/O 点及地址如何分配？

答： 控制系统的输入/输出信号的名称、代码及地址编号见表 7-7。水位上下限信号分别为 I0.1、I0.2，它们在水淹没时时为 0，露出时为 1。

表 7-7　　　　　　　　　　输入/输出点代码和地址编号

名称		代码	地址编号
输入信号	手动和自动消防信号	SA1	I0.0
	水池水位下限信号	SLL	I0.1
	水池水位上限信号	SLH	I0.2
	变频器报警信号	SU	I0.3
	消铃按钮	SB9	I0.4
	试灯按钮	SB10	I0.5
	远程压力表模拟量电压值	UP	AIW0
输出信号	1 号泵工频运行接触器及指示灯	KM1，HL1	Q0.0
	1 号泵变频运行接触器及指示灯	KM2，HL2	Q0.1
	2 号泵工频运行接触器及指示灯	KM3，HL3	Q0.2
	2 号泵变频运行接触器及指示灯	KM4，HL4	Q0.3
	3 号泵工频运行接触器及指示灯	KM5，HL5	Q0.4
	3 号泵变频运行接触器及指示灯	KM6，HL6	Q0.5
	生活/消防供水转换电磁阀	YV2	Q1.0
	水池水位下限报警指示灯	HL7	Q1.1
	变频器故障报警指示灯	HL8	Q1.2
	火灾报警指示灯	HL9	Q1.3
	报警电铃	HA	Q1.4
	变频器频率复位控制	KA（EMG）	Q1.5
	控制变频器频率电压信号	Vf	AQW0

问 32 双恒压无塔供水控制系统的 **PLC** 系统如何选型？

答： 从上面分析可以知道，系统共有开关量输入点 6 个、开关量输出点 12 个、模拟量输入点 1 个、模拟量输出点 1 个。如果选用 CPU224 型 PLC，也需要扩展单元；如果选用 CPU226 型 PLC，则价格较高，浪费较大。参照西门子 S7-200 产品目录及市场实际价格，选用主机为 CPU222（8 入/6 继电器输出）一台，加上一台扩展模块 EM222（8 继电器输出），再扩展一个模拟量模块 EM235（4AI/1AO）。这样的配置是最经济的，整个 PLC 系统的配置如图 7-23 所示。

图 7-23 PLC 系统组成

问 33 双恒压无塔供水控制系统的电气控制系统原理图包括哪几部分？

答： 电气控制系统原理图包括主电路图、控制电路图及 PLC 外围接线图。

问 34 双恒压无塔供水控制系统的电气控制系统主电路图结构是什么？

答： 如图 7-24（a）所示为电气控制系统主电路图。3 台电动机分别为 M1、M2、M3。接触器 KM1、KM3、KM5 分别控制 M1、M2、M3 的工频运行，接触器 KM2、KM4、KM6 分别控制 M1、M2、M3 的变频运行，FR1、FR2、FR3 分别为 3 台水泵电动机过载保护用的热敏电器，QF1、QF2、QF3、QF4 分别为变频器和 3 台水泵电动机主电路的隔离开关；FU1 为主电路的熔断器，VVVF 为简单的一般变频器。

问 35 双恒压无塔供水控制系统的控制电路图的结构是什么？

答： 如图 7-24（b）所示为电气控制系统控制电路图。图中 SA 为手动/自动转换开关，SA 打在 1 的位置为手动控制状态，打在 2 的状态为自动控制状态。手动运行时，可用按钮 SB1～SB8 控制 3 台泵的启/停和电磁阀 YV2 的通/断；自动运行时，系统在 PLC 程序控制下运行。由于电磁阀 YV2 没有触点，所以要使用一个中间断电器 KA1 间接控制 YV2，不实现 YV2 的手动自锁功能。图中的 HL10 为自动运行状态电源指示灯。对变频器频率进行复位时只提供一个干触点信号，由于 PLC 为 4 个输出点为一组，共用一个 COM 端，而本系统又没有剩下单独的 COM 端输出组，所以通过一个中间继电器 KA 的触点对变频器进行

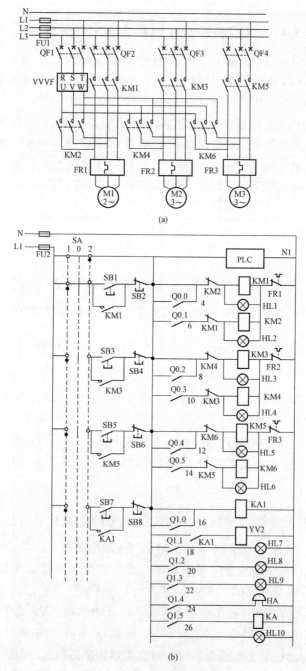

(a)

(b)

图 7-24　电气控制系统电路图

(a) 电气控制系统主电路；(b) 电气控制系统控制电路

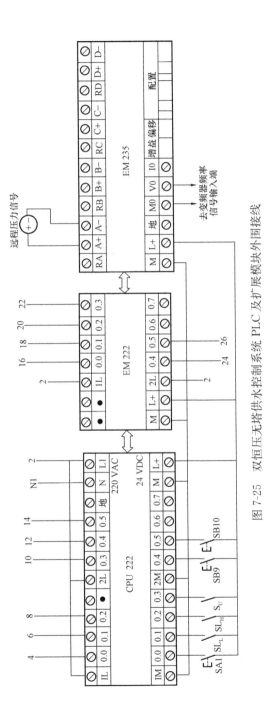

图 7-25　双恒压无塔供水控制系统 PLC 及扩展模块外围接线

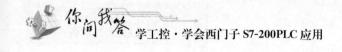

复频控制。图中 Q0.0～Q0.5 及 Q1.0～Q1.5 为 PLC 的输出继电器触点，它们旁边的 4、6、8 等数字为接线编号，可结合图 7-25 一起读图。

问 36 双恒压无塔供水控制系统的 PLC 外围接线图包括几部分？

答： 如图 7-25 所示为 PLC 及扩展模块外围接线图。火灾时，火灾信号 SA1 被触动，I0.0 为 1。

本例只是一个教学例子，实际使用时还必须考虑许多其他因素，这些因素主要包括以下 4 种。

（1）直流电源的容量。

（2）电源方面的抗干扰措施。

（3）输出方面的保护措施。

（4）系统保护措施。

问 37 双恒压无塔供水控制系统的系统程序设计包括几部分？

答： 本程序分为 3 部分：主程序、子程序和中断程序。

逻辑运算及报警处理等在主程序。系统初始化的一些工作放在初始化子程序中完成，这样可节省扫描时间。利用定时中断功能实现 PID 控制的定时采样及输出控制。生活供水时系统设定值为满量程的 70%，消防供水时系统设定值为满量程的 90%。在本系统中，只是用比例（P）和积分（I）控制，其回路增益和时间常数可通过工程计算初步确定，但还需要进一步调整以达到最优控制效果。初步确定的增益和时间常数如下（参考本书 PID 指令的使用一节）。

增益 K_c＝0.25。

采样时间 T_s＝0.2s。

积分时间 T_i＝30min。

程序中使用的 PLC 元器件及其功能见表 7-8。

双恒压无塔供水系统的梯形图程序及程序注释如图 7-26 所示。对该程序有以下几点说明。

（1）因为程序较长，所以读图时请按网络标号的顺序进行。

（2）本程序的控制逻辑设计针对的是较少泵数的供水系统。

（3）本程序不是最优设计。

（4）本程序已做过大量简化，不能作为实际使用的程序。

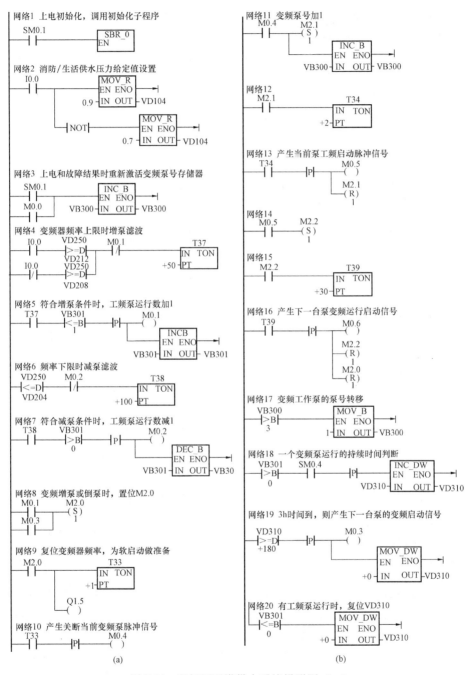

网络1 上电初始化，调用初始化子程序

网络2 消防/生活供水压力给定值设置

网络3 上电和故障结果时重新激活变频泵号存储器

网络4 变频器频率上限时增泵滤波

网络5 符合增泵条件时，工频泵运行数加1

网络6 频率下限时减泵滤波

网络7 符合减泵条件时，工频泵运行数减1

网络8 变频增泵或倒泵时，置位M2.0

网络9 复位变频器频率，为软启动做准备

网络10 产生关断当前变频泵脉冲信号

(a)

网络11 变频泵号加1

网络12

网络13 产生当前泵工频启动脉冲信号

网络14

网络15

网络16 产生下一台泵变频运行启动信号

网络17 变频工作泵的泵号转移

网络18 一个变频泵运行的持续时间判断

网络19 3h时间到，则产生下一台泵的变频启动信号

网络20 有工频泵运行时，复位VD310

(b)

图 7-26　双恒压无塔供水系统梯形图（一）

（a）主程序 1；（b）主程序 2

209

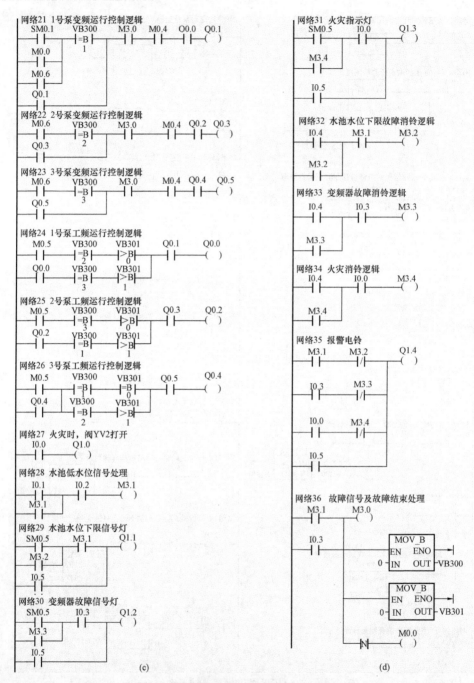

图 7-26　双恒压无塔供水系统梯形图（二）

（c）主程序 3；（d）主程序 4

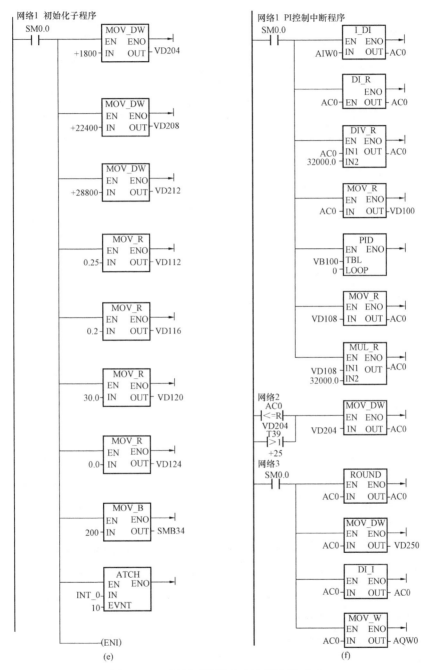

图 7-26　双恒压无塔供水系统梯形图（三）

（e）子程序；（f）中断子程序

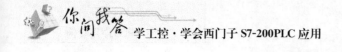

表 7-8 程序中使用的元器件及功能

器件地址	功能	器件地址	功能
VD100	过程变量标准化值	T38	工频泵减泵滤波时间控制
VD104	压力给定值	T39	工频/变频转换逻辑控制
VD108	PI 计算值	M0.0	故障结束脉冲信号
VD112	比例系数	M0.1	泵变频起动脉冲
VD116	采样时间	M0.3	倒泵变频起动脉冲
VD120	积分时间	M0.4	复位当前变频运行泵脉冲
VD124	微分时间	M0.5	当前泵工频运行起动脉冲
VD204	变频器运行频率下限值	M0.6	新泵变频起动脉冲
VD208	生活供水变频器 运行频率上限值	M2.0	泵工频/变频转换逻辑控制
VD212	消防供水变频器 运行频率上限值	M2.1	泵工频/变频转换逻辑控制
VD250	PI 调节结果存储单元	M2.2	泵工频/变频转换逻辑控制
VB300	变频工作泵的泵号	M3.0	故障信号汇总
VB301	工频运行的泵的总台数	M3.1	水池水位下限故障逻辑
VD310	倒泵时间存储器	M3.2	水池水位下限故障消铃逻辑
T33	工频/变频转换逻辑控制	M3.3	变频器故障消铃逻辑
T34	工频/变频转换逻辑控制	M3.4	火灾消铃逻辑
T37	工频泵增泵滤波时间控制	—	—

问 38 PLC 应用于改造机床继电控制线路的一般步骤和办法是什么？

答：（1）熟悉加工工艺流程，弄清老设备的继电器控制原理。其中包括：①控制过程的组成环节；②各环节的技术要求和相互间的控制关系；③I/O 的逻辑关系和测量方法；④设备的控制方法与要求。

（2）列出机床电器所用元件，根据现场信号、控制命令、作用等条件，确定现场 I/O 信号和分配到 PC 内与其相连的 I/O 端子号，并绘出 I/O 端子接线图。

（3）确定 PLC 机型，主要依据 I/O 形式和点数选择。

（4）根据控制流程，设计 PLC 的梯形图，并由梯形图写出指令语句程序。

（5）将程序输入到 PLC 中并接线调试。

以上已逐步介绍了程序设计的基本方法，这里再补充和强调以下几点。

1）对已成熟的继电器-接触器控制电路的生产机械，在改用 PLC 控制时，只要把原有的控制电路进行适当改动，使之成为符合 PLC 要求的梯形图。

2）原来继电器-接触器控制电路中分开画的交流控制电路和直流执行电路，在 PLC 梯形图中要合二为一。

3）PLC 梯形图中，只有输出继电器可以控制外部电路及负载。

4）每个逻辑行的条件指令（动断、动合触点），其数目不限，但是每个触点都要可供使用。

5）每个相同的条件指令可以使用无数次，而不像继电器控制只有有限的触点可供使用。

6）接通外部执行元件的输出指令地址号（输出继电器）也可以作为条件指令使用。

7）一些简单、独立的控制电路（如机床中冷却泵电动机的控制电路），可以不进入 PC 程序控制。

问 39 PLC 控制系统施工设计应注意哪些事项？

答：与一般电气施工设计一样，PLC 控制系统施工设计也要完成以下工作：①绘制完整的电路图；②列出电器元件清单；③绘制电气柜内电器位置图、电器安装线互连图。此外，还要做好并注意以下几点。

（1）画出电动机主电路及不进入 PLC 的其他电路。

（2）画出 PLC 的 I/O 端子接线图。

1）按照现场信号与 PLC 软继电器编号对照表的规定，将现场信号线接在对应的端子上。

2）输入电路一般由 PLC 内部提供电源，输出电路需根据负载额定电压外接电源。

3）输出电路要注意每个输出继电器的触点容量及公共端（COM）的容量。

4）接入 PLC 输入端带触点的电气元件一般尽量用动合触点。

5）执行电器若为感性负载，交流要加阻容器吸收回路，直流要加续流二极管。

6）输出公共端应加熔断器保护，以免负载短路引起 PLC 的损坏。

（3）画出 PLC 的电源进线图和执行电器供电系统控制。

1）电源进线处应设置紧急停止 PLC 的外接继电器控制。

2）若用户电网电压波动较大或附近有大的磁场干扰源，需在电源与 PLC 间加隔离变压器和有源滤波器。

（4）绘制电气柜结构设计及柜内电器的位置图。PLC 的主要单元和扩展单元可以和电源断路器、变压器主控继电器及保护电器一起安装在控制柜内，既要防水、防尘、防腐蚀，又要注意散热。若 PLC 的环境温度大于 55℃时，要用风扇强制冷却。PLC 与柜壁间的距离不得小于 100mm，与顶盖、底板间的距离要在 150mm 以上。

（5）画现场布线图。PLC 系统应单独接地，其接地电阻应小于 100Ω，不可与电网共用接地线，也不可接在自来水管或房屋钢筋构件上，但允许多个 PLC 或与弱电系统共用接地线，接地极应尽量靠近 PLC 主机。敷设信号线时，要注意与动力线分开敷设（最好保持 200mm 以上的距离）。分不开时要加屏蔽措施，屏蔽要有良好接地，信号线要远离有较强的电气过渡现象发生设备（如晶闸管整流装置、电焊机等）。

PLC 安装必须具备充足的空间，以便对流冷却。PLC 的输入电源前端要有保护。由于 PLC 有自诊断功能，在进行调试及运行中，可进行程序检查、监视。PLC 的输入、输出状态都有相对应地址的发光二极管显示，当输入信号接通及满足条件而有输出信号时，发光二极管亮，便于监视和维修。

在实际应用中，调试复杂的机床的 PLC 的优越性较好，因为 PLC 的控制程序可变，从而为调试带来方便，并可大大缩短调试周期，提高运行可靠性，有较好的经济效益。

问 40 **PLC 在改造中应注意哪些问题？**

答：（1）选择 PLC 机型时要有一定的裕量，为日后系统的修改及工艺的变更提供方便。

（2）原有继电控制电路较复杂，利用继电器控制电路画 PLC 的梯形图时要注意在梯形图中对液压泵电动机正反转控制进行互锁保护，同时结合正反转接触器动断触点在输出电路中互锁实现双重保护，避免电源短路，有效保证安全。

（3）为保证安全，各热继电器动断触点不作为 PLC 输入端，直接接在输出端，对负载电路进行保护控制。

问 41 **PLC 的安装应注意哪些事项?**

答: 一般在 PLC 的使用说明书中对在安装上应注意的地方都有较详细的说明,使用时应按照说明书中的要求来安装,以下只罗列一些通常应注意的地方。

(1) 安装应牢固。

(2) 便于接线和调试。

(3) 满足 PLC 对环境的要求。

(4) 防止装配中残留的导线和铁屑的进入。

(5) 防止电击。

问 42 **PLC 的接线应注意哪些事项?**

答: 在对 PLC 进行外部接线前,必须仔细阅读 PLC 使用说明书中对接线的要求,因为这关系到 PLC 能否正常而可靠地工作、是否会损坏 PLC 或其他电气装置和零件、是否会影响 PLC 的寿命。接线中要注意以下几个方面。

(1) 接线是否正确无误。

(2) 是否有良好的接地。

(3) 供电电压、频率是否与 PLC 所要求的一致。

(4) 输入或输出的公共端应当接电源的正、负极。

(5) 传感器的漏电流是否会引起 PLC 状态误判。

(6) 是否会产生过载、短路。

(7) 强电场或动力电缆对控制电缆是否会产生干扰。

问 43 **I/O 的选择应注意哪些事项?**

答: (1) 确定 I/O 点数。确定 I/O 点数有助于识别控制器的最低限制因素。要考虑未来扩充和备用(典型的为 10%~20%备用)的需要。

(2) 离散 I/O。离散 I/O 接口可用于从传感器和开关(如按钮、限位开关等)及控制设备(如指示灯、报警器、电动机起动器等)接收信号。典型的交流 I/O 量程为 24~240V,直流 I/O 量程为 5~240V。若 I/O 设备由不同电源供电,应当有带隔离的公共线路。

(3) 模拟 I/O。模拟 I/O 接口用来感知传感器产生的信号。这些接口测量流量、温度和压力的数量值,并用于控制电压或电流输出设备。典型接口量程为 −10~410V、0~10V、4~20mA 或 10~50mA。

（4）特殊功能 I/O。在选择一个 PLC 时，用户可能会面临着需要一些特殊类型的且不能用标准 I/O 实现的 I/O 限定（如定位、快速输入、频率等）的情况。用户应当考虑供货方是否应提供一些特殊的有助于最大限度减小控制作用的模块。

（5）智能式 I/O。智能式 I/O 模块即模块本身带有处理器，对 I/O 信号进行预先规定的处理，将其处理结果送入 CPU 或直接输出，这样可提高 PLC 的处理速度，节省存储器的容量。智能式 I/O 模块有高速计数器、凸轮模拟器、带速度补偿的凸轮模拟器、单回路或多回路的 PID 调节器和 RS-232/422 接口模块等。

问 44 系统调试应注意哪些步骤？

答： 系统调试应注意以下步骤。

（1）使用 I/O 表在输出表中"强制"调试。"强制"调试即检查输出表中输出端口为"1"状态时，外部设备是否运行；为"0"状态时，外部设备是否真的停止。也可以交叉地对某些设备做"1"与"0"的"强制"，应考虑供电系统能否保证准确而安全起动或停止。

（2）通过人机命令在用户软件监视下考核外部设备的起动或停止。对于某些关键设备，为了能及时判断其运行，可以在用户软件中加入一些人机命令联锁，细致地检查它们，检查正确后，再将这些插入的人机命令拆除。这种做法相当于软件调试设置断点或语言调试的暂停。

（3）空载调试全部完成后，要对现场再做一次完整的检查，去掉多余的中间检查用的临时配线、临时布置的信号，将现场做成真正使用的状态。

问 45 用 PLC 改造 M7120 型平面磨床的电气控制线路的设计要求是什么？

答： （1）根据任务设计主电路图，列出 PLC 控制 I/O 端口元件地址分配表，设计梯形图及 PLC 控制 I/O 端口接线图。

（2）安装 PLC 控制线路，熟练正确地将所编程序输入 PLC；按照被控设备的动作要求进行安装调试，达到设计要求。

（3）电路图如图 7-27 所示。

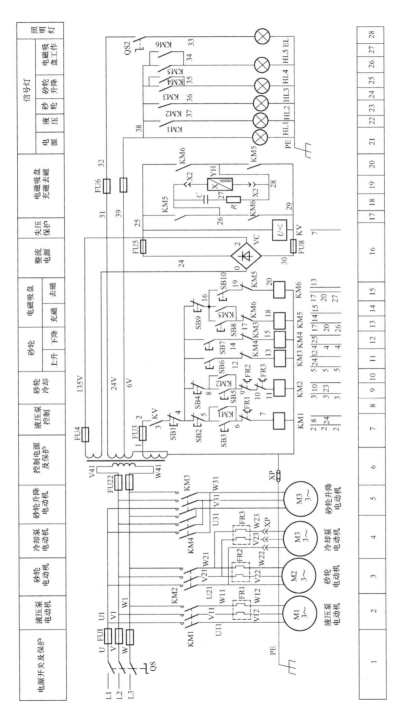

图 7-27　M7120 型平面磨床电路图

217

问46 用 PLC 改造 M7120 型平面磨床的电气控制线路的改造过程分为几个步骤？

答：（1）设备、工具和材料准备。所需设备、工具及材料见表7-9。

表 7-9　　　　　　　　　　设备、工具及材料清单

序号	分类	名　称	型号规格	数量	单位	备注
1	工具	电工工具		1	套	
2	器材	万用表	MF47 型	1	块	
3		PLC	S7-300（CPU 314C-2DP）	1	台	
4		计算机	Pentium 4 或自选	1	台	
5		STEP7 V5.4 编程软件	MP1	1	套	
6		安装绝缘板	600mm×900mm	1	块	
7		组合开关	HZ10-25P/3 或自选	1	只	
8		熔断器	RL1-60 或 RL1-15	6	只	
9		接触器	3TB43 或自选	7	只	
10		热继电器	JB36-20	3	只	
11		电压继电器		1	只	
12		控制变压器	JBK300 380/220	1	只	
13		三相异步电动机	Y80M2-2kW	4	台	
14		转换开关	LW5-16/3	2	只	
15		按钮	LA4-3H	12	只	
16		端子	D-20	1	排	
17	消耗材料	指示灯		6	只	
18		多股软铜线	BVR1/1.37mm²	10	m	主电路
19			BVR1/1.13mm²	15	m	控制电路
20		软线	BVR7/0.75mm²	10	m	
21		紧固件	M4×20 螺钉	若干	只	
22			M4×12 螺钉	若干	只	
23			φ4mm 平垫圈	若干	只	
24			φ4mm 弹簧垫圈及 φ4mm 螺母	若干	只	
25		异型管		2	m	

（2）操作步骤。

1) 电路设计分析。

a) 采用 4 台电动机拖动，即液压泵电动机 M1、砂轮电动机 M2、冷却泵电动机 M3、砂轮升降电动机 M4，其中砂轮升降电动机 M4 可正、反转，4 台电动机均用直接起动控制。

b) 控制线路设有电压继电器 KV 闭合起动和总停止按钮 SB1。

c) 按下液压泵电动机 M1 起动按钮 SB3 时，接触器 KM1 通电闭合并自锁，液压泵电动机 M1 起动运转；当按下液压电动机 M1 的停止按钮 SB2 时，液压泵电动机 M1 停止运转。

d) 当按下砂轮电动机 M2 的起动按钮 SB5 时，接触器 KM2 通电闭合并自锁，砂轮电动机 M2 起动运转；按下砂轮电动机 M2 停止按钮 SB4 时，砂轮电动机 M2 停止运转。

e) 冷却泵电动机 M3 的控制是在砂轮电动机 M2 起动运行后，通过接插件 KP 的插入和拔出控制其运行和停止的。

f) 按钮 SB6 和 SB7 点动控制砂轮升降电动机 M4 的正反转。

g) 电磁吸盘 YH 由按钮 SB8、SB9、SB10 控制其充磁和去磁。按下按钮 SB8，接触器 KM5 闭合，电磁吸盘 YH 充磁；按下按钮 SB9，电磁吸盘 YH 停止充磁；按下 SB10，接触器 KM6 闭合，电磁吸盘 YH 点动去磁。

2) 确定 I/O 点数。在改造中尽可能使用原有的电器，根据原有控制电路来计算 I/O 点数。其中按钮 12 个，热继电器 3 个，电压继电器 1 个，共计输入点数 16 个；接触器 7 个，共计输出点数 7 个。根据确定的 I/O 点数考虑留有一定的裕量，选择西门子公司的 CPU313C-2DP 型 PLC。M7120 型平面磨床 PLC 的 I/O 地址分配见表 7-10。

表 7-10　　　　　　　　　M7120 型平面磨床 PLC 的地址分配表

输入信号			输出信号		
名称	代号	输入点编号	名称	代号	输出点编号
电压继电器	kV	I0.0	液压泵电动机 M1 接触器	KM1	Q124.0
总停止按钮	SB1	I0.1	砂轮电动机 M2 接触器	KM2	Q124.1
液压泵电动机 M1 停止按钮	SB2	I0.2	砂轮上升接触器	KM3	Q124.2
液压泵电动机 M1 启动按钮	SB3	I0.3	砂轮下降接触器	KM4	Q124.3
砂轮电动机 M2 停止按钮	SB4	I0.4	电磁吸盘充磁接触器	KM5	Q124.4
砂轮电动机 M2 启动按钮	SB5	I0.5	电磁吸盘去磁接触器	KM6	Q124.5

续表

输入信号			输出信号		
名称	代号	输入点编号	名称	代号	输出点编号
砂轮升降电动机 M4 上升按钮	SB6	I0.6	冷却泵电动机接触器	KM7	Q124.6
砂轮升降电动机 M4 下降按钮	SB7	I0.7			
电磁吸盘 YH 充磁按钮	SB8	I1.0			
电磁吸盘 YH 充磁停止按钮	SB9	I1.1			
电磁吸盘 YH 去磁按钮	SBI0	I1.2			
冷却泵电动机 M3 启动按钮	SB11	I1.3			
冷却泵电动机 M3 停止按钮	SB12	I1.4			
液压泵电动机 M1 热继电器	FR1	I1.5			
砂轮电动机 M2 热继电器	FR2	I1.6			
冷却泵电动机 M3 热继电器	FR3	I1.7			

从表 7-10 中可以看到，各输入点和输出点不但保持了原有的控制信息，而且将冷却泵电动机 M3 从原来用插件 XP 控制改为了用按钮 SB11 和 SB12 控制其起动和停止。这样在对 M7120 型平面磨床进行 PLC 控制改造的同时，也改进了冷却泵电动机 M3 的控制。

3）绘制 I/O 端子接线图。根据 I/O 分配结果，绘制端子接线图，如图 7-28 所示。

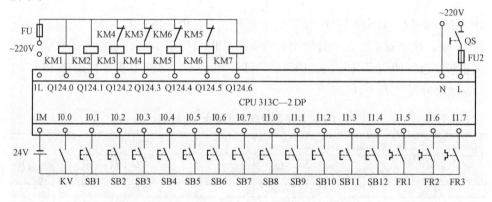

图 7-28　I/O 端子接线图

问 47 **用 PLC 改造 M7120 型平面磨床的电气控制线路的程序设计原由是什么？**

答：根据继电控制系统工作原理，结合 PLC 编程特点，PLC 控制梯形图如图 7-29 所示。

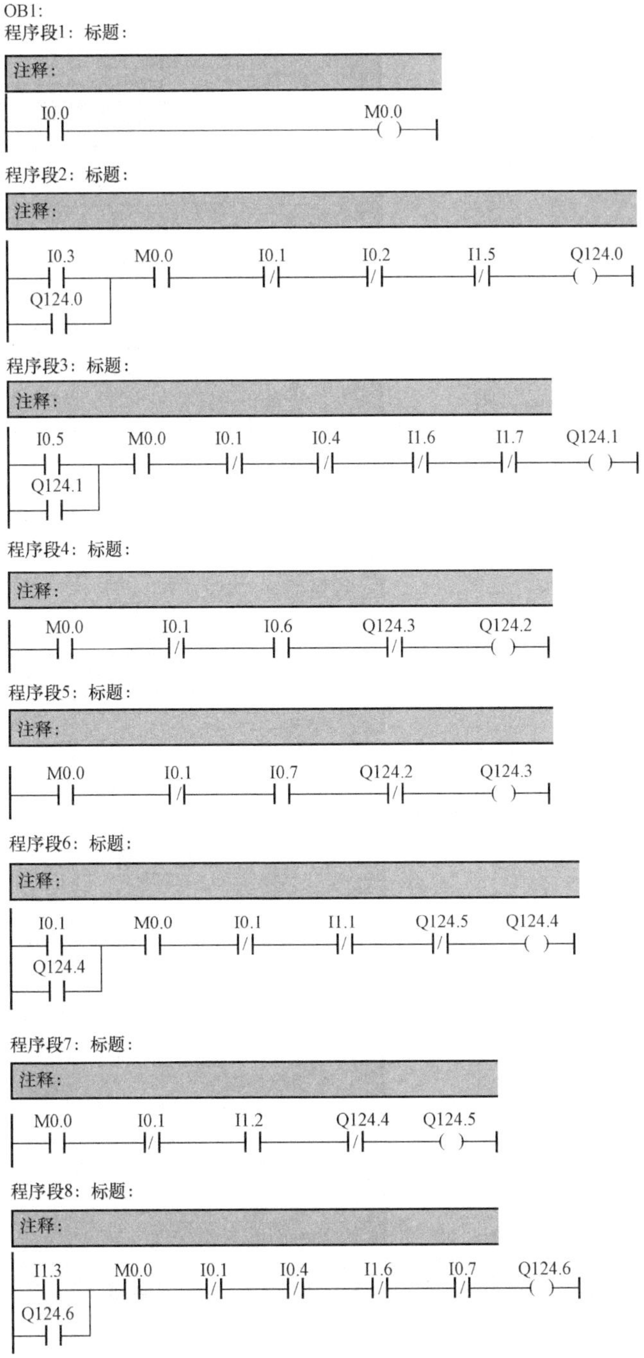

OB1：
程序段1：标题：

注释：

```
     I0.0                                      M0.0
    --| |----------------------------------( )--
```

程序段2：标题：

注释：

```
     I0.3     M0.0     I0.1     I0.2     I1.5     Q124.0
    --| |-----| |-----|/|------|/|------| |------( )--
     Q124.0
    --| |--
```

程序段3：标题：

注释：

```
     I0.5     M0.0     I0.1     I0.4     I1.6     I1.7     Q124.1
    --| |-----| |-----|/|------|/|------|/|------| |------( )--
     Q124.1
    --| |--
```

程序段4：标题：

注释：

```
     M0.0     I0.1     I0.6     Q124.3     Q124.2
    --| |-----|/|------| |------|/|--------( )--
```

程序段5：标题：

注释：

```
     M0.0     I0.1     I0.7     Q124.2     Q124.3
    --| |-----|/|------| |------|/|--------( )--
```

程序段6：标题：

注释：

```
     I0.1     M0.0     I0.1     I1.1     Q124.5     Q124.4
    --| |-----| |-----|/|------| |------|/|--------( )--
     Q124.4
    --| |--
```

程序段7：标题：

注释：

```
     M0.0     I0.1     I1.2     Q124.4     Q124.5
    --| |-----|/|------| |------|/|--------( )--
```

程序段8：标题：

注释：

```
     I1.3     M0.0     I0.1     I0.4     I1.6     I0.7     Q124.6
    --| |-----| |-----|/|------| |------|/|------|/|------( )--
     Q124.6
    --| |--
```

图 7-29 M7120 型平面磨床梯形图

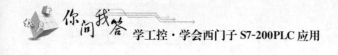

写出语句表，如图 7-30 所示。

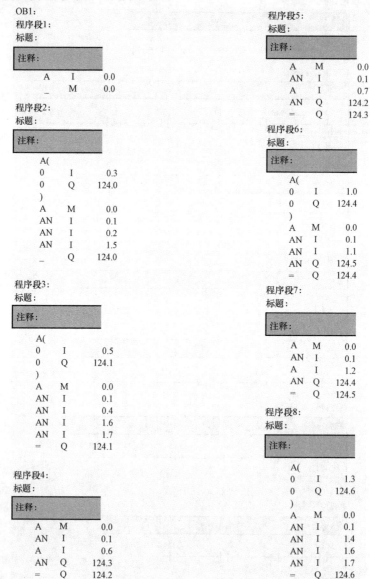

OB1:
程序段1:
标题:

注释:

A	I	0.0
M		0.0

程序段2:
标题:

注释:

A(		
O	I	0.3
O	Q	124.0
)		
A	M	0.0
AN	I	0.1
AN	I	0.2
AN	I	1.5
_	Q	124.0

程序段3:
标题:

注释:

A(		
O	I	0.5
O	Q	124.1
)		
A	M	0.0
AN	I	0.1
AN	I	0.4
AN	I	1.6
AN	I	1.7
=	Q	124.1

程序段4:
标题:

注释:

A	M	0.0
AN	I	0.1
A	I	0.6
AN	Q	124.3
=	Q	124.2

程序段5:
标题:

注释:

A	M	0.0
AN	I	0.1
A	I	0.7
AN	Q	124.2
=	Q	124.3

程序段6:
标题:

注释:

A(		
O	I	1.0
O	Q	124.4
)		
A	M	0.0
AN	I	0.1
AN	I	1.1
AN	Q	124.5
=	Q	124.4

程序段7:
标题:

注释:

A	M	0.0
AN	I	0.1
A	I	1.2
AN	Q	124.4
=	Q	124.5

程序段8:
标题:

注释:

A(		
O	I	1.3
O	Q	124.6
)		
A	M	0.0
AN	I	0.1
AN	I	1.6
AN	I	1.7
=	Q	124.6

图 7-30　M7120 型平面磨床语句表

装配调试。在完成通电前的准备工作后，便可接上设备的工作电源，开始通电调试（试车）。

问 48　用 PLC 改造 Z3050 型摇臂钻床的电气控制线路的设计要求是什么？

答：（1）根据任务设计主电路图，列出 PLC 控制 I/O 端口元件地址分配表，设计梯形图及 PLC 控制 I/O 端口接线图。

（2）安装 PLC 控制线路，熟练正确地将所编程序输入 PLC；按照被控设备的动作要求进行安装调试，达到设计要求。

（3）电路图如图 7-31 所示。

问 49　用 PLC 改造 Z3050 型摇臂钻床的电气控制线路的改造过程分为几个步骤？

答：（1）设备、工具和材料准备。所需设备、工具及材料见表 7-11。

（2）操作步骤。

1）电路设计分析。

a）Z3050 型摇臂钻床的运动形式：主动运、摇臂钻床主轴带着钻头（刀具）的旋转运动、进给运动、摇臂钻床主轴的垂直运动（手动或自动）、辅助运动。辅助运动用来调整主轴（刀具）与工件纵向、横向（即水平面上的）相对位置及相对高度。

b）Z3050 型摇臂钻床电气控制主电路分析。Z3050 型摇臂钻床机械设备共有 4 台电动机，除了冷却泵电动机采用断路器直接起动外，其余的 3 台异步电动机都采用交流接触器直接起动。

①M1 为主轴电动机，由交流接触器 KM1 来控制，只要求单方向旋转，主轴的正反转由机械手柄来操作。主轴电动机 M1 装于主轴箱的顶部，拖动主轴及进给传动系统来运转。热继电器 FR1 作为主轴电动机 M1 的过载保护和断相保护，短路保护由断路器 QF1 中的电磁脱扣装置来完成。

②M2 为摇臂升降电动机，它装于主柱的顶部，用接触器 KM2 和 KM3 来控制其正反转。因为摇臂升降电动机 M2 间断性地工作，所以不用设过载保护。

③M3 为液压泵电动机，用交流接触器 KM4 和 KM5 来控制正反转，由热继电器 FR2 来作为过载保护和断相保护。液压泵电动机 M3 的主要作用是拖动油泵供给液压装置压力油，以实现摇臂、主柱和主轴箱的松开及夹紧。

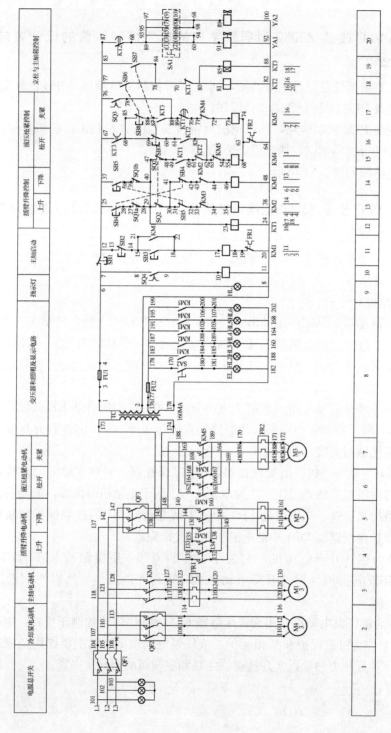

图 7-31 电路原理图

表 7-11 设备、工具及材料清单

序号	分类	名　称	型号规格	数量	单位	备注
1	工具	电工工具		1	套	
2	器材	万用表	MF47 型	1	块	
3		可编程序控制器	S7-300（CPU 313C-2DP）	1	台	
4		计算机	Pentium 4 或自选	1	台	
5		STEP7 V5.4 编程软件	MP1	1	套	
6		安装绝缘板	600mm×900mm	1	块	
7		组合开关	HZ4-22	1	只	
8		熔断器	BZ-001A	3	只	
9		接触器	CJ0-20B，线圈电压 110V	1	只	
10			CJ0-10B，线圈电压 110V	4	只	
11		热继电器	JR0-20/D	2	只	
12		中间继电器	JZ7-44	3	只	
13		控制变压器	BK-150,380/110-24-6V	1	只	
14		三相异步电动机	Y112M-4,4kW,1440r/min	1	台	
15			Y90L-4,1.5kW,1440r/min	1	台	
16		冷却泵电动机	A0B-25,90kW,2800r/min	1	台	
17		低压断路器	DZ5-20/330FSH	3	只	
18		转换开关	LW5-16/3	2	只	
19		按钮	LA4-3H	7	只	
20		行程开关	LX5-11	2	只	
21		门控开关	JWM6-11	1	只	
22		万能转换开关	JWM6-2/8071	1	只	
23		交流电磁铁	MFJ1-3,线圈电压 110V	2	只	
24		端子	D-20	1	排	
25		指示灯	XD1，6V	1	只	
26		信号灯	XD1，6V、白色	1	只	
27		钻床工作灯	JC-25，40W、24V	1	只	

序号	分类	名　称	型号规格	数量	单位	备注
28	消耗材料	多股软铜线	BVR1/1.37mm²	10	m	主电路
29			BVR1/1.13mm²	15	m	控制电路
30		软线	BVR7/0.75mm²	10	m	
31		紧固件	M4×20 螺钉	若干	只	
32			M4×12 螺钉	若干	只	
33			φ4mm 平垫圈	若干	只	
34			φ4mm 弹簧垫圈及 φ4mm 螺母	若干	只	
35		异型管		2	m	

摇臂升降电动机 M2 和液压泵电动机 M3 共用断路器 QF3 中的电磁脱扣器作为短路保护。

④M4 为冷却泵电动机，它由断路器 QF2 直接来控制，并且实现短路保护、过载保护和断相保护。

电源配电盘在立柱的前下部，冷却泵电动机 M4 装于靠近立柱的底座上，摇臂升降电动机 M2 装于立柱的前下部，其余电气设备置于主轴箱或摇臂上。由于 Z3050 型摇臂钻床的内、外立柱间未装设汇流环，故在使用时不能沿一个方向连续转动钻床的摇臂，以免发生事故。

主电路的电源电压是交流 380V，断路器 QF1 作为电源引入的开关。

c) 控制电路分析。控制电路电源由控制变压器 TC 降压后供给 110V 的电压，熔断器 FU1 作为短路保护。

①开车前的准备工作。为保证操作的安全，钻床具有"开门断电"的功能。因此，开车前应将立柱下部及摇臂后部的电门盖关好才能接通电源。合上断路器 QF3（5 区）及总电源开关断路器 QF1（2 区），则电源的指示灯 HL1（10 区）亮，说明钻床的电气线路已经进入了带电状态。

②主轴电动机 M1 的控制。按下起动按钮 SB3（12 区），交流接触器 KM1 吸合并且自锁，使主轴电动机 M1 起动运行，同时指示灯 HL2（9 区）亮。按下停止按钮 SB2（2 区），则交流接触器 KM1 释放，使主轴电动机 M1 停止旋转，同时指示灯 HL2 熄灭。

③摇臂升降的控制。按下上升按钮 SB4（15 区）或按下下降按钮 SB5，则时间继电器 KT1（14 区）通电前吸合。其瞬时闭合的动态触点（17 区）闭合，交流接触器 KM4 线圈（17 区）通电，液压泵电动机 M3 起动，正向旋转，供给压

力油。压力油经分配阀体进入摇臂的"松开油腔"，推开活塞并移动，活塞便推动菱形块，将摇臂松开。同时活塞杆通过弹簧片压下位置开关 SQ2，使其动断触点（17区）断开，动合触点（15区）闭合。位置开关 SQ2 的动断触点（17区）切断了交流接触器 KM4 的线圈电路，交流接触器 KM4 主触头（6区）断开，液压泵电动机 M3 停止工作。位置开关 SQ2 的动合触点（15区）使交流接触器 KM2（或 KM3）的线圈（15区或16区）通电，KM2（或 KM3）的主触头（5区）接通 M2 的电源，摇臂升降电动机 M2 起动并旋转，带动摇臂上升（或下降）。假如此时的摇臂尚未完全松开，那么位置开关 SQ2 的动合触点不能闭合，使交流接触器 KM2（或 KM3）的线圈无电，摇臂就不能上升（或下降）。

当摇臂上升（或下降）到所需要的位置时，就松开按钮 SB4（或 SB5），那么交流接触器 KM2（或 KM3）及时间继电器 KT1 同样断电释放，摇臂升降电动机 M2 就停止了工作，摇臂便停止上升（或下降）。

因为时间继电器 KT1 断电释放，经过 1～3s 的延时后，其延时闭合的动断触头（18区）闭合，使交流接触器 KM5（18区）吸合，液压泵电动机 M3 反向旋转，泵内压力油经分配阀进入摇臂的夹紧油腔，使摇臂夹紧。在摇臂夹紧后，活塞杆推动弹簧片压下位置开关 SQ3，那么其动断触点（19区）断开，交流接触器 KM5 断电释放，液压泵电动机 M3 最终停止工作，就完成了摇臂的松开到上升（或下降），再上升（或下降）到夹紧的整套动作。

组合开关 SQ1a（15区）和 SQ1b（16区）作为摇臂升降的超程限位保护开关。当摇臂上升到极限位置时，压下 SQ1a 使其断开，交流接触器 KM2 便断电释放，摇臂升降电动机 M2 就停止运行，摇臂即停止上升；同理，当摇臂下降到极限位置时，就会压下 SQ1b 开关，使其断开，使交流接触器 KM2 断电释放，摇臂升降电动机 M2 就会停止运行，摇臂即刻停止下降。

摇臂的自动夹紧装置由位置开关 SQ3 来控制。假如液压夹紧系统出现了故障，就不能自动夹紧摇臂；或者因为位置开关 SQ3 调整不当，在摇臂夹紧之后就不能使位置开关 SQ3 的动断触点断开。这都会使液压泵电动机 M3 因为长期地过载运行而使其损坏。因此，电路中不仅要设有热继电器 FR2，而且其整定值也应根据液压泵电动机 M3 的额定电流进行整定。

摇臂升降电动机 M2 的正反转交流接触器 KM2 和 KM3 不允许同时得电动作，以防止电源相与相之间短路。为了避免因为操作失误、主触头熔焊等原因而造成短路事故，在摇臂上升和下降的控制电路中都采用了交流接触器的联锁和复合按钮的联锁，以此来确保电路能够安全地工作。

④立柱和主轴箱的夹紧与放松控制。立柱和主轴箱的夹紧（或放松）既可以

同时进行，也可以单独进行，由转换开关 SA1（22～24 区）和复合按钮 SB6（或 SB7）（20 区和 21 区）进行控制。SA1 共有 3 个位置，拨到中间位置时，立柱和主轴箱的夹紧（或放松）同时进行；拨到左侧位置时，主轴箱夹紧（或放松）。其中复合按钮 SB6 为松开控制按钮，复合按钮 SB7 为夹紧控制按钮。

• 立柱和主轴箱同时松开、夹紧。将转换开关 SA1 拨到中间位置，然后按下按钮 SB6，时间继电器 KT2、KT3 的线圈（20 区和 21 区）同时得电。时间继电器 KT2 的延时断开的动合触点（22 区）瞬时闭合，则电磁铁 YA1、YA2 得电并吸合，液压泵电动机 M3 正转，供出来的压力油进入立柱及主轴箱的松开油腔，使立柱和主轴箱同时松开。

当松开按钮 SB6，则时间继电器 KT2 和时间继电器 KT3 的线圈断电释放，时间继电器 KT3 延时闭合的动合触点（17 区）就瞬时断开，交流接触器 KM4 就断电释放，液压泵电动机 M3 停转。时间继电器 KT2 延时分断的动合触点（22 区）经过 1～3s 后分断，交流电磁铁 YA1、YA2 线圈断电释放，得到立柱和主轴箱同时松开的操作结果。

立柱和主轴箱同时夹紧的工作原理与同时松开的工作原理基本相似，只要按下按钮 SB7，使交流接触器 KM5 得电吸合，使液压泵电动机 M3 反转即可。

• 立柱和主轴箱单独松开、夹紧。如果希望单独控制主轴箱，可以将转换开关 SA1 拨到右侧位置。按下按钮 SB6（或夹紧按钮 SB7），则时间继电器 KT2 和 KT3 的线圈同时得电，这时只有交流电磁铁 YA2 单独通电吸合，从而实现主轴箱的单独松开（或夹紧）。

• 松开复合按钮 SB6（或 SB7），时间继电器 KT2 和 KT3 的线圈也就断电释放，液压泵电动机 M3 便停转。经过 1～3s 的延时后，时间继电器 KT2 延时分断的动合触点（22 区）分断，交流电磁铁 YA2 的线圈断电释放，主轴箱松开（或夹紧）的操作结束。

同理，若把转换开关 SA1 拨到左侧位置，可使立柱单独松开或夹紧。

因为立柱和主轴箱的松开和夹紧是短时间的调整工作，所以要采用点动控制。

⑤冷却泵电动机 M4 的控制。扳动断路器 QF2 就可以接通或切断电源，操纵冷却泵电动机 M4 的工作或停止。

d）照明、指示电路分析。照明、指示电路的电源由控制变压器 TC 降压后提供 24V 或 6V 的电压，由熔断器 FU2、FU3 作为短路保护，EL 是照明灯，HL1 为电源指示灯，HL2 为主轴指示灯。

2）确定 I/O 点数。I/O 设备和 PC 的 I/O 端子的分配见表 7-12。

表 7-12 Z3050 型摇臂钻床 PLC 的 I/O 点分配表

输入信号			输出信号		
名称	代号	编号	名称	代号	编号
按钮	SB1	I0.1	Q124.1	KM1	交流接触器
按钮	SB2	I0.2	Q124.2	KM2	交流接触器
按钮	SB3	I0.3	Q124.3	KM3	交流接触器
按钮	SB4	I0.4	Q124.4	KM4	交流接触器
按钮	SB5	I0.5	Q124.5	KM5	交流接触器
按钮	SB6	I0.6	Q124.6	YA1	交流电磁铁
按钮	SB7	I0.7	Q124.7	YA2	交流电磁铁
组合开关	SQ1	I1.1			
位置开关	SQ2	I1.2			
位置开关	SQ3	I1.3			
门控开关	SQ4	I1.4			
万能转换开关（中间）	SA1-1	I2.1			
万能转换开关（左侧）	SA1-1	I2.2			
万能转换开关（右侧）	SA1-3	I2.3			

3）绘制 I/O 端子接线圈。根据 I/O 分配结果绘制端子接线图，如图 7-32 所示。

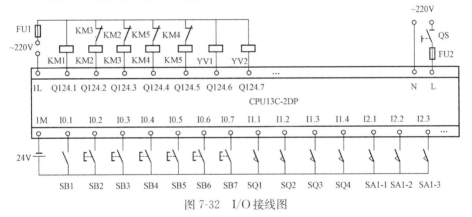

图 7-32 I/O 接线图

问 50 用 PLC 改造 Z3050 型摇臂钻床的电气控制线路的程序设计原由是什么？

答：根据继电控制系统工作原理，结合 PLC 编程特点，PLC 控制梯形图如图 7-33 所示。

写出语句表，如图 7-34 所示。

问 51 用 PLC 改造 X62W 万能铣床的电气控制线路的设计要求是什么？

答：（1）根据任务设计主电路图，列出 PLC 控制 I/O 端口元件地址分配表，设计梯形图及 PLC 控制 I/O 端口接线图。

（2）安装 PLC 控制线路，熟练正确地将所编程序输入 PLC。按照被控设备的动作要求进行安装调试，达到设计要求。

OBI:
程序段1：标题：

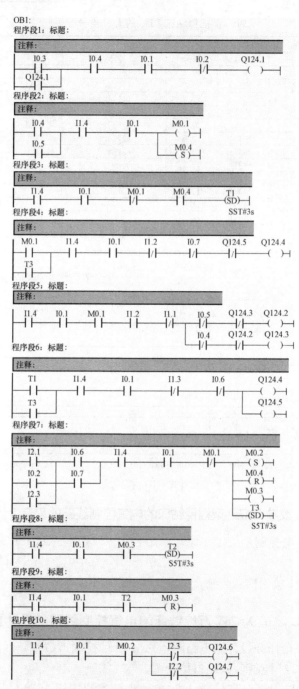

图 7-33　Z3050 型摇臂钻床梯形图

OB1
程序段1：标题：

注释：

A(		
0	I	0.3
0	Q	124.1
)		
A	I	0.4
A	I	0.1
AN	I	0.2
=	Q	124.1

程序段2：标题：

注释：

A(		
0	I	0.4
0	I	0.5
)		
A	I	1.4
A	I	0.1
=	M	0.1
S	M	0.4

程序段3：标题：

注释：

A	I	1.4
A	I	0.1
AN	M	0.1
A	M	0.4
L	SST#3s	
SD	T	1

程序段4：标题：

注释：

A(		
0	M	0.1
0	T	3
)		
A	I	1.4
A	I	0.1
AN	I	1.2
AN	I	0.7
AN	Q	124.5
=	Q	124.4

程序段5：标题：

注释：

A	I	1.4
A	I	0.1
A	M	0.1
A	I	1.2
AN	I	1.1
=	L	20.0
A	L	20.0
AN	I	0.5
AN	Q	124.3
=	O	124.2
A	L	20.0
AN	I	0.4
AN	Q	124.2
=	Q	124.3

程序段6：标题：

注释：

A(		
0	T	1
0	T	3
)		
A	I	1.4
A	I	0.1
AN	I	1.3
AN	I	0.6
=	Q	124.4
=	Q	124.5

程序段7：标题：

注释：

A(		
0	I	2.1
0	I	0.2
0	I	2.3
)		
A(		
0	I	0.6
0	I	0.7
)		
A	I	1.4
A	I	0.1
AN	M	0.1
S	M	0.2
R	M	0.4
=	M	0.3
L	S5T#3s	
SD	T	3

程序段8：标题：

注释：

A	I	1.4
A	I	0.1
AN	M	0.3
L	S5T#3s	
SD	T	2

程序段9：标题：

注释：

A	I	1.4
A	I	0.1
A	T	2
R	M	0.3

程序段10：标题：

注释：

A	I	1.4
A	I	0.1
A	M	0.2
=	L	20.0
A	L	20.0
AN	I	2.3
=	Q	124.6
A	L	20.0
AN	I	2.2
=	Q	124.7

图 7-34 Z3050 型摇臂钻床语句表

（3）电路图如图 7-35 所示。

装配调试。在完成通电前的准备工作后，便可接上设备的工作电源，开始通电调试。

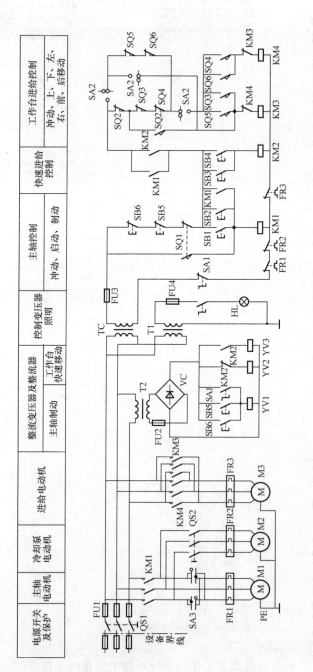

图 7-35 X62W 万能铣床继电器控制系统的电气原理图

问 52 用 **PLC** 改造 **X62W** 万能铣床的电气控制线路的改造过程分为几个步骤？

答：（1）设备、工具和材料准备。所需设备、工具及材料见表 7-13。

表 7-13　　　　　　　　　　　设备、工具及材料清单

序号	分类	名　称	型号规格	数量	单位	备注
1	工具	电工工具		1	套	
2	器材	万用表	MF47 型	1	块	
3		可编程序控制器	S7-300（CPU 313C-2DP)	1	台	
4		计算机	Pentium 4 或自选	1	台	
5		STEP7 V5.4 编程软件	MP1	1	套	
6		安装绝缘板	600mm×900mm	1	块	
7		组合开关	HZ10-25P/3 或自选	1	只	
8		熔断器	RL1-60＋RL1-15	3＋3	只	
9		接触器	3TB43 或自选	4	只	
10		热继电器	JR36-20	3	只	
11		中间继电器	JZ7-44	3	只	
12		控制变压器	JBK300 380/220	1	只	
13		三相异步电动机	Y80M2-2kW	3	台	
14		转换开关	LW5-16/3	2	只	
15		按钮	LA4-3H	2	只	
16		行程开关	YBLX-19/001 或自选	5	只	
17		端子	D-20	1	排	
18	消耗材料	多股软铜线	BVR1/1.37mm²	10	m	主电路
19			BVR1/1.13mm²	15	m	控制
20		软线	BVR7/0.75mm²	10	m	电路
21		紧固件	M4×20 螺钉	若干	只	
22			M4×12 螺钉	若干	只	
23			φ4mm 平垫圈	若干	只	
24			φ4mm 弹簧垫圈 及 φ4mm 螺母	若干	只	
25		异型管		2	m	

（2）操作步骤。

1）电路设计分析。X62W 万能铣床继电器控制系统的电气原理图如图 7-35 所示。该铣床共用 3 台异步电动机拖动，它们分别是主轴电动机 M1、进给电动机 M2 和冷却泵电动机 M3。

a）铣削加工有顺铣和逆铣两种加工方式，所以要求主轴电动机能正反转，但考虑到正反转操作并不频繁（批量顺铣或逆铣），因此在铣床床身下侧电器箱上设置一个组合开关，来改变电源相序，实现主轴电动机的正反转。由于主轴传动系统中装有避免振动的惯性轮，使主轴停止困难，故主轴电动机采用电磁离合器制动以实现准确停车。

b）铣床的工作台要求有前、后、左、右、上、下 6 个方向的进给运动和快速移动，所以也要求进给电动机能正反转，并通过操纵手柄和机械离合器相配合来实现。进给的快速移动是通过电磁铁和机械挂挡来完成的。为了扩大其加工能力，在工作台上可加装圆形工作台。圆形工作台的回转运动是由进给电动机经传动机构驱动的。

c）根据加工工艺的要求，该铣床应具有以下电气联锁措施：为防止刀具和铣床的损坏，要求只有主轴旋转后才允许有进给运动和进给方向的快速移动。为了减小加工工件表面的粗糙度，只有进给停止后主轴才能停止或同时停止。该铣床在电气上采用了主轴和进给同时停止的方式，但由于主轴运动的惯性很大，实际上就保证了进给运动先停止、主轴运动后停止的要求。6 个方向的进给运动中在同一时刻只能产生一种运动，该铣床采用了机械操纵手柄和位置开关相配合的方式来实现 6 个方向的联锁。

d）主轴运动和进给运动采用变速盘来进行速度选择。为保证变速齿轮进入良好啮合状态，两种运动都要求变速后进行瞬时点动。

e）当主轴电动机或冷泵电动机过载时，进给运动必须立即停止，以免损坏刀具和铣床。

f）要求有冷却系统、照明设备及各种保护措施。

2）确定 I/O 点数。X62W 万能铣床的控制信号较多，因此要选用 CPU313C-2DP 型 PLC。机床的主电路不变，控制电路部分采用可编程序虽然并不能太多地简化控制线路的接线，但是能在很大程度上简化线路的逻辑关系、降低机床的故障率且便于维修。X62W 万能铣床 PLC 的 I/O 分配见表 7-14。

3）绘制 I/O 端子接线图，根据 I/O 分配结果绘制端子接线图、如图 7-36 所示。

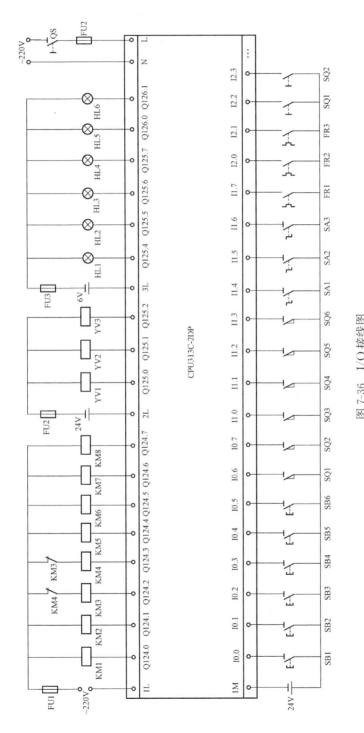

图 7-36 I/O 接线图

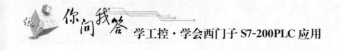

表 7-14　　　　　　　　　　　X62W 万能铣床 PLC 的 I/O 分配表

输 入 端		输 出 端	
输入设备	输入端子号	输出设备	输出端子号
主轴启动按钮 SB1	I0.0	主轴接触器 KM1	Q124.0
主轴启动按钮 SB2	I0.1	快进接触器 KM2	Q124.1
快进点动按钮 SB3	I0.2	进给正转接触器 KM3	Q124.2
快进点动按钮 SB4	I0.4	进给反转接触器 KM4	Q124.3
停止制动按钮 SB5	I0.4	MI 正转接触器 KM5	Q124.4
停止制动按钮 SB6	I0.5	MI 反转接触器 KM6	Q124.5
主轴冲动按钮 SQ1	I0.6	冷却泵接触器 KM7	Q124.6
进给冲动按钮 SQ2	I0.7	总电源接触器 KM8	Q124.7
向下向前按钮 SQ3	I0.0	主轴制动离合器 YV1	Q125.0
向上向后按钮 SQ4	I1.0	正常进给离合器 YV2	Q125.1
向右按钮 SQ5	I1.2	快进给离合器 YV3	Q125.2
向左按钮 SQ6	I1.3	电源指示 HL1	Q125.4
主轴换刀按钮 SA1	I1.4	主轴正转指示 HL2	Q125.5
圆形工作台按钮 SA2	I1.5	主轴反转指示 HL3	Q125.6
主轴正反转按钮 SA3	I1.6	冷却泵指示 HL4	Q125.7
主轴热保护 FR1	I1.7		
冷却泵热保护 FH2	I2.0		
快进电动机热保护 FR3	I2.1		
总电源开关按钮 QS1	I2.2		
冷却泵控制按钮 QS2	I2.3		

问 53　用 PLC 改造 X62W 万能铣床的电气控制线路的程序设计原由是什么？

答：根据继电控制系统工作原理，结合 PLC 编程特点，PLC 控制梯形图如图 7-37 所示。

写出语句表如图 7-38 所示。

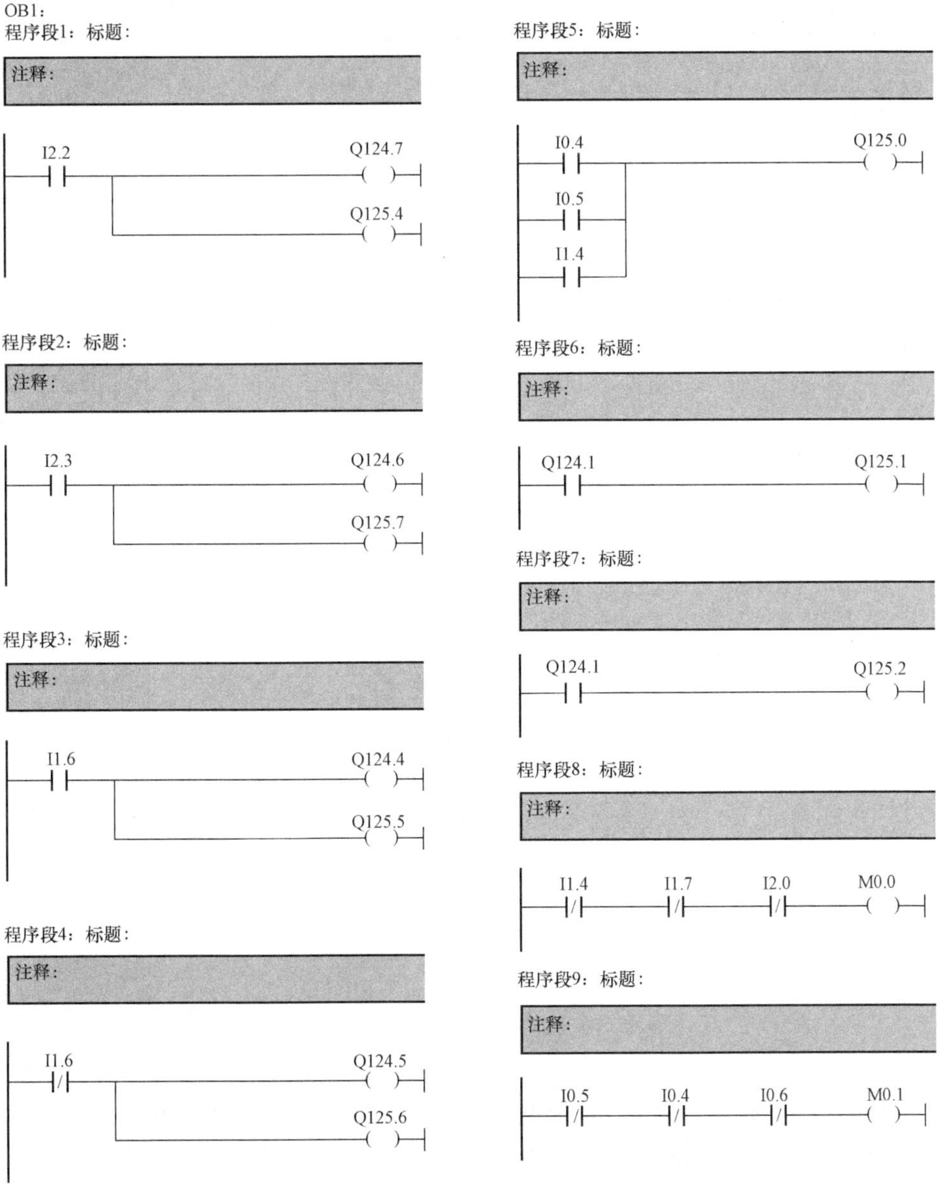

OB1:
程序段1: 标题:

注释:

```
     I2.2                          Q124.7
  ───┤├──┬───────────────────────( )───
          │                       Q125.4
          └───────────────────────( )───
```

程序段2: 标题:

注释:

```
     I2.3                          Q124.6
  ───┤├──┬───────────────────────( )───
          │                       Q125.7
          └───────────────────────( )───
```

程序段3: 标题:

注释:

```
     I1.6                          Q124.4
  ───┤├──┬───────────────────────( )───
          │                       Q125.5
          └───────────────────────( )───
```

程序段4: 标题:

注释:

```
     I1.6                          Q124.5
  ───┤/├─┬───────────────────────( )───
          │                       Q125.6
          └───────────────────────( )───
```

程序段5: 标题:

注释:

```
     I0.4                          Q125.0
  ───┤├──┬───────────────────────( )───
     I0.5 │
  ───┤├──┤
     I1.4 │
  ───┤├──┘
```

程序段6: 标题:

注释:

```
    Q124.1                         Q125.1
  ───┤├──────────────────────────( )───
```

程序段7: 标题:

注释:

```
    Q124.1                         Q125.2
  ───┤├──────────────────────────( )───
```

程序段8: 标题:

注释:

```
     I1.4     I1.7      I2.0       M0.0
  ───┤/├─────┤/├───────┤/├───────( )───
```

程序段9: 标题:

注释:

```
     I0.5     I0.4      I0.6       M0.1
  ───┤/├─────┤/├───────┤/├───────( )───
```

图 7-37 X62W 万能铣床梯形图 (一)

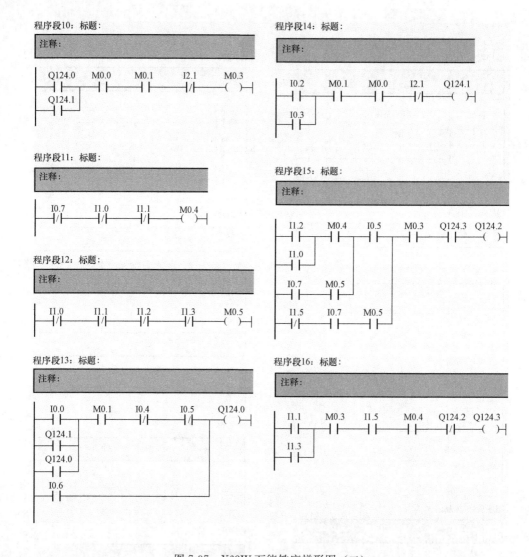

图 7-37 X62W 万能铣床梯形图（二）

　　装配调试。按照上面的工具材料清单把元器件准备好并合理布置各个元件。一般用 PLC 对机床设备改造时，主电路按照原来的线路保持不动，只对控制线路进行改造即可。控制线路可按照图 7-33 所示的接线图接线。

　　接线完成检查无误后，把程序传入 PLC，可以通电调试。用编程软件输入和传输程序。

OBI:
程序段1: 标题:

注释:

```
   A    I     2.2
   =    Q    124.7
   =    Q    125.4
```

程序段2: 标题:

注释:

```
   A    I     2.3
   =    Q    124.6
   =    Q    125.7
```

程序段3: 标题:

注释:

```
   A    I     1.6
   =    Q    124.4
   =    Q    125.5
```

程序段4: 标题:

注释:

```
   AN   I     1.6
   =    Q    124.5
   =    Q    125.6
```

程序段5: 标题:

注释:

```
   0    I     0.4
   0    I     0.5
   0    I     1.4
   =    Q    125.0
```

程序段6: 标题:

注释:

```
   AN   Q    124.1
   =    Q    125.1
```

程序段7: 标题:

注释:

```
   A    Q    124.1
   =    Q    125.2
```

程序段8: 标题:

注释:

```
   AN   I     1.4
   AN   I     1.7
   AN   I     2.0
   =    M    0.0
```

程序段9: 标题:

注释:

```
   AN   I     0.5
   AN   I     0.4
   AN   I     0.6
   =    M    0.1
```

程序段10: 标题:

注释:

```
   A(
   0    Q    124.0
   0    Q    124.1
   )
   A    M    0.0
   A    M    0.1
   AN   I     2.1
   =    M    0.3
```

程序段11: 标题:

注释:

```
   AN   I     0.7
   AN   I     1.0
   AN   I     1.1
   =    M    0.4
```

程序段12: 标题:

注释:

```
   AN   I     1.0
   AN   I     1.1
   AN   I     1.2
   AN   I     1.3
   =    M    0.5
```

程序段13: 标题:

注释:

```
   A(
   0    I     0.0
   0    Q    124.1
   0    Q    124.0
   )
   A    M    0.1
   AN   I     0.4
   AN   I     0.5
   O    I     0.6
   =    Q    124.0
```

程序段14: 标题:

注释:

```
   A(
   0    I     0.2
   0    I     0.3
   )
   A    M    0.1
   A    M    0.0
   AN   I     2.1
   =    Q    124.1
```

程序段15: 标题:

注释:

```
   A(
   A(
   A(
   0    I     1.2
   0    I     1.0
   )
   A    M    0.4
   0
   A    I     0.7
   A    M    0.5
   )
   A    I     0.5
   0
   AN   I     1.5
   A    I     0.7
   A    M    0.5
   )
   A    M    0.3
   A    Q    124.3
   =    Q    124.2
```

程序段16: 标题:

注释:

```
   A(
   0    I     1.1
   0    I     1.3
   )
   A    M    0.3
   A    I     1.5
   A    M    0.4
   AN   Q    124.2
   =    Q    124.3
```

图 7-38 X62W 万能铣床语句表

问 54　用 PLC 改造 X62W 万能铣床的电气控制线路的注意事项有哪些?

答：(1) 程序输入编辑完成后，先进行模拟调试。

(2) 接线完成后，要在不接电动机的前提下试车，确认无误后方可连接电动机。

(3) 通电调试的整个过程中，要有专人在现场监护。

(4) 如果出现故障，应独立检查并排除故障，直至系统能够正常工作。

问 55　薄刀式分切压痕机控制系统的工艺过程是什么?

答：薄刀式分切压痕机是生产包装纸箱所用瓦楞纸生产线中的重要设备，分切出的纸板克服了传统的厚刀分切的诸多缺点，成品纸板边缘平整、光洁，无压扁现象，从而提高了纸板的整体质量，特别是对包装纸箱生产线上后续印刷质量带来了根本性的提高。瓦楞纸生产线生产流程如图 7-39 所示，整个工艺过程分为开卷、压痕、粘合、烘干、分切和磨刀 7 部分，实际的控制系统非常复杂，下面主要讲述压痕、分切和磨刀的控制。

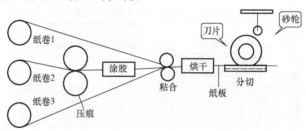

图 7-39　生产工艺流程示意图

问 56　薄刀式分切压痕机控制系统的系统控制要求是什么?

答：(1) 压痕的线速度要求与送来纸板的速度保持一致，即与主轴开卷机轴的线速度相等，由于开卷机的速度是可调的，所以压痕辊由变频器驱动控制，根据开卷机的速度调整范围，要求压痕的速度为 $0\sim1500\text{r/min}$，主轴的速度用测速机检测，输出的电压为 $0\sim10\text{V}$。

(2) 分切装置上有 4 片分切刀片，如图 7-40 所示，刀片位置可根据要求进行调整，刀片的速度应根据纸板的速度变化而变化。所以分切装置轴的驱动也采用变频器驱动，但又有最低转速和最高转速的限制，根据主轴速度和上下限的要求确定的刀片速度为 $300\sim1200\text{r/min}$。

（3）分切装置上的分切刀片在分切一段时间变钝后，磨刀装置对刀片进行磨削锐化，以保持分切刀片刀刃的锐利。分切刀片由锐利变钝的时间与分切装置的转速及切削纸板的多少有关，因此每次磨刀的时间间隔应与分切装置的速度保持一致，磨刀时间

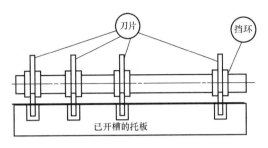

图 7-40 分切装置示意图

与粗设的磨刀间隔时间由 PLC 上的模拟电位器设定，设定刀片每次磨削时间为 500～1000ms，磨刀时间间隔为 5000～10 000ms。

磨刀装置上的 4 片磨刀砂轮由不同的电磁阀控制，分别对这 4 片刀片进行磨削。磨刀要求有手动和自动两种控制方式。手动时，按一次磨刀按钮进行一次磨刀操作；自动时，只要分切运行，PLC 就根据粗设的磨刀间隔时间和刀片的速度微调的间隔时间，自动地进行磨刀操作。

每个刀片的磨刀装置可以人为地设定为工作和停止两种状态。

（4）生产过程中会发生纸板跑偏现象，横向移动装置应随时自动地进行跟踪纠偏，也可以手动横向移动进行纠偏，即用两个光电开关作为纠偏的位置检测，用两个行程开关进行限制横向移动的行程范围。

问 57 薄刀式分切压痕机控制系统的改造过程分为几个步骤？

答：（1）控制系统的 I/O 点及地址分配。控制系统的 I/O 信号及代码、地址信号见表 7-15。

表 7-15　　　　　　　　　　I/O 信号代码和地址编号表

名称	代码	地址编号
纠偏工作方式选择	SA1	I0.0
左边检测光电开关	SQ1	I0.1
右边检测光电开关	SQ2	I0.2
左边限位开关	SQ3	I0.3
右边限位开关	SQ4	I0.4
磨刀方式选择	SA2	I0.5
磨刀一工作状态选择	SA3	I0.6
磨刀二工作状态选择	SA4	I0.7

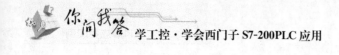

名称	代码	地址编号
磨刀三工作状态选择	SA5	I1.0
磨刀四工作状态选择	SA6	I1.1
刀片一手动磨刀	SB1	I1.2
刀片二手动磨刀	SB2	I1.3
刀片三手动磨刀	SB3	I1.4
刀片四手动磨刀	SB4	I1.5
主轴速度检测电压输入	—	AIW0
分切装置左移	KM1	Q0.0
分切装置右移	KM2	Q0.2
磨刀一	YV1	Q0.4
磨刀二	YV2	Q0.5
磨刀三	YV3	Q0.6
磨刀四	YV4	Q0.7
压痕变频器速度设定电压	—	AQW0
分切变频器速度设定电压	—	AQW2

(2) PLC 系统选型。通过系统控制要求的分析可知，系统共有开关量输入点 14 点，开关量输出点 8 点，所以选用 CPU224（14DI/10DO）；由于系统需要一路模拟量输入和两路模拟量输出，所以选用一块 EM231 模拟量输入（四路）扩展模块和一块 EM232（两路）模拟量输出模块。

(3) 电气控制系统原理图。系统控制原理如图 7-41 所示。分切装置的横向移动由电动机 M1 完成，接触器 KM1 和 KM2 分别控制电动机的正反转，完成分切装置的左右移动。接触器 KM1 和 KM2 既可以由 PLC 自动控制又可以通过手动按钮 SB9 和 SB10 控制，接触器 KM3 和 KM4 分别控制压痕变频器与分切变频器的供电和运行，运行的速度由 PLC 的模拟量输出控制。

问 58 薄刀式分切压痕机控制系统的程序设计是怎样的？

答：薄片式分切压痕机控制系统的控制程序按功能分为 4 部分，分别为两个变频器的速度控制、自动纠偏、磨刀控制及磨刀时间和间隔时间的设定。系统的梯形图如图 7-42 所示。

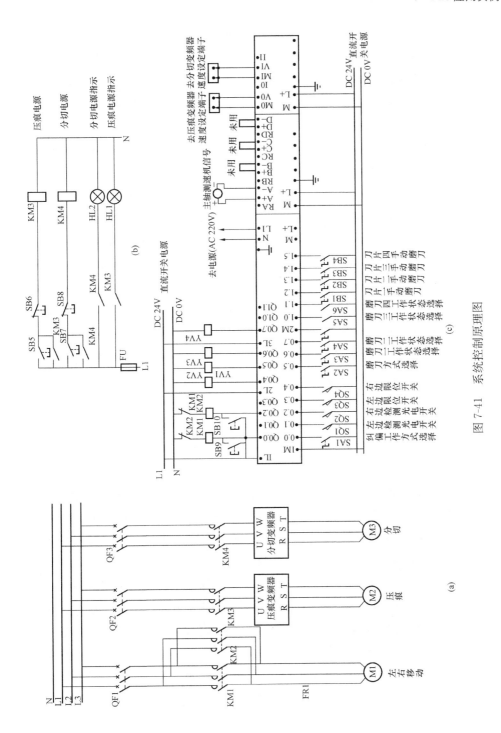

图 7-41 系统控制原理图

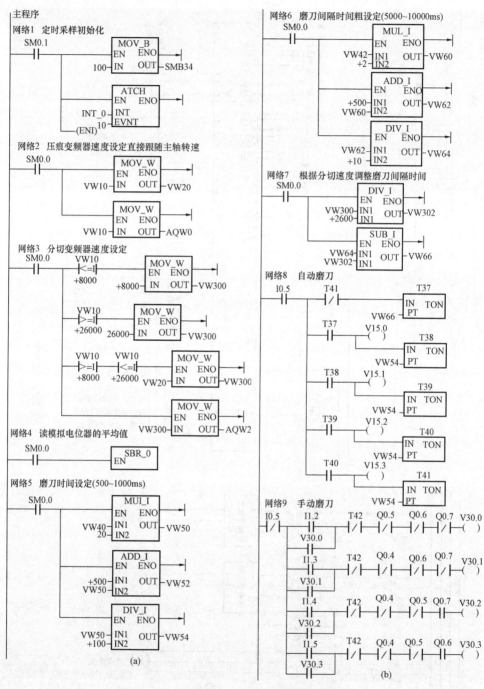

图 7-42　薄刀式分切压痕机控制系统梯形图 （一）

（a）主程序 1；（b）主程序 2

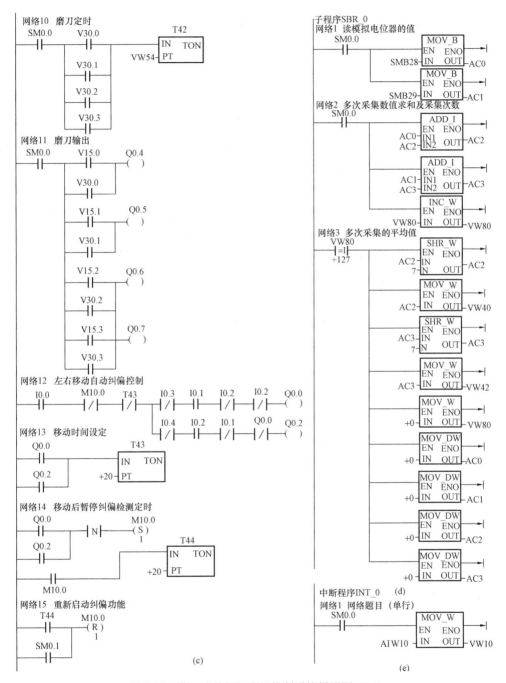

图 7-42 薄刀式分切压痕机控制系统梯形图（二）

(c) 主程序 3；(d) 子程序；(e) 中断程序

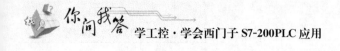

　　压痕变频器的速度根据主轴的速度设定，在本程序中采用定时中断的方式对主轴速度进行采样，采样周期为 100ms，在中断程序中将采样的主轴的速度存放在 VW10 中，数据范围为 0～32 000，对应的主轴转速为 0～1500r/min，详见主程序的网络 1 和中断程序。

　　压痕电动机要求的转速为 0～1500r/min，所以将采集到的主轴的速度通过AQW0 对压痕变频器输出频率进行设定。

　　分切电动机要求的转速为 300～1200r/min，所以只要将分切变频器速度设定单元 VW300 的上限和下限分别设定为 26000（对应转速 1200r/min）和 8000（对应转速 300r/min），然后通过 AQW2 对分切变频器输出频率进行设定即可。

　　S7-200 系列 PLC 的 CPU 提供了一个或两个模拟电位器，可以通过调节这些电位器来增加或降低存于特殊存储器（SMB28 和 SMB29）中的值（0～255），这些只读值在程序中可以作为定时器、计数器的设定值等多种功能。在本例中，就是利用这两个模拟电位器来作为磨刀时间和磨刀间隔时间的设定值。

　　在本例中，对两个特殊存储器中的值进行多次读取并求得平均值，再将此平均值按照要求通过一定的转化，最后得到符合要求的磨刀时间（VW54）和粗设磨刀间隔时间（VW64）的设定值，然后根据主轴的转速将磨刀时间进行微量调整，即主轴速度高则要求磨刀间隔时间短，最后得到磨刀间隔时间（VW66）。

　　自动磨刀时，停止间隔时间到，则按顺序分别对 4 片刀进行磨削；手动磨刀时，某一个时刻只能磨一片刀；自动纠偏时，如果边沿检测光电开关检测到纸板走偏，则通过横向移动电动机将这个机构做相应的移动，移动的时间为 2s，移动后应停止 2s，再根据检测结果进行处理，以防止机构抖动。

PLC 在实际应用中的常见问题

PLC 在实际应用中会遇到多种问题,下面以西门子 S7-200 系列 PLC 为例介绍常见问题的解决方法。

问 1 **STEP7 Micro/WIN V4.0 安装在什么环境下才能正常工作?**

答:STEP7 Micro/WIN V4.0 的安装运行环境为 Windows 2000 SP3 以上、Windows XP Home、Windows XP Professional 。西门子没有在其他操作系统中进行测试,不保证在其他操作系统中能够使用。

问 2 **STEP7 Micro/WIN V4.0 和其他版本的兼容性如何?**

答:STEP7 Micro/WIN V4.0 生成的项目文件在旧版本的 Micro/WIN 中不能打开或上传。

问 3 **S7-200 系列 PLC 的硬件版本有什么区别?**

答:二代 S7-200(CPU22×)系列也分几个主要的硬件版本。6ES721×-×××21-××××是 21 版;6ES721×-×××22-××××是 22 版。22 版与 21 版相比,硬件、软件都有改进。22 版向下兼容 21 版的功能。22 版与 21 版的主要区别:21 版 CPU 的自由端口通信速率 300、600 被 22 版的 57600、115200 所取代,22 版不再支持 300 和 600 波特率 ,22 版不再有功能模块位置的限制。

问 4 **PLC 的电源应如何连接?**

答:在给 CPU 进行供电接线时,一定要分清是哪一种供电方式。如果把 AC 220V 接到 DC 24V 供电的 CPU 上,或者不小心接到 DC 24V 传感器输出电源上,都会造成 CPU 的损坏。

问 5 **S7-200 系列 PLC 的处理器是多少位的?**

答:S7-200 系列 PLC 的中央处理芯片数据长度为 32 位。从 CPU 累加器 AC0/AC1/AC2/AC3 的数据长度也可以看出。

问6 如何进行 S7-200 系列 PLC 的电源需求的计算？

答： S7-200 系列 PLC 的 CPU 模块提供 DC 5V 和 DC 24V 电源：当有扩展模块时 CPU 通过 I/O 总线为其提供 5V 电源，所有扩展模块的 5V 电源消耗之和不能超过该 CPU 提供的电源额定值。若不够用不能外接 5V 电源。每个 CPU 都有一个 DC 24V 传感器电源，它为本机输入点、扩展模块输入点及扩展模块继电器线圈提供 DC 24V。如果电源要求超出了 CPU 模块的电源定额值，可以增加一个外部 DC 24V 电源来提供给扩展模块。所谓电源计算，就是用 CPU 所能提供的电源容量，减去各模块所需要的电源消耗量。

注意：

EM277 模块本身不需要 DC 24V 电源，这个电源是专供通信端口用的。DC 24V 电源需求取决于通信端口上的负载大小。

CPU 上的通信端口可以连接 PC/PPI 电缆和 TD 200 并为它们供电，此电源消耗不必再纳入计算。

问7 S7-200 系列 PLC 能在−20℃ 工作吗？

答： S7-200 系列 PLC 的工作环境要求为 0～55℃，水平安装 0～45℃，垂直安装相对湿度 95%，不结露。西门子还提供 S7-200 系列 PLC 的宽温度范围产品（SIPLUS S7-200）：工作温度为−25～+70℃；相对湿度在 55℃ 时为 98%，在 70℃ 时为 45%；其他参数与普通 S7-200 产品相同。每种 S7-200 的宽温型产品都有单独的订货号，可以到 SIPLUS 产品主页查询。如果没有找到，则说明目前没有对应的 SIPLUS 产品。文本和图形显示面板没有宽温型产品。还要注意国内没有现货，如需要请和当地西门子办事处或经销商联系。

问8 数字量输入/输出（DI/DO）响应速度有多快？能作为高速 I/O 吗？

答： S7-200 系列 PLC 在 CPU 单元上设有硬件电路（芯片等）处理高速 DI/DO，如高速计数器（输入）、高速脉冲输出。这些硬件电路在用户程序的控制下工作，可以达到很高的频率，但点数受到硬件资源的限制。S7-200 系列 PLC CPU 按照以下机制循环工作：读取输入点的状态到输入映像区→执行用户程序，进行逻辑运算，得到输出信号的新状态→将输出信号写入输出映像区。只要 CPU 处于运行状态，上述步骤就周而复始地执行。在第二步中，CPU 也执行通信、自检等工作。上述 3 个步骤是 S7-200 系列 CPU 的软件处理过程，可以认为是程序扫描时间。实际上，S7-200 系列 PLC 对数字量的处理速度受到以下几个因素的限制：输入硬件延时（从输入信号状态改变的那一刻开始，到 CPU 刷新输入映像区时能够识别其改变的时间）；CPU 的内部处理时间（包括读取输入点的状态到输入映像区→执行用户程序，进行逻辑运算，得到输出信号的新状态→将输出信号写入输出映像区）；输出硬件延时（从输出缓冲区状态改变到输出点真实电平改变的时间）。上述 3 段时间就是限制 PLC 处理数字量响应速度的主要因素。一个实际的系统可能还需要考虑输入、输出器件的延时，如输出点外接的中间继电器动作时间等。输入硬件延时见表 8-1。

表 8-1　　　　　　　　　　　　　　输入硬件延时

输入点类型	CPU 集成输入点（部分）	扩展模块输入点	
		DC 24V	AC 120/230V
输入延时	0.2～12.8ms（可选）	4.5ms	15ms

以上数据都在《S7-200 PLC 系统手册》中标明，这里只是列表比较。CPU 上的部分输入点延时（滤波）时间可以在编程软件 Micro/Win32 的 "系统块" 中设置，其默认的滤波时间是 6.4ms。如果把容易受到干扰的信号接到 CPU 的可改变滤波时间的 DI 点上，调整滤波时间可能改善信号检测的质量。支持高速计数器功能的输入点在相应功能开通时不受此滤波时间约束。滤波设置对输入映像区的刷新、开关量输入中断、脉冲捕捉功能同样有效。CPU 输出硬件延时见表 8-2。

表 8-2　　　　　　　　　　　　　　CPU 输出硬件延时

输出点类型		DC 24V 晶体管	DC 24V（CPU 224XP）晶体管	继电器
输出延时	OFF	2μs（Q0.0 和 Q0.1） 15μs（其他）	0.5μs（Q0.0 和 Q0.1） 15μs（其他）	—
	ON-OFF	10μs（Q0.0 和 Q0.1） 130μs（其他）	1.5μs（Q0.0 和 Q0.1） 130μs（其他）	—
	开关			10ms

有些输出点要比其他点更快些，是因为它们可以用于高速输出功能，在硬件上有特殊设计。没有专门使用硬件高速输出功能时，它们和普通点一样。处理继电器输出开关频率为 1Hz。扩展模块输出硬件延时见表 8-1。

问 9 **S7-200 系列 PLC 处理快速响应信号的对策有哪些？**

答： （1）使用 CPU 内置的高速计数器和高速脉冲发生器处理序列脉冲

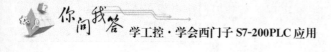

信号。

（2）使用部分 CPU 的 DI 点的硬件中断功能，在中断服务程序中处理；进入中断的延时可以忽略 S7-200 系列 PLC 拥有"直接读输入"和"直接写输出"指令，可以越过程序扫描周期的时间限制。

（3）使用部分 CPU 的 DI 点的"脉冲捕捉"功能捕捉短暂的脉冲。

注意：S7-200 系列 PLC 系统中最小周期的定时任务为 1ms。

所有实现快速信号处理的措施，都要考虑所有限制因素的影响。例如，为一个需要毫秒级响应速度的信号选择 $500\mu s$ 输出延时硬件，显然是不合理的。

问 10　S7-200 系列 PLC 程序扫描时间和程序大小有关系吗？

答：程序扫描时间与用户程序的大小成正比。《S7-200 PLC 系统手册》中有每个指令所需执行时间的数据。实际上很难事先预先精确计算出程序扫描时间，特别是还没有开始编写程序时。可以看出，常规的 PLC 处理模式不适合时间响应要求高的数字量信号，需要根据具体任务采用一些特别的方法。

问 11　CPU224 XP 高速脉冲输出频率最快能达到多少？

答：CPU224 XP 的高速脉冲输出 Q0.0 和 Q0.1 支持高达 100kHz 的频率。Q0.0 和 Q0.1 支持 DC 5~24V 输出。但是它们必须和 Q0.2~Q0.4 一起成组输出相同的电压。高速输出只能用在 CPU224 XP DC/DC/DC 型号。

问 12　CPU224 XP 本体上的模拟量输入也是高速响应的吗？

答：CPU224 XP 本体上的模拟量输入的响应速度是 250ms，不同于模拟量扩展模块的数据。CPU224 XP 本体上的模拟量 I/O 芯片与模拟量模块所用的不同，应用的转换原理不同，因此精度和速度不一样。

问 13　CPU224 XP 后面的第一个模拟量模块的地址如何分配？

答：S7-200 系列 PLC 的模拟量 I/O 地址总是以两个通道/模块的规律增加。所以 CPU224 XP 后面的第一个模拟量输入通道的地址为 AIW4；第一个输出通道的地址为 AQW4，AQW2 不能用。

问 14　S7-200 系列 PLC 的 CPU 上的通信端口支持哪些通信协议？

答：（1）PPI 协议：西门子专为 S7-200 系列 PLC 开发的通信协议。

（2）MPI 协议：不完全支持，只能作为从站。

（3）自由端口模式：由用户自定义的通信协议，用于与其他串行通信设备通信（如串行打印机等）。

S7-200 编程软件 Micro/WIN 提供了通过自由端口模式实现的通信功能：①USS指令库，用于 S7-200 系列 PLC 与西门子变频器（MM4 系列、SINAMICS G110 和旧的 MM3 系列）；②Modbus RTU 指令库，用于支持 Modbus RTU 主站协议的设备通信。

S7-200 系列 PLC 上的两个通信端口基本一样，没有特殊的区别。它们可以各自在不同的模式、通信速率下工作；它们的端口地址甚至可以相同。分别连接到 CPU 上两个通信端口上的设备，不属于同一个网络。S7-200 系列 PLC 的不能起到网桥的作用。

问 15 **S7-200 系列 PLC 的 CPU 上的通信端口的作用有哪些？**

答：（1）安装了编程软件 Micro/WIN 的计算机可以对 PLC 编程。

（2）可以连接其他 S7-200 系列 PLC 的 CPU 的通信端口组成网络。

（3）可以与 S7-300/400 系列 PLC 的 MPI 通信端口通信。

（4）可以连接西门子的 HMI 设备（如 TD200、TP170 micro、TP170、TP270 等）。

（5）可以通过 OPC Server（PC Access V1.0）进行数据发布。

（6）可以连接其他串行通信设备。

（7）可以与第三方 HMI 通信。

问 16 **S7-200 系列 PLC 的 CPU 上的通信端口是否可以扩展？**

答：不能扩展出与 CPU 通信端口功能完全一样的通信端口。在 CPU 上的通信端口不够的情况下，可以考虑：购买具有更多通信端口的 CPU；考察连接设备的种类，如果其中有西门子的 HMI，可以考虑增加 EM277 模块，把面板连接到 EM277 上。

问 17 **S7-200 系列 PLC 的 PLC 上的通信端口的通信距离有多远？**

答：《S7-200 PLC 系统手册》上给出的数据是一个网段 50m，这是在符合规范的网络条件下能够保证的通信距离。凡超出 50m 的距离，应当加中继器。加一个中继器可以延长通信网络 50m。如果加一对中继器，并且它们之间没有 S7-200 系列 PLC 的 CPU 站存在（可以有 EM277），则中继器之间的距离可以达到 1000m。符合上述要求就可以做到非常可靠的通信。实际上，有用户实现了超过

50m 距离而不加中继器的通信。西门子不能保证这样的通信一定成功。

问 18　用户在设计网络时应考虑哪些因素？

答： S7-200 系列 PLC 的 CPU 上的通信端口在电气上是 RS-485 端口。RS-485 端口支持的距离是 1000m。S7-200 系列 PLC 的 CPU 上的通信口是非隔离的，需要注意保证网络上的各通信端口电位相等。信号传输条件（网络硬件，如电缆、连接器及外部的电磁环境）对通信成功与否的影响很大。

问 19　S7-200 系列 PLC 的 CPU 有实时时钟吗？

答： CPU221、CPU222 没有内置的实时时钟，需要外插时钟/电池卡才能获得此功能。CPU224、CPU226 和 CPU226 XM 都有内置的实时时钟。

问 20　如何设置日期、时间值，使时钟开始走动？

答： （1）执行编程软件（Micro/WIN）的菜单命令"PLC"→"Time of Day Clock"，进行与 CPU 的在线连接设置，完成后时钟开始走动。

（2）编写用户程序时使用 Set _ RTC（设置时钟）指令设置。

问 21　智能模块的地址是如何分配的？

答： S7-200 系列 PLC 系统中除了数字量和模拟量 I/O 扩展模块占用 I/O 地址外，一些智能模块（特殊功能模块）也需要在地址范围中占用地址，见表 8-3。这些数据地址被模块用来进行功能控制，一般不直接连接到外部信号。CP243-2（AS-Interface 模块）除了使用 IB/QB 作为状态和控制字节外，AI 和 AQ 用于 AS-Interface 从站的地址映射。

表 8-3　　　　　　　　　　智能模块占用的地址

模块型号		EM277	EM241	EM253	CP243-1/1T	CP243-2
占用地址	输入	—	—	—	—	1IB＋AIW
	输出	—	1QB	1QB	1QB	1QB＋8AQW

问 22　STEP7 Micro/WIN 的兼容性如何？

答： 目前常见的 Micro/WIN 版本有 V4.0 和 V3.2。以前的版本，如 V2.1，除了用于转化老项目文件，已经没有继续应用的价值。不同版本的 Micro/WIN 生成的项目文件不同。高版本的 Micro/WIN 能够向下兼容低版本软件生成的项目文件；低版本的软件不能打开高版本保存的项目文件。建议用户总是使用最新的版本，目前最新的版本是 STEP7 Micro/WIN V4.0 SP9。

问 23　通信端口参数如何设置？

答： 默认情况下，S7-200 系列 PLC 的 CPU 的通信端口处于 PPI 从站模式，地址为 2，通信速率为 9.6kbit/s。要更改通信端口的地址或通信速率，必须在系统块中的"Communication Ports"（通信端口）选项卡中设置，然后将系统块下载到 CPU 中，新的设置才能起作用。

问 24　如何设置通信端口参数才能提高网络的运行性能？

答： 假设一个网络中有 2 号站和 10 号站作为主站，（10 号站的）最高地址设置为 15，则对于 2 号站来说，所谓地址间隙就是 3 到 9 的范围；对于 10 号站来说，地址间隙就是 11 到最高站址 15 的范围，同时还包括 0 号站和 1 号站。网络通信中的主站之间会传递令牌，分时单独控制整个网络上的通信活动。网络上的所有主站不会同时加入令牌传递环内，因此必须由某个持有令牌的主站定时查看比自己高的站址是否有新的主站加入。刷新因数指的就是在第几次获得令牌后检查一次高站址。如果为 2 号站设置了地址间隙因数 3，则在 2 号站第 3 次拿到令牌时会检查地址间隙中的一个地址，看是否有新的主站加入。设置比较大的因数会提高网络的性能（因为无谓的站址检查少了），但会影响新的主站加入的速度。如下设置会使网络的运行性能提高。①设置最接近实际最高站址的最高地址；②使所有主站地址连续排列，这样就不会再进行地址间隙中的新主站检测。

问 25　如何设置数据保持功能？

答： 数据保持设置定义 CPU 如何处理各数据区的数据保持任务。在数据保持设置区中选中的就是要"保持"其数据内容的数据区。所谓"保持"就是在 CPU 断电后再上电，数据区域的内容是否保持断电前的状态。在这里设置的数据保持功能靠 CPU 内置的超级电容器实现。超级电容器放电完毕后，如果安装了外插电池（或 CPU221/222 用的时钟/电池）卡，则电池卡会继续数据保持的电源供电，直到放电完毕。数据在断电前被自动写入相应的 EEPROM 数据区中（如果设置 MB0～MB13 为"保持"）。

问 26　数据保持设置与 EEPROM 有什么关系？

答： 如果将 MB0～ MB13 共 14 个字节范围中的存储单元设置为"保持"，

则 CPU 在断电时会自动将其内容写入 EEPROM 的相应区域中，在重新通电后用 EEPROM 的内容覆盖这些存储区。如果将其他数据区的范围设置为"不保持"，CPU 会在重新通电后将 EEPROM 中数值复制到相应的地址。如果将数据区范围设置为"保持"，而内置超级电容器（＋电池卡）未能成功保持数据，则会将 EEPROM 的内容覆盖相应的数据区，反之则不覆盖。

问 27 如何设置 CPU 密码？

答： 在系统块中设置 CPU 密码以限制用户对 CPU 的访问。可以分等级设置密码，给其他人员开放不同等级的权限。等级权限见表 8-4。

表 8-4　　　　　　　　　　　CPU 密码保护等级

操作、功能	Level 1	Level 2	Level 3
读写用户数据	不限制	不限制	不限制
启动、停止 CPU			
读取、设置系统时钟			
上载程序、数据块、系统块	不限制	不限制	
下载到 CPU	不限制	要密码	要密码
监视程序状态			
在线编程			
删除程序、数据块、系统块			
在状态表中强制数据			
执行单/多周期程序扫描			
在 PLC＞Information 中刷新扫描周期数据			
复制程序，数据块，系统块到存储卡			
在 STOP 模式下写输出			

SIEMENS S7-200PLC 的加密方法如下：

（1）点击浏览条中的"系统块"按钮。

（2）选择查看（View）＞组件（Components）＞系统块（System Block）菜单命令。

（3）点击指令树中的"系统块"图标。然后点击"系统块"树的密码分支。

选择授权级别，输入密码，然后将所作的修改下载到 CPU。密码不区分大小写字母。

密码授权访问功能和存储区：如果没有设置密码，S7-200 提供不受限制的访问。受密码保护时，S7-200 根据授权级别来提供操作功能限制。

1）所有 21x 和 22x CPU 均支持密码级别 1、2、3。只有硬件版本 2.0.1 以后的 22xCPU 能支持密码级别 4。

2）S7-200 的默认密码级别是级别 1（不受限制的访问）。

3）在网络中输入密码并不影响 S7-200 的密码保护。授权一位用户访问受限制的功能并不意味着授权其他用户访问这些功能。在某一时刻，S7-200 只允许一位用户执行无限制访问。

4）因为级别 1 允许不受限制的访问，如果将其他密码级别更改成级别 1，也就是等于取消密码保护。

如果忘记 PLC 密码，必须清除 PLC 存储区，重新载入程序。清除 PLC 存储区使 PLC 进入 STOP（停止）模式，并将 PLC 复原为工厂设置的默认值，PLC 地址、波特率和实时时钟除外。

问 28　设置了 CPU 密码后，为何看不出密码已经生效？

答：在系统块中设置了 CPU 密码并下载后，因为仍然保持了 Micro/WIN 与 CPU 的通信连接，所以 CPU 不会保护设置密码的 Micro/WIN。要检验密码是否生效，可以：①停止 Micro/WIN 与 CPU 的通信 1min 以上；②关闭 Micro/WIN 程序，再打开；③停止 CPU 的供电，再送电。CUP 密码等级见表 8-4。

问 29　数字量/模拟量有冻结功能吗？

答：数字量/模拟量输出表规定的是当 CPU 处于停机（STOP）状态时，数字量输出点或者模拟量输出通道如何操作。此功能对于一些必须保持动作、运转的设备非常重要。例如，抱闸，或者一些关键的阀门等不允许在调试 PLC 时停止动作，就必须在系统块的输出表中进行设置。

数字量：在选中 "Freeze output in last state" 后，冻结最后的状态，则在 CPU 进入 STOP 状态时数字量输出点保持停机前的状态（若是 1 则仍然是 1，若是 0 则保持为 0），同时下面的 b. 表不起作用；如果未选中，那么选中的输出点会保持 ON（1）的状态，未选中的为 0。

模拟量：在选中 "Freeze output in last state" 后，冻结最后的状态，则在 CPU 进入 STOP 状态时模拟量输出通道保持停机前的状态，同时下面的表不起作用；未选中时，在下面表中各个规定模拟量输出通道在 CPU 进入 STOP 状态时的输出值。

问 30 数字量输入滤波器有什么作用？该如何设置？

答： 可以为 CPU 上的数字量输入点选择不同的输入滤波时间。如果输入信号有干扰、噪声，可调整输入滤波时间，滤除干扰，以免误动作。滤波时间可在 0.2～ 12.8ms 选择几挡。如果滤波时间设定为 6.4ms，数字量输入信号的有效电平（高或低）持续时间小于 6.4ms 时，CPU 会忽略它；只有持续时间长于 6.4ms 时，才有可能识别。另外，支持高速计数器功能的输入点在相应功能开通时不受此滤波时间约束。滤波设置对输入映像区的刷新、开关量输入中断、脉冲捕捉功能都有效。

问 31 模拟量滤波有什么效果？

答： 一般情况下选用 S7-200 系列 PLC 的模拟量滤波功能就不必另行编制用户的滤波程序。如果对某个通道选用了模拟量滤波，CPU 将在每一程序扫描周期前自动读取模拟量输入值。这个值就是滤波后的值，是所设置的采样数的平均值。模拟量的参数设置（采样数及死区值）对所有模拟量信号输入通道有效。如果对某个通道不滤波，则 CPU 不会在程序扫描周期开始时读取平均滤波值，而只在用户程序访问此模拟量通道时直接读取当时实际值。

问 32 模拟量滤波死区值如何设置？

答： 死区值定义了计算模拟量平均值的取值范围。如果采样值都在这个范围内，就计算采样数所设定的平均值；如果当前最新采样的值超过了死区的上限或下限，则该值立刻被采用为当前的新值，并作为以后平均值计算的起始值。这就允许滤波器对模拟量值的大的变化有一个快速响应。死区值设为 0，表示禁止死区功能，即所有的值都进行平均值计算，不管该值有多大的变化。对于快速响应要求，不要把死区值设为 0，而把它设为可预期的最大的扰动值（320，为满量程 32 000 的 1%）。

问 33 模拟量滤波的设置应该注意哪些？

答：（1）为变化比较缓慢的模拟量输入选用滤波器可以抑制波动。

（2）为变化较快的模拟量输入选用较小的采样数和死区值会加快响应速度。

（3）对高速变化的模拟量值不要使用滤波器。

（4）如果用模拟量传递数字量信号，或者使用热电阻（EM231 RTD）、热电偶（EM231 TC）、AS-Interface（CP243-2）模块时，不能使用滤波器。

问 34　**如何让 Micro/WIN 中的监控响应更快？**

答：可以设置背景通信时间。背景通信时间规定用于"运行模式编程"和程序、数据监控的 Micro/WIN 和 CPU 的通信时间占整个程序扫描周期的百分比。增加这个时间可以增加监控的通信机会，在 Micro/WIN 中的响应会快一些，但同时会加长程序扫描时间。

问 35　**CPU 上的指示灯可以自定义吗？**

答：可以通过用户自定义指示灯，23 版 CPU 的 LED 指示灯（SF/DIAG）能够显示两种颜色（红/黄）。红色指示灯指示 SF（系统故障），黄色指示灯（DIAG）可以由用户自定义。

自定义 LED 指示灯可以由以下方法控制。

（1）在系统块的"配置 LED"选项卡中设置。

（2）在用户程序中使用 DIAG＿LED 指令点亮。

上述条件之间是或的关系。如果同时出现 SF 和 DIAG 两种指示，红色指示灯和黄色指示灯会交替闪烁。

问 36　**在任何时候都可以使用全部的程序存储区吗？**

答：23 版 CPU 的新功能（运行时编程）需要占用一部分程序存储空间。如果要利用全部的程序存储区，对于特定的一些 CPU 型号，需要禁止"运行模式编程"功能。

问 37　**如果用户忘了密码，如何访问一个带密码的 CPU？**

答：即便 CPU 有密码保护，用户也可以不受限制地使用以下功能。

（1）读写用户数据。

（2）起动，停止 CPU。

（3）读取和设置实时时钟。

如果不知道密码，用户不能读取或修改一个带 3 级密码保护的 CPU 中的程序。

问 38　**如何清除设置的密码？**

答：如果用户不知道 CPU 的密码，必须清除 CPU 内存才能重新下载程序。执行清除 CPU 指令并不会改变 CPU 原有的网络地址、波特率和实时时钟。即使有外插程序存储卡，其内容也不会改变。清除密码后，CPU 中原有的程序将不存在。要清除密码，可按如下 3 种方法操作。

（1）在 Micro/WIN 中选择菜单"PLC"→"Clear"，选择所有 3 种块并按"OK"按钮确认。

（2）通过程序"wipeout. exe"来恢复 CPU 的默认设置。这个程序可在STEP7-Micro/WIN 安装光盘中找到。

（3）在 CPU 上插入一个含有未加密程序的外插存储卡，通电后此程序会自动装入 CPU 并且覆盖原有的带密码的程序。清除密码后 CPU 可以自由访问。

问 39　POU 加密后用户还能正常使用吗？

答：POU 即程序组织单元，包括 S7-200 项目文件中的主程序（OB1）、子程序和中断服务程序。POU 可以单独加密，加密后的 POU 会显示一个锁的标记，不能打开查看程序内容。程序下载到 CPU 中，再上传后也保持加密状态。西门子公司随编程软件 Micro/WIN 提供的库指令、指令向导生成的子程序、中断程序都加了密。加密并不妨碍它们的使用。

问 40　用户能对整个工程项目文件进行加密吗？

答：使用 STEP7-Micro/WIN V4. 0 以上版本，用户可以为整个 Project（项目）文件加密，使不知道密码的人无法打开项目。在 Micro/WIN 的"File"（文件）菜单中的"Set Password"（设置密码）命令，在弹出的对话框中输入最多16 个字符的项目文件密码。密码可以是字母或数字的组合，区分大小写。

问 41　如何打开老版本 Micro/WIN 创建的项目文件？

答：在正版 STEP7-Micro/WIN 软件光盘中，都可在"Old Releases"文件夹中找到 V2. 1 版本的 Micro/WIN 安装软件，此版本的 Micro/WIN 可打开老版本创建的项目文件。通过它作为桥梁，另存老版本的软件后，可在最新版本STEP7-Micro/WIN 软件中打开。注意：如果打开后发现有的网络显示为红色的invalid（非法），则可能是 PLC 型号太低、版本太旧了，此时可选择高型号或者新版本的 CPU。例如，执行菜单命令"PLC"→"Type"，在弹出的对话框中将CPU 222 改为 CPU 224。

问 42　如何知道自己所编程序的大小？

答：在 Micro/WIN 中的命令菜单中执行"PLC"→"Compile"后，在 Micro/WIN 下方的显示窗口（消息输出窗口）可找到所编程序的大小、占用数据块的大小等。

问 43　编译出错怎么办？

答：在编译后，如果有错，就不能将程序下载到 CPU。可在 Micro/WIN 下方的窗口查看错误，双击该错误即进入程序中该错误所在处，根据《S7-200 PLC 系统手册》中的指令要求进行修改。

问 44　如何知道自己所编程序的扫描时间？

答：在程序运行过一次以后，可在 Micro/WIN 中的命令菜单中在线查看，即执行 "PLC" → "Information" 可找到 CPU 中程序的扫描时间。

问 45　如何查找所使用的程序地址空间是否重复使用？

答：在对程序进行编译后，可以单击 "View" 浏览条中的 "Cross Reference"（交叉参考）按钮进入，可以看到程序中所使用元素的详细的交叉参考信息及字节和位的使用情况。在交叉参考中直接单击该地址便进入程序中该地址所在处。

问 46　在线监控时，在程序块中为何指令功能块是红色的？

答：如果在程序编辑器中在线监控，发现有红色的指令功能块，说明发生了错误或问题。从系统手册可以查到导致 ENO＝0 的错误。如果是"非致命"故障，可以执行菜单命令 "PLC" → "Information"，在弹出的对话框中查看错误类型。

对于 NetR/NetW（网络读/写）、XMT/RCV（自由端口发送/接收）、PLS 等与 PLC 操作系统或硬件设置有关的指令，在运行时变红，其最可能的原因是在指令仍然在执行的过程中多次调用，或者当时通信端口忙。

问 47　S7-200 系列 PLC 的 CPU 上的高速 I/O 端子如何使用？

答：S7-200 系列 PLC 的 CPU 上的高速 I/O 端子，其接线与普通数字量 I/O 相同。但高速脉冲输出必须使用直流晶体管输出型的 CPU（即 DC/DC/DC 型）。

问 48 NPN/PNP 输出的旋转编码器（和其他传感器）能否接到 S7-200 系列 PLC 的 CPU 上？

答：都可以。S7-200 系列 PLC 的 CPU 和扩展模块上的数字量输入可以连接源型或漏型的传感器输出，连接时只要相应地改变公共端子的接法（是电源的 L＋连接到输入公共端，还是电源的 M 连接到公共端）。

问 49 S7-200 系列 PLC 能否使用两线制的数字量（开关量）传感器？

答：可以，但必须保证传感器的静态工作电流（漏电流）小于 1mA。西门子有相关的产品，如用于 PLC 的接近开关（BERO）等。

问 50 S7-200 系列 PLC 是否有 I/O 点可以复用的模块？

答：S7-200 系列 PLC 的数字量、模拟量 I/O 点不能复用（即既能当作输入，又能当作输出）。

问 51 CPU224 XP 的高速 I/O 能达到 100kHz 还是 200kHz？

答：新产品 CPU224 XP 高速输入中的两路支持更高的速度。用作单相脉冲输入时，可以达到 200kHz；用作双相 90°正交脉冲输入时，速度可达 100kHz。
CPU224 XP 的两路高速 DO 速率可以达到 100kHz。

问 52 CPU224 XP 的高速输入（I0.3/4/5）是 DC 5V 信号，其他输入点是否可以接 DC 24V 信号？

答：可以。只需将两种信号供电电源的公共端都连接到 1M 端子。这两种信号必须同时为漏型或源型输入信号。

问 53 CPU224 XP 的高速输出点 Q0.0 和 Q0.1 接 5V 电源，其他点（如 Q0.2/3/4）是否可以接 24V 电压？

答：不可以。必须成组连接相同的电压等级。

问 54 为什么有模拟量无法滤波？

答：由于 CPU224 XP 本体上的模拟量转换芯片的原理与扩展模拟量模块不同，不需要选择滤波。

问 55 什么是单极性、双极性？

答： 双极性就是信号在变化的过程中要经过"0"，单极性不经过0。由于模拟量转换为的数字量是有符号整数，所以双极性信号对应的数值会有负数。在 S7-200 系列 PLC 中，单极性模拟量 I/O 信号的数值范围是 0～32 000；双极性模拟量信号的数值范围是 -32 000～+32 000。

问 56 同一个模块的不同通道是否可以分别接电流型和电压型输入信号？

答： 可以分别按照电流型和电压型信号的要求接线。但是 DIP 开关设置对整个模块的所有通道有效，在这种情况下，电流、电压信号的规格必须能设置为相同的 DIP 开关状态。如表 8-5、表 8-6 中，0～5V 和 0～20mA 信号具有相同的 DIP 设置状态，可以接入同一个模拟量模块的不同通道。

表 8-5   EM231

单极性			满量程输入	分辨率
SW1	SW2	SW3		
ON	OFF	ON	0～10V	2.5mV
	ON	OFF	0～5V	1.25mV
			0～20mA	5μA
双极性			满量程输入	分辨率
SW1	SW2	SW3		
OFF	OFF	ON	±5V	2.5mA
	ON	OFF	±2.5V	1.25mA

表 8-6   EM235

单极性						满量程输入	分辨率
SW1	SW2	SW3	SW4	SW5	SW6		
ON	OFF	OFF	ON	OFF	ON	0～50mV	12.5μV
OFF	ON	OFF	ON	OFF	ON	0～100mV	25μV
ON	OFF	OFF	OFF	ON	ON	0～500mV	125μV
OFF	ON	OFF	OFF	ON	ON	0～1V	250μV
ON	OFF	OFF	OFF	OFF	ON	0～5V	1.25mV
						0～25mA	5μV
OFF	ON	OFF	OFF	OFF	ON	0～10V	2.5mV

双极性						满量程输入	分辨率
SW1	SW2	SW3	SW4	SW5	SW6		
ON	OFF	OFF	ON	OFF	OFF	±25mV	12.5μV
OFF	ON	OFF	ON	OFF	OFF	±50mV	25μV
OFF	OFF	ON	ON	OFF	OFF	±100mV	50μV
ON	OFF	OFF	OFF	ON	OFF	±250mV	125μV
OFF	ON	OFF	OFF	ON	OFF	±500mV	250μV
OFF	OFF	ON	OFF	ON	OFF	±1V	500μV
ON	OFF	OFF	OFF	OFF	OFF	±2.5V	1.25mV
OFF	ON	OFF	OFF	OFF	OFF	±5V	2.5mV
OFF	OFF	ON	OFF	OFF	OFF	±10V	5mV

问 57　模拟量应该如何换算成期望的工程量值？

答：模拟量的输入/输出都可以用下列的通用换算公式换算。

$$Ov = [(Osh - Osl)(Iv - Isl)/(Ish - Isl)] + Osl$$

式中：Ov 表示换算结果；Iv 表示换算对象；Osh 表示换算结果的高限；Osl 表示换算结果的低限；Ish 表示换算对象的高限；Isl 表示换算对象的低限。

问 58　S7-200 系列 PLC 的模拟量输入信号的精度能达到多少？

答：模拟量输入模块有两个参数容易混淆：①模拟量转换的分辨率；②模拟量转换的精度（误差）。分辨率是 A-D 模拟量转换芯片的转换精度，即用多少位的数值来表示模拟量。S7-200 系列 PLC 的模拟量模块的转换分辨率是 12 位，能够反映模拟量变化的最小单位是满量程的 1/4096。

模拟量转换的精度除了取决于 A-D 转换的分辨率，还受到转换芯片的外围电路的影响。在实际应用中，输入的模拟量信号会有波动、噪声和干扰，内部模拟电路也会产生噪声、漂移，这些都会对转换的最后精度造成影响。这些因素造成的误差要大于 A-D 转换芯片的转换误差。

问 59　为什么模拟量是一个变动很大的不稳定的值？

答：可能的原因如下。

（1）用户可能使用了一个自供电或隔离的传感器电源，两个电源没有彼此连接，即模拟量输入模块的电源地线和传感器的信号地线没有连接。这将会产生一个很高的上下振动的共模电压，影响模拟量输入值。

（2）模拟量输入模块接线太长或绝缘不好。

可以用如下方法解决。

（1）连接传感器输入的负端与模块上的公共 M 端，以补偿此种波动。（但要注意确保这是两个电源系统之间的唯一联系。）并且要满足以下条件：模拟量输入模块内部是不隔离的；共模电压不应大于 12V；对于 60Hz 干扰信号的共模抑制比为 40dB。

（2）使用模拟量输入滤波器。

问 60　EM231 模块上的 SF 灯为何闪烁？

答：SF 灯闪烁有两个原因：模块内部软件检测出外接热电阻断线，或者输入超出范围。由于上述检测是两个输入通道共用的，所以当只有一个通道外接热电阻时，SF 灯必然闪烁。解决方法是将一个 100Ω 的电阻按照与已用通道相同的接线方式连接到空的通道，或者将已经接好的那一路热电阻的所有引线一一对应连接到空的通道上。

问 61　什么是正向标定、负向标定？

答：正向标定值是 3276.7 度（华氏或摄氏），负向标定值是 -3276.8 度。如果检测到断线、输入超出范围时，相应通道的数值被自动设置为上述标定值。

问 62　热电阻的技术参数不是很清楚，如何在 DIP 开关上设置类型？

答：应该尽量弄清楚热电阻的参数，否则可以使用默认设置。

问 63　EM235 能否用于热电阻测温？

答：EM235 不是用于与热电阻连接测量温度的模块，勉强使用容易带来问题。建议使用 EM231 RTD 模块。

问 64　S7-200 系列 PLC 的模拟量 I/O 模块是否带信号隔离？

答：不带隔离。如果用户的系统中需要隔离，请另行购买信号隔离器件。

问 65　模拟量信号的传输距离有多远？

答：电压型的模拟量信号，由于输入端的内阻很高（S7-200 系列 PLC

的模拟量模块为 10Ω），极易引入干扰，所以讨论电压信号的传输距离没有意义。一般电压信号用在控制设备柜内电位器设置，或者距离非常近、电磁环境好的场合。电流型信号不容易受到传输线沿途的电磁干扰，因而在工业现场获得广泛的应用。电流信号可以传输比电压信号远得多的距离。理论上，电流信号的传输距离受到以下几个因素的制约：①信号输出端的带载能力，以欧姆数值表示，如 700Ω；②信号输入端的内阻；③传输线的静态电阻值（来回是双线）信号输出端的负载能力必须大于信号输入端的内阻与传输线电阻之和。当然实际情况不会完全符合理想的计算结果，传输距离过长会造成信号衰减，也会引入干扰。

问 66 **S7-200 系列 PLC 的模拟量模块的输入/输出阻抗指标是多少？**

答：模拟量输入阻抗：电压型信号：不小于 $10M\Omega$；流型信号为 250Ω。模拟量输出阻抗：电压型信号不小于 $5k\Omega$；电流型信号不大于 500Ω。

问 67 **模拟量模块的电源指示灯正常，为何信号输入灯不亮？**

答：模拟量模块的外壳按照通用的形式设计和制造，实际上没有模拟量输入信号指示灯。凡是没有印刷标记的灯窗都是无用、空置的。

问 68 **为何模拟量值的最低 3 位有非零的数值变化？**

答：模拟量的转换精度为 12 位，但模块将 A-D 转换后的数值向高位移动了 3 位。如果将此通道设置为使用模拟量滤波，则当前的数值是若干次采样的平均值，最低 3 位是计算得出的数值；如果禁用模拟量滤波，则最低 3 位都是 0。

问 69 **EM231 TC 是否需要补偿导线？**

答：EM231 TC 可以设置为由模块实现冷端补偿，但仍然需要补偿导线进行热电偶的自由端补偿。

问 70 **EM231 TC 模块 SF 灯为何闪烁？**

答：如果选择了断线检测，则可能是断线。应当短接未使用的通道，或者并联到旁边的实际接线通道上，或者输入超出范围。

问 71 **M 区数据不够用怎么办？**

答：有些用户习惯使用 M 区作为中间地址，但 S7-200 系列 PLC 的 CPU 中

M 区地址空间很小，只有 32 个字节，往往不够用。而 S7-200 系列 PLC 的 CPU 中提供了大量的 V 区存储空间，即用户数据空间。V 区相对很大，其用法与 M 区相似。可以按位、字节、字或双字来存取 V 区数据，如 V10.1、VB20、VW100、VD200 等。

问 72　用户如何知道 S7-200 系列 PLC 的 CPU 的集成 I/O 和扩展 I/O 寻址？

答： S7-200 系列 PLC 编程时不必配置 I/O 地址。S7-200 扩展模块上的 I/O 地址按照离 CPU 的距离递增排列。离 CPU 越近，地址号越小。在模块之间，数字量信号的地址总是以 8 位（一个字节）为单位递增。如果 CPU 上的物理输入点没有完全占据一个字节，其中剩余未用的位也不能分配给后续模块的同类信号。模拟量输出模块总是要占据两个通道的输出地址。即便有些模块（EM235）只有一个实际输出通道，它也要占用两个通道的地址。在编程计算机和 CPU 实际联机时，使用 Micro/WIN 的菜单命令 "PLC" → "Information"，可以查看 CPU 和扩展模块的实际 I/O 地址分配。

问 73　最多可以调用多少子程序？子程序可以带参数吗？

答： S7-200 系列 PLC 的 CPU 最多可以调用 64 个子程序（CPU226 XM 为 128 个）子程序可以嵌套调用，即子程序中再调用子程序，一共可以嵌套 8 层。在中断服务程序中不能嵌套调用子程序，被中断服务程序调用的子程序中不能再出现子程序调用。子程序可以带参数调用，在子程序的局部变量表中设置参数的类型，一共可以带 16 个参数（形式参数）。

问 74　程序存储在哪里？会不会丢失？

答： 下载的程序存储在 EEPROM 中，将会永久保存，断电后不会丢失。程序的大小不能超过 CPU 用户程序空间的大小。

问 75　如何验证数据是否正确保存到了 EEPROM 中？

答： 有以下两种方法可以验证数据是否正确保存到 EEPROM 中。

（1）在"系统块"→"数据保持"设置中取消相应数据区（V 区）的保持设置，则 CPU 在通电时会用 EEPROM 中相应区域的数值覆盖 RAM 中的数据，可以检查数据是否正确。

（2）使用 Micro/WIN 的"Upload"（上传）功能，将数据块上传到 Micro/

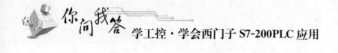

WIN 项目中。上传的数据来源是 EEPROM 而不是 RAM。

问 76 数据如何写入 EEPROM 数据区？

答：（1）在编程软件 Micro/WIN 的 Data Block（数据块）中定义 V 区存储单元的初始值，下载数据块时，这些数值也被写入相应的 EEPROM 单元中。

（2）用特殊存储器 SMB31、SMW32，运用编程方法将 V 区的数据写入 EE-PROM。

（3）在 System Block（系统块）中设置数据保持功能，可将 MB0～MB13 的内容在 CPU 断电时自动写入 EEPROM 中。

问 77 应用 S7-200 系列 PLC 时，可以选用哪些数据保持方法？

答：（1）CPU 的内置超级电容器断电时间不太长时，可以为数据和时钟的保持提供电源缓冲。

（2）CPU 上可以附加电池卡，与内置电容器配合，长期为时钟和数据保持提供电源。

（3）设置系统块，在 CPU 断电时自动保存 M 区中的 14 个字节数据。

（4）在数据块中定义不需要更改的数据，下载到 CPU 内可以永久保存。

（5）用户编程使用相应的特殊寄存器功能，将数据写入 EEPROM 永久保存。

问 78 S7-200 系列 PLC 系统中用到了几种存储器件？

答：（1）RAM：易失性的存储器，失去电源供电后，其中保存的数据会丢失。S7-200 系列 PLC 的 CPU 中的 RAM 由超级电容器＋外插电池卡提供电源缓冲。RAM 保存 V、M、T（定时器）、C（计数器）等各数据区的内容，在 CPU 失电后的表现由用户在系统块"数据保持"页中设置。

（2）EEPROM：非易失的电可擦除存储器，保存数据不需要供电，并且可以改写其内容。上述 RAM 数据区中有的部分与 EEPROM 中的区域一一对应。用户程序也永久保存在程序 EEPROM 中。

（3）外插存储卡：非易失的存储器，用来保存用户程序、数据记录（归档）、配方数据及一些其他文件等。

问 79 存储卡能否扩展 CPU 的程序存储空间？

答：存储卡不能扩展程序空间。S7-200 系列 PLC 的 CPU 的程序空间是不能扩展的。

问 80 如何通过存储卡与 CPU 进行用户程序保存和传递？

答：在 STEP7-MicroWIN32 中使用菜单命令"PLC"→"Program Memory Cartridge"来向存储卡中复制程序。为了把存储卡中的程序送到 CPU 中，必须先插入存储卡，然后给 CPU 通电，程序将自动复制到 RAM 及 EEPROM 中。

问 81 使用定时器加自复位做一个不断重复的计时，调用其他功能或子程序时，为何看起来工作不规律？

答：请注意《S7-200 PLC 系统手册》中关于 3 种定时器刷新规律的描述。按这种方法使用定时器时，定时器的置位、复位可能与程序扫描周期不配合，存在造成上述问题的机制。定时比较短的定时任务应使用"定时中断"功能，这样更为可靠。

问 82 编写了一个利用定时器的程序，在编译时已经通过，为何下载到 CPU 中时提示出错？

答：这种情况往往是调用的定时器号与定时器类型不配合造成的。参见帮助的表格，如 T7 只能用于 TONR，而不能用于 TON 或 TOF。

问 83 定时中断（SMB34/SMB35）最长定时为 255ms，如何实现更长时间的定时？

答：可以采用 T32/T96 中断，最长时间可到 32.767s。在定时中断服务程序中对进入中断的次数进行计数，也能实现更长时间的中断延时。

问 84 定时中断个数不够怎么办？

答：每个定时中断服务程序不一定只能处理一项定时任务，可以把几个任务放在一个定时中断服务程序中。对于定时间隔不同的任务，可以计算出它们的定时长度的最大公约数，以此作为定时中断的时间设置。在中断服务程序内部对中断事件进行计数，据此编程分别处理不同的任务。

问 85 调用子程序时，为何动作只能执行一次，或者某些状态不能结束？

答：当发生动作不能重复执行，或者状态不能结束（像锁死了一样），而这些功能都与子程序有关时，请检查是否有条件调用子程序。调用子程序的条件在

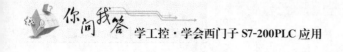

上述动作执行后，或者进入某个状态后不再有效，无法再次"激活"，而脱离上述状态或复位的指令正好在子程序内，必然造成上述现象。

问 86 带形式参数的子程序，定义为 OUT 类型的变量为何会在多次调用子程序时互相干扰？

答：这是因为定义为 OUT 类型的形式参数又在子程序内部参与了运算。凡是此类参数都应当定义为 IN _ OUT 类型。

问 87 与中断服务程序有关的计算任务，为何会偶尔得出不正确的结果？

答：出现这种现象的原因多是在主程序（或子程序）和中断程序之间传递数据的机制不当。中断程序可能在任何时刻执行，如果此时主程序（或子程序）正在对中断程序使用的数据进行操作，其中间结果可能带入中断程序，造成计算结果的变化；同样的，在中断程序中产生数据也对主程序（或子程序）中的计算有类似影响。

问 88 如何确定中断服务程序有没有执行？不执行时应如何操作？

答：可以在中断程序中加一个测试程序段，如使用 SM0.0（常为"1"）将一个输出点置位（使用 Set 指令），观察是否进入中断服务程序。中断程序不执行，多数原因是初始化（连接中断事件和中断程序）的问题，或者没有开中断。应该使用 SM0.1（或沿触发）执行一次初始化，然后开中断。

问 89 TP170、TP170 micro 与 S7-200 系列 PLC 相连接如何做时钟同步？

答：TP170 默认的时钟格式与 S7-200 系列 PLC 的时钟指令所读取的时间日期格式有所区别，读出的时钟需要改变格式才能与 TP170 等做时钟同步。在 TP170 的组态软件 ProTool 的在线帮助中有相关的介绍。

问 90 高速计数器怎样占用输入点？

答：高速计数器根据被定义的工作模式，按需要占用 CPU 上的数字量输入点。每个计数器都按其工作模式占用固定的输入点。在某个模式下没有用到的输入点，仍然可以用作普通输入点；被计数器占用的输入点（如外部复位），在用户程序中仍然能访问到。

问 91 为什么高速计数器不能正常工作?

答: 在程序中要使用初次扫描存储器位 SM0.1 来调用 HDEF 指令,而且只能调用一次。如果用 SM0.0 调用或者第二次执行 HDEF 指令会引起运行错误,而且不能改变第一次执行 HDEF 指令时对计数器的设定。

问 92 对高速计数器如何寻址?为什么从 SMD× 中读不出当前的计数值?

答: 可以直接用 HC0、HC1、HC2、HC3、HC4、HC5 对不同的高速计数器进行寻址,读取当前值,也可以在状态表中输入上述地址直接监视高速计数器的当前值。SMD× 不存储当前值。高速计数器的计数值是一个 32 位的有符号整数。

问 93 高速计数器如何复位到 0?

答: 选用带外部复位模式的高速计数器。当外部复位输入点信号有效时,高速计数器复位为 0。也可使用内部程序复位,即将高速计数器设定为可更新初始值,并将初始值设为 0,执行 HSC 指令后,高数计数器即复位为 0。

问 94 高速计数器的值在复位后是初始值还是 0 值?

答: 外部复位会将当前值复位到 0 而不是初始值;内部复位则将当前值复位到初始值。如果用户设定了可更新初始值,但在中断中未给初始值特殊寄存器赋新值,则在执行 HSC 指令后,它将按初始化时设定的初始值赋值。

问 95 给高速计数器赋初始值和预置值的步骤是什么?

答: 高速计数器可以在初始化或者运行中更改设置,如初始值、预置值。其操作步骤如下。

(1)设置控制字节的更新选项。需要更新哪个设置数据,就把控制字节中相应的控制位置位(设置为 1);不需要改变的设置,相应的控制位就不能设置。

(2)将所需的值送入初始值和预置值控制寄存器。

(3)执行 HSC 指令。

问 96 使用 PTO/PWM 发生器的功能应使用什么类型的 CPU?

答: 应使用 DC 24V 晶体管输出的 CPU,绝对不能使用继电器输出的 CPU。

问 97 **PTO/PWM 输出的幅值是多少？**

答：PTO/PWM 输出的幅值为 24V（高电平有效，共负端连接），若想实现输出其他电压的幅值，需自行加转换器来实现。

问 98 **在 PTO 脉冲串执行过程中，用户能否通过 PLS 指令改变其周期值？**

答：不能，必须终止 PTO 输出后才能改变周期值。

问 99 **如何强制停止 PTO/PWM 输出？**

答：可以通过编程将控制字节中的使能位 SM66.7 或 SM76.7 清零，然后执行 PLS 指令，便可立即停止 PTO/PWM 输出。

问 100 **为何输出信号的指示灯已亮，却没有良好的电压波形输出，或者有时丢脉冲？**

答：PTO/PWM 输出负载最小不能低于额定负载的 10%，即在输出为高电平的状态下，负载电流不低于 140mA。

问 101 **如何计算 PTO 的周期增量？**

答：PTO 的脉冲周期增量公式：周期增量＝（终止周期－初始周期）／脉冲数。

问 102 **当周期小于 50μs 时为何不能获得满意的波形输出？**

答：因为限制 PWM 输出的因素有两个：①由于硬件输出电路响应速度的限制，对于 Q0.0、Q0.1，从断开到接通为 $2\mu s$，从接通到断开为 $10\mu s$，因此最小脉宽不可能小于 $10\mu s$；②最大的频率为 20kHz，因此最小周期为 $50\mu s$。所以脉宽低于 $50\mu s$ 的波形无法保证完整输出。

问 103 **如何改变 PWM 输出的周期/脉冲宽度？**

答：PWM 功能可以在初始化时设置脉冲的周期和宽度，也可以在连续输出脉冲时很快地改变上述参数。其操作步骤如下。

（1）设置控制字节，以允许写入（或者更新）相应的参数。

（2）将相应的特殊存储器写入新的周期/脉宽值。

（3）执行 PLS 指令，对 PTO/PWM 发生器进行硬件设置变更。

问 104 **PID 输出在最大值与最小值之间振荡（曲线接触到坐标轴）应如何操作？**

答：降低 PID 初始输出步长值（Initial Output Step）。

问 105 **PID 自整定面板显示如下信息："The Auto Tune algorithm was aborted due to a zero-crossing watchdog timeout."即自整定计算因为等待反馈穿越给定值的看门狗超时而失败应如何操作？**

答：确定在起动 PID 自整定前，过程变量和输出值已经稳定；并检查 Watchdog Time 的值，将其适当增大。

问 106 **PID 输出总是输出很大的值，并在这一区间内波动应如何操作？**

答：产生原因：增益（Gain）值太高或 PID 扫描时间（Sample Time）太长（对于快速响应 PID 的回路）。解决方法：降低增益值并且（或）选择短一些的扫描时间。

问 107 **过程变量超过设定值很多（超调很大）应如何操作？**

答：产生原因：积分时间（Integral Time）可能太高。解决方法：降低积分时间。

问 108 **PID 输出非常不稳定是什么原因？**

答：产生原因：①如果用了微分，可能是微分参数有问题；②没有微分，可能是增益值太高。解决方法：①调整微分参数到 0～1；②根据回路调节特性将增益值降低，最低可从 0.x 开始逐渐增大往上调，直到获得稳定的 PID。

问 109 **对于某个具体的 PID 控制项目，是否可能事先得知比较合适的参数？有没有相关的经验数据？**

答：虽然有理论上计算 PID 参数的方法，但由于闭环调节的影响因素很多而不能全部在数学上精确地描述，计算出的数值往往没有实际意义。因此，除了实际调试获得参数外，没有可用的经验参数值存在。甚至对于两套看似一样的系统，可能通过实际调试得到完全不同的参数值。

问 110 S7-200 系列 PLC 控制变频器，在变频器也有 PID 控制功能时，应当使用谁的 PID 功能？

答：可以根据具体情况使用。一般来说，如果需要控制的变量与变频器直接相关，如变频水泵控制水压等，可以优先考虑使用变频器的 PID 功能。

问 111 是否可以在不同的步中使用同一个开关量输出点（线圈）？为何出现不合逻辑的现象？

答：可以在不同的步中对同一个输出点进行操作。这些逻辑运算不应使用普通编程时的实时状态计算规则，应使用 S（置位）指令和 R（复位）指令对输出点操作；或者使用中间状态继电器过渡，再进行综合逻辑运算，一起输出。否则会出现不合逻辑的现象。

问 112 CPU 的 SF 灯亮是什么原因？

答：（1）CPU 运行错误或硬件元件损坏。此时如果 Micro/WIN 还能在线，则可执行菜单命令"PLC"→"Information"在线查看，可看到具体的错误描述。

（2）程序错误，如进入死循环；或编程造成扫描时间过长；看门狗超时也会造成 SF 灯亮。

（3）CPU 电源电压可能过低，请检查供电电压。

问 113 LED 灯全部不亮应怎么办？

答：可能是以下原因：①电源接线不对或 24V 电源接反，应检查并调整电源接线或反接电源；②熔丝烧断，应报修。

问 114 S7-200 系列 PLC 系统支持的通信硬件有哪些？

答：（1）RS-232：微机技术中常见的串口标准；S7-200 系列 PLC 的编程电缆（RS-232/PPI 电缆）的 RS-232 端连接到 PC 的 RS-232 接口。

（2）RS-485：常用的支持网络功能的串行通信标准；S7-200 系列 PLC 的 CPU 和 EM277 通信模块上的通信端口都符合 RS-485 的电气标准。

（3）以太网：S7-200 系列 PLC 的通信模块 CP243-1/CP243-1 IT 提供了标准的以太网 RJ45 接口。

（4）模拟音频电话：S7-200 系列 PLC 通过 EM241 模块支持模拟音频电话

网上的数据通信（V.34 标准 33.6kBaud，RJ-11 接口）。

（5）AS-Interface：通过 CP243-2 模块支持 AS-Interface 标准。

问 115　什么是 S7-200 系列 PLC 的通信主站和从站？

答：（1）通信从站：不能主动发起通信数据交换，只能响应主站的访问，提供或接收数据。从站不能访问其他从站。在多数情况下，S7-200 系列 PLC 在通信网络中作为从站，响应主站设备的数据请求。

（2）通信主站：可以主动发起数据通信，读写其他站点的数据。S7-200 系列 PLC 的 CPU 在读写其他 S7-200 系列 PLC 的 CPU 数据时（使用 PPI 协议）就作为主站（PPI 主站也能接受其他主站的数据访问）；S7-200 系列 PLC 通过附加扩展的通信模块也可以充当主站。

问 116　在什么条件下 PPI、MPI 和 PROFIBUS 可以同时在一个网络上运行？

答：在波特率一致、各站地址不同的情况下，PPI、MPI 和 PROFIBUS 可以同时在一个网络上运行，并且互不干扰。这就是说，如果一个网络上有 S7-300、S7-200、S7-300，之间可以通过 MPI 或 PROFIBUS 通信，同时在同一个网络上的 TP170 micro 触摸屏可以与一个 S7-200 系列 PLC 的 CPU 通信。

问 117　在 Micro/WIN 的系统块中为何不能将通信端口设置为 187.5kBaud？

答：新的 Mciro/WIN 会自动检测通信连接是否支持 187.5kBaud，如果不支持（如旧型号电缆），则不能设置为 187.5kBaud 的通信速率。新编程电缆支持 187.5kBaud。

问 118　如何设置 PPI 电缆属性中的"Advanced PPI"和"Multi-Master Network"选项？

答：PPI 电缆属性中的这两项设置与多主站通信功能有关。仅通过旧型号的 PC/PPI 电缆已经不能实现多主站通信，因此这两项设置现在已经没有用处。采用新型号电缆，配合 Micro/WIN V3.2 SP4 以上版本，可以轻松实现多主站通信。

问 119 旧型号的 **PC/PPI** 电缆（**6ES7 901－3BF21－0XA0** 等）是否可以用于为新版本的 **CPU**（**23 版**）编程？

答：可以。但是受到旧型号电缆的限制，不能做多主站编程，也只能用到 9.6kBaud 和 19.2kBaud。

问 120 使用 **CP 卡**进行编程通信有什么限制？

答：（1）CP5613 不能连接 S7-200 系列 PLC 的 CPU 通信端口进行编程。

（2）CP5511/CP5512/CP5611 不能在 Windows XP Home 版下使用。

（3）所有的 CP 卡不支持 S7-200 系列 PLC 的自由端口编程调试。

（4）CP 卡与 S7-200 系列 PLC 通信时，不能选择"CP 卡（auto）。"

（5）MPI 的最低通信速率为 19.2kBaud。

问 121 以太网模块的设置应该注意什么？

答：要保证 CP243-1 和 PC 的 IP 地址在一个网段上将向导生成的程序下载到 CPU 中，然后将 CPU 重新通电并运行，此时对以太网的配置开始生效。

问 122 如何实现 **Micro/WIN** 的多主站编程？

答：使用智能多主站电缆和 Micro/WIN V3.2 SP4 以上版本。新电缆可以在网络上传递令牌，因而自动支持多主站网络编程。如果使用 CP 卡，如 CP5511/CP5512（笔记本式计算机的 PCMCIA 卡）、CP5611（台式计算机的 PCI 卡），能够支持多主站编程通信。如果通过 CP 卡编程时选择了 MPI 协议，注意 MPI 主站不能访问作为 PPI 主站的 CPU。如果有第三方的产品要连接到多主站网络上，用户需要咨询第三方产品提供商以了解是否支持西门子的 S7-200 系列 PLC 的多主站网络。要进行多主站编程，不但编程计算机要支持此功能，网上的其他设备也要有多主站通信能力。

问 123 在设备正常的条件下，**Micro/WIN** 不能与 **CPU** 通信的原因主要有哪些？

答：（1）Micro/WIN 中设置的对方通信端口地址与 CPU 的实际端口地址不同。

（2）Micro/WIN 中设置的本地（编程计算机）地址与 CPU 通信端口的地址相同（应当将 Micro/WIN 的本地地址设置为"0"）。

（3）Micro/WIN 使用的通信波特率与 CPU 端口的实际通信速率设置不同。

（4）有些程序会将 CPU 上的通信端口设置为自由端口模式，此时不能进行编程通信。编程通信是 PPI 模式。而在 "STOP" 状态下，通信端口永远是 PPI 从站模式。最好把 CPU 上的模式开关拨到 "STOP" 的位置。

问 124 在 "Set PG/PC" 通信属性时，COM 端口的符号前为什么会有一个星号？

答：COM 端口前面的星号说明它被其他软件占用，Micro/WIN 不能使用。

问 125 PC/PPI 电缆是否可以延长？

答：PC/PPI 电缆的标准长度是 5m。PC/PPI 电缆的 RS-485 一端符合 RS-485 电气标准，有些用户延长了电缆，实现了超过 5m 距离的通信。

问 126 如何设置 PC/PPI 电缆的 DCE（本地）模式和 DTE（远程）模式？

答：PC 是 DTE 设备，因此在与 PC 连接时电缆设置为 DCE 设备；和其他设备（如部分串行打印机、数据电台）的 RS-232 接口连接时，可能需要设置为 DTE 设备。

问 127 S7-200 系列 PLC 的远距离通信有哪些方式？

答：（1）RS-485 网络通信：PPI、MPI、PROFIBUS-DP 协议都可以在 RS-485 网络上通信，通过加中继，最远可以达到 9600m。

（2）光纤通信：光纤通信除了抗干扰、速率高之外，通信距离远也是一大优点。S7-200 产品不直接支持光纤通信，需要附加光纤转换模块。

（3）电话网：S7-200 系列 PLC 通过 EM241 音频调制解调器模块支持电话网通信。EM241 要求通信的末端为标准的音频电话线，而不论局间的通信方式。通过 EM241 可以进行全球通信。

（4）无线通信：S7-200 系列 PLC 通过无线电台的通信距离取决于电台的频率、功率、天线等因素；S7-200 系列 PLC 通过 GSM 网络的通信距离取决于网络服务的范围；S7-200 系列 PLC 通过红外设备的通信取决于红外设备的规格。

问 128 S7-200 系列 PLC 支持的通信协议哪些是公开的？哪些是不公开的？

答：（1）PPI 协议：西门子内部协议，不公开。

（2）MPI 协议：西门子内部协议，不公开。

（3）S7 协议：西门子内部协议，不公开。

（4）PROFIBUS-DP 协议：标准协议，公开，详情请参考 http：//www. profibus. com。

（5）USS 协议：西门子传动装置的通用串行通信协议，公开，详情请参考相应传动装置的手册。

（6）MODBUS-RTU 协议：从站协议，公开，详情请参考 http：//www. modbus. org 或在工控网资料库下载。

问 129 是否可以通过 EM277 模块控制变频器？

答：不可以。EM277 是 PROFIBUS-DP 从站模块，不能做主站，而变频器需要接受主站的控制。

问 130 为什么重新设置 EM277 地址后不起作用？

答：对 EM277 重新设置地址后，需断电后重新通电才起作用。或者检查 EM277 地址拨码是否到位。

问 131 主站中对 EM277 的 I/O 配置的数据通信区已经到了最大，但仍不能满足需通信的数据量怎么办？

答：可以在传送的数据区中设置标志位，分时分批传送。

问 132 S7-300 或 S7-400 系列 PLC 的 PROFIBUS-DP 主站最多可以有多少个 EM277 从站？

答：S7-300 或 S7-400 系列 PLC 的 DP 端口或 DP 模板的能力有关，要根据它所支持的 DP 从站数而定。一个网上最多可以有 99 个 EM277。

问 133 如何实现 PPI 网络读写通信？

答：可以用两种方法编程实现 PPI 网络读写通信：①使用 NETR/NETW 指令，编程实现；②使用 Micro/WIN 中 Instruction Wizard（指令向导）中的 NE-TR/NETW 向导。

问 134 PPI 网络读写通信需要注意什么？

答：（1）在一个 PPI 网络中，与一个从站通信的主站的个数并没有限制，但是一个网络中主站的个数不能超过 32 个。主站既可以读写从站的数据，也可以读写主站的数据。也就是说，S7-200 系列 PLC 作为 PPI 主站时，仍然可以作为从站响应其他主站的数据请求。一个主站 CPU 可以读写网络中任何其他 CPU 的数据。

（2）避免简单地定时激活 NETR/NETW。由于串行通信的特点（如上所述），无法得知何时真正结束。如果定时进行网络读写通信，必须判断此次通信是否正常结束。

（3）同时有效的 NETR/NETW 指令不能超过 8 个，否则通信请求队列会超出操作系统的管理能力。

（4）使用 SM0.0 调用网络读写指令虽然能长期工作，但不能超过 8 个指令，而且会出现监控时指令块变为红色的现象，最好加上必要的读写状态判断条件。

问 135 如何恢复"死掉"的 PPI NETR/NETW 通信？

答：清除网络读写指令数据缓冲区中的（故障）状态字节可以恢复"死掉"的通信。建议用户采用比较正规的编程方法。

问 136 为什么其他厂家的 CPU 也支持以太网 TCP/IP，却不能与西门子的 CPU 用以太网通信？

答：一个开放式系统互连是建立在 7 个协议层上的：应用层、表示层、会话层、传输层、网络层、数据链路层、物理层。一般地，网络中的指定通信任务是由 3 个类型之间的协议分配负责完成的：应用协议、传输协议和网络协议。TCP/IP 中，TCP 属于传输协议，IP 属于网络协议；而在应用协议中，西门子使用的是 S7 协议。其他厂家的 CPU 虽然能接收到西门子 CPU 的数据包，却读不懂 S7 协议的内容，反之亦然。

问 137 CP243-1 能否与光纤连接？

答：CP243-1 上只有一个 RJ45 接口，没有 BFOC 接口，不能与光纤电缆直接连接。但可以用一个 OMC（单点）模块或 OSM（多点）模块来将 RJ45 接口的连接转换成光纤连接。

问 138 CP243-1 能否连接无线以太网？

答：通过无线交换机等网络设备，CP243-1 可以连接无线以太网。

问 139 在自由端口通信中如何人为结束接收状态？

答：接收指令控制字节（SMB87/SMB187）的 en 位可以用来允许/禁止接收状态。可以设置 en 为"0"，然后对此端口执行 RCV 指令，即可结束 RCV 指令。

问 140 在自由端口通信中需要定时向通信对象发送消息并等待回复的消息，如果因故消息没有正常接收，下次无法发送消息怎么办？

答：可以在开始发送消息时加上人为中止 RCV 指令的程序。

问 141 自由端口通信中，主站向从站发送数据，为何收到多个从站的混乱响应？

答：这说明从站没有根据主站的要求发送消息。有多个从站的通信网络中，从站必须能够判断主站的消息是不是给自己的，这需要从站的通信程序中有必要的判断功能。

问 142 自由端口通信协议是什么？

答：顾名思义，没有标准的自由端口协议。用户可以自己规定协议。

问 143 新的 PC/PPI 电缆能否支持自由端口通信？

答：新的 RS-232/PPI 电缆（6ES7 901-3CB30-0XA0）可以支持自由端口通信；但需要将 DIP 开关 5 设置为"0"，并且设置相应的通信速率。新的 USB/PPI 电缆（6ES7 901-3DB30-0XA0）不能支持自由端口通信。

问 144 已经用于自由端口的通信端口能否连接 HMI？

答：不能。可以使用具有两个通信端口的 CPU，或者使用 EM277 扩展 HMI 接口。如果是其他厂商的 HMI，须向其咨询。

问 145 已知一个通信对象需要的字符（字节）传送格式有两个停止位，S7-200 系列 PLC 是否支持？

答：字符格式是由最基础的硬件（芯片）决定的；S7-200 系列 PLC 使用的芯片不支持上述格式。

问 146 **S7-200 系列 PLC 是否支持《S7-200 PLC 系统手册》上列明的通信波特率以外的其他特殊通信速率？**

答：通信速率是由最基础的硬件（芯片）决定的。S7-200 系列 PLC 使用的芯片不支持没有列明在手册上的通信速率。

问 147 **MPI 协议能否与一个作为 PPI 主站的 S7-200 系列 PLC 的 CPU 通信？**

答：MPI 协议不能与一个作为 PPI 主站的 S7-200 系列 PLC 的 CPU 通信，即 S7-300 系列 PLC 或 S7-400 系列 PLC 与 S7-200 系列 PLC 通信时必须保证这个 S7-200 系列 PLC 的 CPU 不能再作为 PPI 主站，Micro/WIN 也不能通过 MPI 协议访问作为 PPI 主站的 S7-200 系列 PLC 的 CPU。

问 148 **EM241 支持几种通信协议？**

答：EM241 支持两种通信协议：①PPI 协议，用于远程编程、调试，以及 CPU 之间的通信；②Modbus RTU 从站协议，支持与上位计算机的通信。

问 149 **EM241 是否会自动挂断电话？**

答：执行远程编程、诊断任务时，无论作为被叫方还是主叫方（启用回拨功能），EM241 都不会主动挂断电话。如果用于 CPU 之间的通信，主叫方的 EM241 会在数据传送完成后立即挂断电话。S7-200 系列 PLC 之间通过 EM241 的通信不能长期保持线路连接。

问 150 **电话系统中没有规范的拨号音，EM241 不能接通怎么办？**

答：对于 EM241 之间的通信，在使用 EM241 组态向导过程中，选择"允许不等待拨号音拨号"。

问 151 **如果需要拨分机号码，如何对 EM241 进行操作？**

答：用户在使用 Modem Expansion Wizard 时，可以按 F1 键进入向导程序的详细帮助。其中包括在电话号码区域中的字符意义定义。用户可设置等待时间，或者等待拨号音等属性。

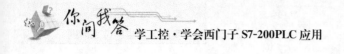

问 152 S7-200 系列 PLC 是否可以组成 Modbus RTU 通信网络？

答： S7-200 系列 PLC 可以组成 RS-485 基础上的 Modbus RTU 网络。如果通信对象是不同标准的通信端口，可能还需要转换。

问 153 PC Access 如何与 PLC 连接？需要注意什么？能访问哪些区域？

答：（1）PC Access 所支持的协议有 PPI（通过 RS-232PPI 和 USB/PPI 电缆）、MPI（通过相关的 CP 卡）、PROFIBUS-DP（通过 CP 卡）、S7 协议（以太网）和 Modems（内部的或外部的，使用 TAPI 驱动器）。

（2）所有协议允许同时有 8 个 PLC 连接。

（3）一个 PLC 通信端口允许有 4 个 PC 的连接，其中一个连接预留给 Micro/WIN。

（4）PC Access 与 Micro/WIN 可以同时访问 CPU。

（5）支持 S7-200 系列 PLC 的所有内存数据类型。

问 154 PC Access 的特点有哪些？

答：（1）不能直接访问 PLC 存储卡中的信息（数据归档、配方）。

（2）不包含用于创建 VB 客户端的控件。

（3）可以在用户的 PC 上用 Micro/WIN 4.0 和 PC Access 同时访问 PLC（必须使用同一种通信方式）。

（4）在同一 PC 上不能同时使用 PC/PPI 电缆、Modem 或以太网访问同一个或不同的 PLC，它只支持 PG/PC-Interface 中所设置的单一的通信方式。

（5）PC Access 中没有打印工具。

（6）使用同一通信通道，最多可以同时监控 8 个 PLC。

（7）Item 的个数没有限制。

（8）可应用于西门子当前提供的所有 CP 卡。

（9）PC Access 专为 S7-200 系列 PLC 而设计，不能应用于 S7-300 系列 PLC 或 S7-400 系列 PLC。

问 155 通信的相关注意事项（硬件）有哪些？

答：（1）使用符合要求的硬件（电缆、插头），并按规范制作。

（2）保持通信端口（驱动电路）之间的共模电压差在一定范围内。

（3）注意防止电磁干扰。

问 156 CPU 上的通信端口已经被占用（如自由端口通信等），或者 CPU 的连接数已经用尽，如何连接 HMI?

答：可以在 CPU 上附加 EM277 模块，EM277 上的通信端口可以连接西门子的 HMI。其他品牌的 HMI 能否连接要向其生产厂家咨询。

问 157 在 PC 上运行的 **ProTool/Pro RT** 可以连接几个 **S7-200** 系列 **PLC** 的 **CPU?** 一个 **CPU** 可以连接几个运行 **ProTool/Pro RT** 的 **PC?**

答：ProTool/Pro RT 使用 PPI 协议可以连接一个 CPU，使用 MPI 协议可以连接 8 个 CPU。一个 CPU 通信端口可以连接 3 个 ProTool/Pro RT。

问 158 为何 **TD200** 显示 **CPU** 无响应?

答：（1）在 TD200 中未设置正确的所连接的 CPU 地址、TD200 地址及通信速率（注意要与 CPU 中的一致）。

（2）整个网络中的站地址有重复的。

（3）CPU 未通电。

（4）电缆连接有问题。

（5）未保证一个网段内总长度在 50m 内，总站数在 32 个以内。

（6）有电磁干扰。

问 159 为何 **TD200** 显示无参数块，或时有时无?

答：CPU 中的 V 区（数据块）中为 TD200 分配的参数块地址又被其他程序重复使用，改变了 TD200 参数块首地址中的信息（ASCII 字符 TD）。CPU 存储区中 TD200 参数块的首地址，与 TD200 中"Setup"菜单中的设置不同。这种现象常出现在更换 TD200 配件时。

问 160 一个 **CPU** 可以连接几个 **TD200?** 一个 **TD200** 可以连接几个 **CPU?**

答：CPU 通信端口可以连接 3 个 TD200。如果每个 TD200 的数据块各不相同，要注意在 TD200 中所能设置的数据块起始地址最大为 VB999。如果 CPU 上的通信端口被占用，或者连接数目不够，可以在 CPU 上附加 EM277 模块（CPU221 除外），EM277 可连接 5 个 TD200。一个 TD200 在一个时刻只能与一个 CPU 通信。

S7-200 系列 PLC 指令系统及典型接线

1. **S7-200 系列 PLC [CPU (V1.21)] 的指令系统（见附表 A-1）**

附表 A-1　　　S7-200 系列 PLC [CPU (V1.21)] 指令系统速查表

指令类型	格 式		说　　明
布尔指令	LD	Bit	取
	LD1	Bit	立即取
	LDN	Bit	取反
	LDNI	Bit	立即取反
	A	Bit	与
	AI	Bit	立即与
	AN	Bit	与反
	ANI	Bit	立即与反
	O	Bit	或
	OI	Bit	立即或
	ON	Bit	或反
	ONU	Bit	立即或反
	LDBx	IN1, IN2	装载字节比较的结果 IN1（x：<、<=、=、>=、>、<>）IN2
	ABx	IN1, IN2	与字节比较的结果 IN1（x：<、<=、=、>=、>、<>）IN2
	OBx	IN1, IN2	或字节比较的结果 IN1（x：<、<=、=、>=、>、<>）IN2
	LDWx	IN1、IN2	装载字节比较的结果 IN1（x：<、<=、=、>=、>、<>）IN2
	AWx	IN1, IN2	与字节比较的结果 IN1（x：<、<=、=、>=、>、<>）IN2
	OWx	IN1, IN2	或字节比较的结果 IN1（x：<、<=、=、>=、>、<>）IN2
	LDDx	IN1, IN2	装载字双节比较的结果 IN1（x：<、<=、=、>=、>、<>）IN2
	ADx	IN1, IN2	与双字节比较的结果 IN1（x：<、<=、=、>=、>、<>）IN2
	ODx	IN1, IN2	或双字节比较的结果 IN1（x：<、<=、=、>=、>、<>）IN2
	LDRx	IN1, IN2	装载实数比较的结果 IN1（x：<、<=、=、>=、>、<>）IN2

指令类型	格　　式		说　　明
布尔指令	ARx	IN1，IN2	与实数比较的结果 IN1（x：$<$、$<=$、$=$、$>=$、$>$、$<>$）IN2
	ORx	IN1，IN2	或实数比较的结果 IN1（x：$<$、$<=$、$=$、$>=$、$>$、$<>$）IN2
	LDSx	IN1，IN2	装载字符串比较的结果 IN1（x：$<$、$<=$、$=$、$>=$、$>$、$<>$）IN2
	ASx	IN1，IN2	与字符串比较的结果 IN1（x：$<$、$<=$、$=$、$>=$、$>$、$<>$）IN2
	OSx	IN1，IN2	或字符串比较的结果 IN1（x：$<$、$<=$、$=$、$>=$、$>$、$<>$）IN2
	INCB	OUT	字节增 1
	INCW	OUT	字增 1
	INCD	OUT	双字增 1
	OECB	OUT	字节减 1
	DECW	OUT	字增 1
	DECD	OUT	双字减 1
	PID	TBL，LOOP	PID 回路
定时器和计数器指令	TON	Txx，PT	接通延时定时器
	TOF	Txx，PT	关断延时定时器
	TONR	Txx，PT	带记忆的接通延时定时器
	CTU	Cxx，PV	增计数
	CTD	Cxx，PV	减计数
	CTUD	Cxx，PV	增/减计数
程序控制指令	END		程序的条件结束
	STOP		切换到 STOP 模式
	WDR		看门狗复位（300ms）
	JMP	N	跳到定义的标号
	LBL	N	定义一个跳转的标号
	CALL	N[N1，…]	调用子程序（N1，……可以用 16 个可选参数）
	CRET		从子程序条件返回
	FOR	INDX,INT FIN AI	For/Next 循环
	NEXT		传送、移位、循环和填充指令
	LSCR	S-bit	顺序控制继电器段的启动
	SCRT	S-bit	状态转移
	CSCRE		顺序控制继电器段条件结束
	SCRE		顺序控制继电器段结束
传送、移位、循环和填充指令	MOVB	IN，OUT	字节传送
	MOVW	IN，OUT	字传送
	MOVD	IN，OUT	双字传送
	MOVR	IN，OUT	实数传送

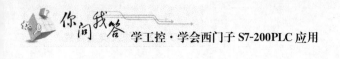

续表

指令类型	格　　式		说　　明
传送、移位、循环和填充指令	BIR	IN，OUT	字节立即读
	BIW	IN，OUT	字节立即写
	BMB	IN，OUT，N	字节块传送
	BMW	IN，OUT，N	字块传送
	BMD	IN，OUT，N	双字块传送
	SWAP	IN	交换字节
	SHRB	DATA ，S-BIT，N	寄存器移位
	SRB	OUT，N	字节右移
	SRW	OUT，N	字右移
	SRD	OUT，N	双字右移
	SLB	OUT，N	字节左移
	SLW	OUT，N	字左移
	SLD	OUT，N	双字左移
	ROUND	IN，OUT	实数转换成双整数（保留小数）
	ATH	IN，OUT，LEN	ASCⅡ码转换成16进制格式
	HTA	IN，OUT，LEN	16进制格式转换成 ASCⅡ码
	ITA	IN，OUT，FMT	整数转换成 ASCⅡ码
	DTA	IN，OUT，FMT	双整数转换成 ASCⅡ码
	RTA	IN，OUT，RMT	实数转换成 ASCⅡ码
	ITS	IN，FMT，OUT	整数转换为字符串
	DTS	IN，FMT，OUT	双整数转换为字符串
	RTS	IN，FMT，OUT	实数转换为字符串
	STI	IN，INDX，OUT	字符串转换为整数
	STD	IN，INDX，OUT	字符串转换为双整数
	STR	IN，INDX，OUT	字符串转换为实数
	DECO	IN，OUT	解码
	ENCO	IN，OUT	编码
	SEC		产生7段码显示器格式
	NOT		堆栈取反
	EU		上升沿脉冲
	ED		下降沿脉冲
	＝	Bit	输出
	＝I	Bit	立即输出
	S	Bit，N	置位一个区域
	R	Bit，N	复位一个区域
	SI	Bit，N	立即置位一个区域
	RI	Bit，N	立即复位一个区域
	（无 STL 指令形式）		置位优先触发器指令（SR）
	（无 STL 指令形式）		复位优先触发器指令（RS）

指令类型	格　式		说　明
实时时钟指令	TODR	T	读实时时钟
	TODW	T	写实时时钟
字符串指令	SLEN	IN，OUT	字符串长度
	SCAT	IN，OUT	连接字符串
	SCPY	IN，OUT	复制字符串
	SSCPY	IN，INDX	复制子字符串
		N，OUT	
	CFND	IN1，IN2 OUT	在字符串中查找第一个字符
	SFND	IN1，IN2 OUT	在字符串中查找字符串
数学、增减指令	+I	IN1，OUT	整数加法：IN1+OUT=OUT
	+D	IN1，OUT	双整数加法：IN1+OUT=OUT
	+R	IN1，OUT	实数加法：IN1+OUT=OUT
	−1	IN1，OUT	整数减法：IN1−OUT=OUT
	−D	IN1，OUT	双整数减法：IN1−OUT=OUT
	−R	IN1，OUT	实数减法：IN1−OUT=OUT
	MUL	IN1，OUT	完全整数乘法：IN1×OUT=OUT
	*I	IN1，OUT	整数乘法：IN1×OUT=OUT
	*D	IN1，OUT	双整数乘法：IN1×OUT=OUT
	*R	IN1，OUT	实数乘法：IN1×OUT=OUT
	DIV	IN1，OUT	完全整数除法：IN1÷OUT=OUT
	/I	IN1，OUT	整数除法：IN1÷OUT=OUT
	/D	IN1，OUT	双整数除法：IN1÷OUT=OUT
	/R	IN1，OUT	实数除法：IN1÷OUT=OUT
	SQRT	IN1，OUT	平方根
	LN	IN1，OUT	自然对数
	EXP	IN1，OUT	自然指数
	SIN	IN1，OUT	正弦
	COS	IN1，OUT	余弦
	TAN	IN1，OUT	正切
	RRB	OUT，N	字节循环右移
	RRW	OUT，N	字循环右移
	RRD	OUT，N	双字循环右移
	RLB	OUT，N	字节循环左移
	RLW	OUT，N	字循环左移
	RLD	OUT，N	双字循环左移
	FILL	IN，OUT，N	用指定的元素填充存储器空间

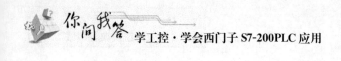

续表

指令类型	格　式		说　　明
逻辑操作指令	ALD		与一个组合
	OLD		或一个组合
	LPS		逻辑堆栈（堆栈控制）
	LRD		逻辑堆栈（堆栈控制）
	LPP		逻辑出栈（堆栈控制）
	LDS		装入堆栈（堆栈控制）
	AENO		对 ENO 进行与操作
	ANOB	IN1,OUT	字节逻辑与
	ANDW	IN1,OUT	字逻辑与
	ANDD	IN1,OUT	双字逻辑与
	ORB	IN1,OUT	字节逻辑或
	ORW	IN1,OUT	字逻辑或
	ORD	IN1,OUT	双字逻辑或
	XORB	IN1,OUT	字节逻辑异或
	XORW	IN1,OUT	字逻辑异或
	XORD	IN1,OUT	双字逻辑异或
	INVB	OUT	字节取反
	INVW	OUT	字取反
	INVD	OUT	双字取反
表指令	ATT	DATA,TBL	把数据加入表中
	LIFO	TBL,DATA	从表中取数据（后进先出）
	FIFO	TBL,DATA	从表中取数据（先进先出）
	FND=	TBL,PATRN,IN-DX	根据比较条件在表中查找数据
	FND<>	TBL,PATRN,IN-DX	
	FND<	TBL,PATRN,IN-DX	
	FND>	TBL,PATRN,IN-DX	

指令类型	格 式		说 明
转换指令	BCDI	OUT	BCD 码转换成整数
	LBCD	OUT	整数转换成 BCD 码
	BTI	IN,OUT	字节转换成整数
	ITB	IN,OUT	整数转换成字节
	ITD	IN,OUT	整数转换成双整数
	DTI	IN,OUT	双整数转换成整数
	DTR	IN,OUT	双字转换成实数
	TRUNC	IN,OUT	实数转换成双字(舍去小数)
中断指令	CRETI		
	ENI		
	DISI		
	ATCH	INT,EVNT	
	DTCH	EVNT	
通信指令	XMT	TBL,PORT	
	RCV	TBL,PORT	
	NETR	TBL,PORT	
	ENTW	TBL,PORT	
	CPA	ADDR,PORT	
	STA	ADDR,PORT	
高速指令	HDEF	HSC,MODE	
	HSC	N	
	PLS	Q	

2. CPU224 外围典型接线图

了解 PLC 的外围接线图非常重要,它可以让初学者知道 PLC 和外界是如何联系的。这里选取的是 CPU224 的外围接线图,其他 CPU 的接线图可参考《S7-200 PLC 系统手册》。CPU224 外围典型接线图如附图 A-1 所示。

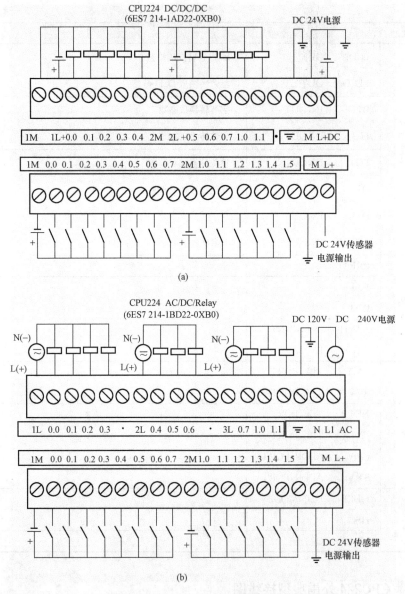

附图 A-1　CPU224 外围典型接线图

(a)直流电源/直流输入/直流输出(晶体管)的 CPU 外围接线图；

(b)交流电源/直流输入/交直流输出(继电器)的 CPU 外围接线图